Klett Studienbücher Mathematik

herausgegeben von
Studiendirektor Helmut Coers, Prof. Arthur Engel
Prof. Dr. Karl-Peter Grotemeyer, Prof. Dr. Werner Markwald
und Prof. Dr. Günter Pickert

Wahrscheinlichkeitsrechnung und Statistik

Band 1

von Arthur Engel

Ernst Klett Stuttgart

1. Auflage 1 4 3 2 1 | 76 75 74 73

Alle Drucke dieser Auflage können im Unterricht nebeneinander benutzt werden. Die letzte Zahl bezeichnet das Jahr dieses Druckes.

Zeichnungen: Roni Pruckner, 7000 Stuttgart
Druck: Ernst Klett, 7000 Stuttgart, Rotebühlstraße 77, Printed in Germany.
ISBN 3-12-983160-6

Inhalt

Vorwort

Wahrscheinlichkeit und Statistik sind heute ein unentbehrliches Rüstzeug für alle Natur- und Geisteswissenschaften geworden. Es ist nur noch eine Frage der Zeit, bis sie in den regulären Schulunterricht eindringen. Die Integration der Wahrscheinlichkeit und Statistik in den Unterricht aller Stufen wird den Mathematikstoff entscheidend bereichern, d.h. interessanter und nützlicher machen.

Das Buch ist für Lehrer, Schüler und Freunde der Mathematik gedacht. Wir haben in Deutschland einen großen Nachholbedarf auf dem Gebiet der Wahrscheinlichkeit und Statistik. Während es eine ganze Reihe ausgezeichneter Werke auf hohem Niveau gibt, sind gute elementare Werke, die für Schüler und Lehrer brauchbar sind, so gut wie nicht vorhanden. Das vorliegende Werk möchte diese Lücke schließen. Es ist aus langjähriger Unterrichtserfahrung hervorgegangen. Es ist ein Arbeitsbuch. Es enthält eine Fülle ausführlich diskutierter Beispiele und zahlreiche Aufgaben. In den Beispielen und Aufgaben steckt viel Arbeit. Es wurde versucht, diese interessant und originell zu machen, mit wenigen Ausnahmen sollte dies gelungen sein. Auf besonders instruktive Aufgaben ist durch den schwarzen Pfeil ▶ hingewiesen. Die Nummern schwieriger Aufgaben sind eckig eingeklammert.

Für den größten Teil des Buches sind Mittelstufenkenntnisse ausreichend. Die schwierigsten Abschnitte sind **7.7.** (die Gesetze der großen Zahlen) und **11.** (die Normalverteilung). Beide Abschnitte können beim ersten Lesen überschlagen werden.

Das 0. Kapitel ist eine knappe Zusammenfassung der Mengensprache, gleich auf die Bedürfnisse dieses Buches zugeschnitten. Das 1. Kapitel führt in die Sprache der Wahrscheinlichkeit ein. Kernstück des Buches ist der Abschnitt 2.1. Im Stile dieses Abschnitts führt der Verfasser die Wahrscheinlichkeitsrechnung im 6. Schuljahr ein, und zwar sobald die Schüler Brüche multiplizieren können. Wer die 10 Aufgaben und 21 Beispiele dieses Abschnitts genau durchdacht hat, kann die Mehrzahl der Aufgaben des Buches lösen. Die Abschnitte 2.2. und 2.3. können zunächst überschlagen werden, da sie erst viel später benötigt werden und den Anfänger eventuell verwirren.
Das 3. Kapitel ist wieder besonders wichtig. Hier darf man höchstens das 5. Beispiel (*Fixpunktfreie Permutationen*) und 3.2.4. überschlagen. Die Bezeichnungen „Variationen“ und „Kombinationen“ werden heute nicht mehr verwendet. Die hier benutzte Sprache der Stichproben ist viel einprägsamer. Eine leicht vereinfachte Version des 3. Kapitels kann bereits im 7. oder 8. Schuljahr behandelt werden.
Nach dem 3. Kapitel wird das Buch sehr flexibel. Man kann die Kapitel 4., 5., 6., 12. in beliebiger Reihenfolge behandeln. Die übrigen Kapitel setzen die Kenntnis des 7. Kapitels voraus. Beim χ^2-Test im 9. Kapitel müssen einige Tatsachen ohne Beweis mitgeteilt werden. Abschnitt 7.7. sowie Kapitel 10. und 11. sind für den Unterricht auf der Oberstufe des Gymnasiums gedacht.

Der 2. Band wird ausführlich interessante Spezialthemen behandeln: geometrische Verteilung, Exponentialverteilung, Poisson-Verteilung, zentraler Grenzwertsatz, Irrfahrten, Markow-Ketten, Warteschlangen, Genetik, Spieltheorie, Informationstheorie, geometrische Wahrscheinlichkeit, Wahrscheinlichkeit und Primzahlen, ausgewählte Kapitel aus der Statistik.
Die einzelnen Kapitel werden unabhängig voneinander lesbar sein. Einige Kapitel werden einfache Kenntnisse aus der Analysis voraussetzen.
Die ersten vier Kapitel wurden von Prof. Dr. R. Borges (Gießen) und von meiner Assistentin Fräulein Margarete Dieter (Pädagogische Hochschule Ludwigsburg) gelesen. Beiden danke ich für wertvolle Hinweise.

Stuttgart, im November 1972 Arthur Engel

O. Mengen

Es seien $\omega_1, \omega_2, \ldots, \omega_n$ irgendwelche verschiedenen Objekte. Diese Objekte lassen sich zu einer *Menge* Ω zusammenfassen. Man schreibt: $\Omega = \{\omega_1, \omega_2, \ldots, \omega_n\}$. Die Objekte heißen *Elemente* von Ω. Die Anzahl der Elemente in Ω wird mit $|\Omega|$ bezeichnet. Als Beispiel soll zunächst die Menge $\Omega = \{0, 1, 2, 3, 4, 5, 6, 7, 8, 9\}$ dienen. Ist ω ein Element von Ω, dann sagt man auch ω *liegt in* Ω und man schreibt dafür $\omega \in \Omega$. Z.B., $2 \in \Omega$ und auch $7 \in \Omega$, aber -2 liegt nicht in Ω. Dies wird $-2 \notin \Omega$ geschrieben.

Liegt jedes Element der Menge A in Ω, dann sagt man A ist eine *Teilmenge* von Ω und man schreibt $A \subset \Omega$. Z.B. ist $A = \{0, 3, 6, 9\}$ eine Teilmenge von Ω. Aber auch Ω selbst ist eine Teilmenge von Ω. Ebenso die *leere Menge* ϕ, die keine Elemente enthält.

Eine Menge kann man vorgeben, indem man ihre Elemente aufzählt oder durch eine Eigenschaft beschreibt. Z.B. bilden die Dreierzahlen aus Ω die Menge $A = \{0, 3, 6, 9\}$. Dies wird geschrieben:

$A = \{\omega \in \Omega \mid \omega \text{ ist eine Dreierzahl}\}$

(Lies: Die Menge aller ω aus Ω, für die gilt: ω ist eine Dreierzahl.)

Die Mengen in diesem Buch sind fast immer Teilmengen einer *Grundmenge* Ω, die wir als Rechteck darstellen. Die Elemente von Ω werden oft als Punkte im Rechteck angedeutet (Fig. 0.1). Ein Element wird auch Punkt genannt.

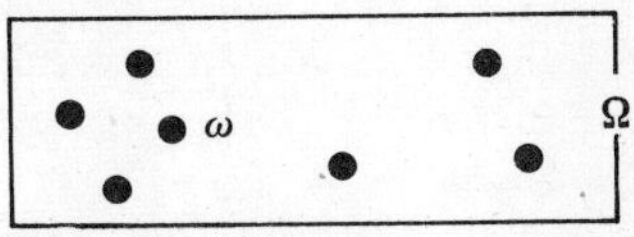

Fig. 0.1

Es sei $A \subset \Omega$. Alle Elemente von Ω, die nicht zu A gehören, bilden das *Komplement* $\bar{A}$ von A (Fig. 0.2).

D.h. $\quad \bar{A} = \{\omega \in \Omega \mid \omega \notin A\}$.

Z.B. ist $\bar{B} = \{1, 3, 5, 7, 9\}$ das Komplement von $B = \{0, 2, 4, 6, 8\}$.

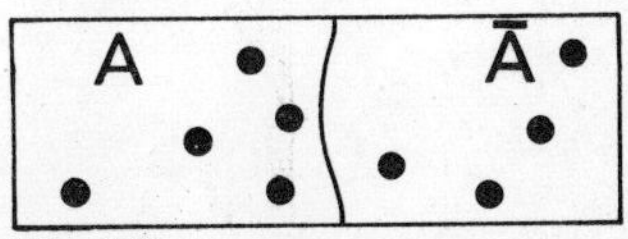

Fig. 0.2

Die Menge aller Elemente, die in A *und* B liegen, nennt man die *Schnittmenge* von A und B und man schreibt dafür $A \cap B$ (Fig. 0.3).

In Zeichen: $A \cap B = \{\omega \in \Omega \mid \omega \in A \text{ und } \omega \in B\}$.

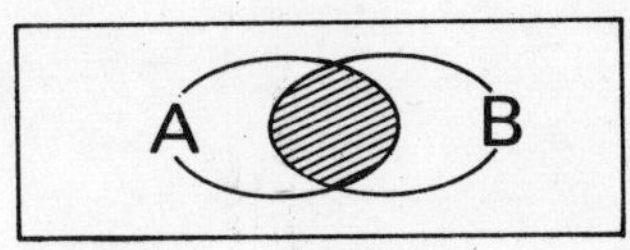

Fig. 0.3 $\quad A \cap B$

Die Mengen A und B heißen *fremd*, wenn sie keine gemeinsamen Elemente haben, d.h. $A \cap B = \phi$ (Fig. 0.4).

Z.B. mit $A = \{0, 3, 6, 9\}$, $B = \{0, 2, 4, 6, 8\}$, $C = \{0, 4, 8\}$, $D = \{1, 5, 7\}$ ist $A \cap B = \{0, 6\}$, $B \cap C = \{0, 4, 8\} = C$, $A \cap C = \{0\}$, $A \cap D = \phi$.

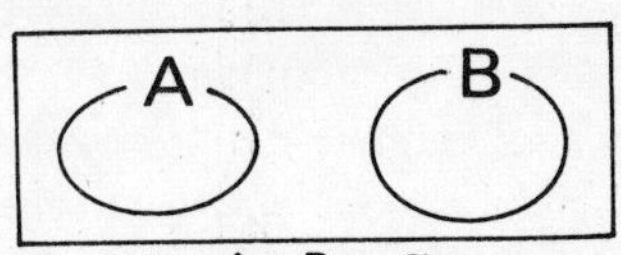

Fig. 0.4 $\quad A \cap B = \varnothing$

Die Menge aller Elemente, die in A *oder* B liegen, nennt man die *Vereinigung* von A und B und schreibt dafür $A \cup B$ (Fig. 0.5).

In Zeichen: $A \cup B = \{\omega \in A \text{ oder } \omega \in B\}$.

Für die bisherigen Beispiele ist

$A \cup B = \{0, 2, 3, 4, 6, 8, 9\}$, $B \cup C = B$,

$C \cup D = \{0, 1, 4, 5, 7, 8\}$.

Fig. 0.5 $\quad A \cup B$

Die Mengen $A_1, A_2, A_3, \ldots, A_r$ bilden eine *Zerlegung* von Ω, wenn sie paarweise fremd sind und ihre Vereinigung Ω ist. In Zeichen:
$A_i \cap A_k = \phi$ für $i \neq k$ und
$A_1 \cup A_2 \cup A_3 \cup \ldots \cup A_r = \Omega$.

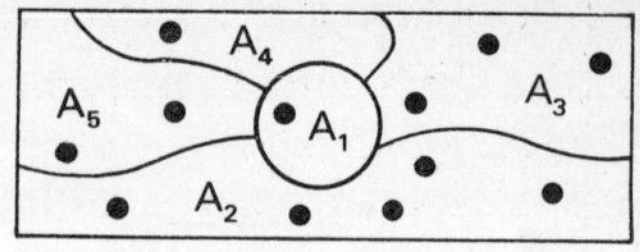

Fig. 0.6

Ein Beispiel für eine Zerlegung zeigt Fig. 0.6.
Es seien A und B zwei Mengen. Die Menge aller geordneten Paare $(a;b)$ mit $a \in A$ und $b \in B$ wird $A \times B$ geschrieben und *Kreuzprodukt* von A und B genannt. Falls $A = B$ ist, schreibt man auch A^2 statt $A \times A$.

Beim geordneten Paar $(a;b)$ kommt es auf die Reihenfolge an. Es ist $(a;b) \neq (b;a)$, wenn $a \neq b$ ist. Bei der Menge $\{a,b\}$ kommt es nicht auf die Reihenfolge an. Es ist $\{a,b\} = \{b,a\}$.

Beispiel:
Mit $A = \{1,2,3,4\}$ und $B = \{a,b,c\}$ ist

$$A \times B = \{(1;a),(1;b),(1;c),(2;a),(2;b),(2;c),(3;a),(3;b),(3;c),(4;a),(4;b),(4;c)\}.$$

Ein Kreuzprodukt läßt sich auf zwei Arten veranschaulichen: durch ein *Gitter* (Fig. 0.7), oder durch einen *Baum* (Fig. 0.8). Im Gitter ist das Element $(2;b)$ durch den Schnittpunkt der Geraden 2 und b dargestellt. Im Baum entspricht dem Element $(2;b)$ ein *Pfad* (in Fig. 0.8 stark ausgezogen). Die Veranschaulichung durch Bäume ist besonders wichtig, da sie auf mehr als zwei Mengen ausgedehnt werden kann. Es sei z.B. $A = \{a,b\}$, $B = \{1,2,3\}$, $C = \{x,y\}$. Die Fig. 0.9 zeigt ein Baumdiagramm von $A \times B \times C$. Jedem Tripel $(a;b;c)$ mit $a \in A, b \in B, c \in C$ entspricht ein Pfad durch den Baum.

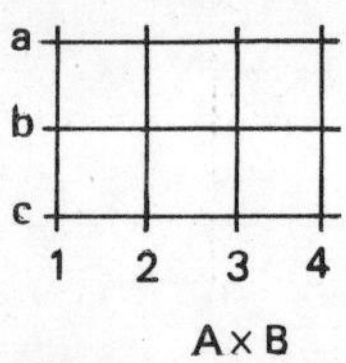

Fig. 0.7

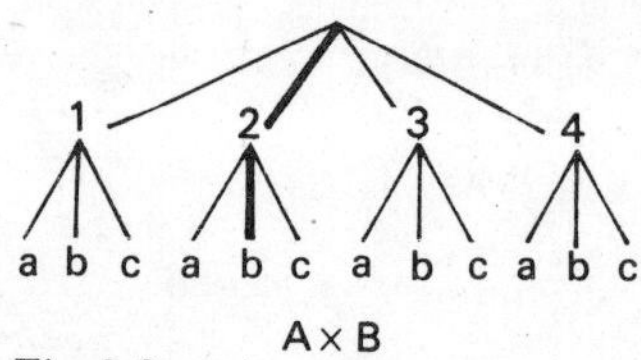

Fig. 0.8

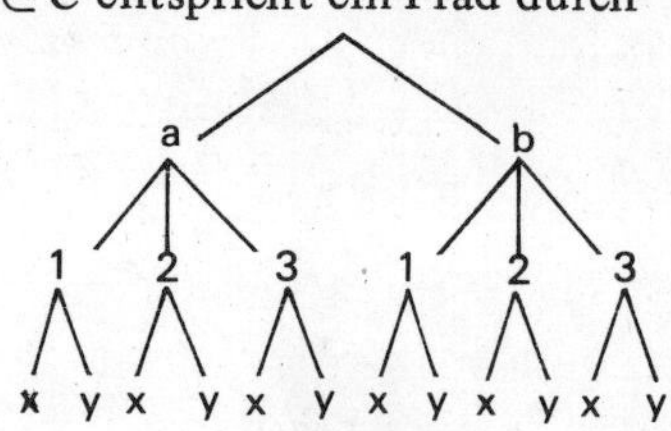

Fig. 0.9 A × B × C

Wenn jedem Element $\omega \in \Omega$ eine reelle Zahl $X(\omega)$ zugeordnet ist, so nennt man diese Zuordnung eine *Funktion* auf Ω. $X(\omega)$ ist der Wert der Funktion X an der Stelle ω. Die Fig. 0.10 zeigt eine Menge $\Omega = \{\omega_1, \omega_2, \omega_3, \omega_4, \omega_5, \omega_6\}$, deren Elemente Kreissektoren sind. Jedem Element $\omega \in \Omega$ ist eine Zahl $X(\omega)$ zugeordnet. Z.B. $X(\omega_1) = 4$, $X(\omega_5) = 3$. Dadurch ist auf Ω eine Funktion X definiert. Fig. 0.11 zeigt eine Darstellung von X durch ein Pfeildiagramm. Mit Hilfe von X kann man Teilmengen von Ω definieren. Z.B. unter $X = 4$ versteht man die Menge aller Elemente

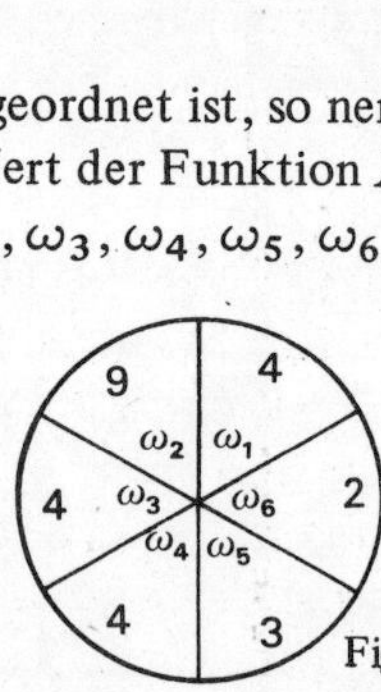

Fig. 0.10

von Ω, in denen X den Wert 4 annimmt. $X = 4$ ist also ein Name für die Menge $\{\omega_1, \omega_3, \omega_4\}$. Entsprechend kann man die Menge $\{\omega_5, \omega_6\}$ auch $X < 4$ nennen und ihr Komplement $X \geqq 4$. Die Mengen $X = 2$, $X = 3$, $X = 4$, $X = 9$ bilden eine Zerlegung von Ω.

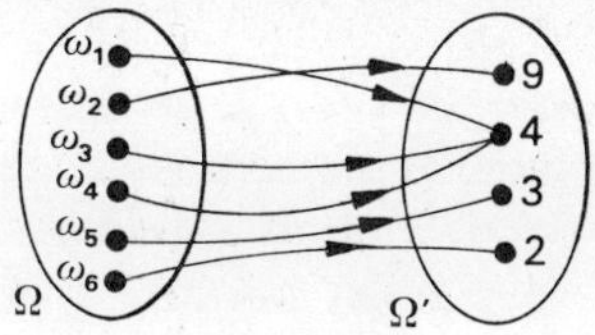

Fig. 0.11

Wir führen noch eine einfache und wichtige Funktion ein. Es sei A eine Teilmenge von Ω. Wir betrachten die Funktion, die auf A den Wert 1 und auf $\bar{A}$ den Wert 0 annimmt. Diese Funktion heißt *Indikator von A* und wird mit I_A bezeichnet (Fig. 0.12). Also:

$I_A(\omega) = 1$ für $\omega \in A$
$I_A(\omega) = 0$ für $\omega \in \bar{A}$
$I_A = 1$ und $I_A = 0$ sind also Namen für die Mengen A und $\bar{A}$. Viele der später auftretenden Funktionen kann man als Summen von Indikatoren schreiben.

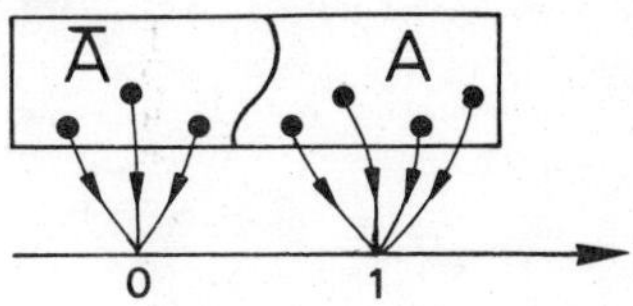

Fig. 0.12

Aufgaben:

1. Es sei Ω die Grundmenge und $A \subset \Omega$. Bestimme $\bar{\Omega}, \bar{\phi}, \bar{\bar{A}}, A \cap A, A \cup A, A \cap \Omega, A \cup \Omega, A \cup \phi, A \cap \phi, A \cup \bar{A}, A \cap \bar{A}$.

2. Überlege anhand einer Zeichnung, daß sowohl $A \cap B = B$ als auch $A \cup B = A$ dasselbe bedeuten wie $B \subset A$.

3. a) Vereinfache $(A \cap B) \cup (A \cap \bar{B})$.
   b) Es sei $B_1, B_2, \ldots, B_r$ eine Zerlegung von Ω.
   Vereinfache $(A \cap B_1) \cup (A \cap B_2) \cup \ldots \cup (A \cap B_r)$.

4. Es sei $A \cap B = \phi$. Drücke $|A \cup B|$ durch $|A|$ und $|B|$ aus.

5. Drücke $|A \times B|$ durch $|A|$ und $|B|$ aus.

6. Es sei $\Omega = \{0, 1\}$. Zeichne Bäume für Ω, $\Omega \times \Omega = \Omega^2, \Omega^3, \Omega^4$.

7. Es sei $\Omega = \{0, 1, 2\}$. Zeichne Bäume für $\Omega, \Omega^2, \Omega^3$.

8. Es sei $A = \{l, t\}$, $B = \{a, o\}$, $C = \{b, g, u\}$. Zeichne einen Baum für $A \times B \times C$.

9. a) Beschreibe die Funktionen I_Ω und I_ϕ.
   b) Überlege die Gültigkeit von $I_A^2 = I_A$, $I_A + I_{\bar{A}} = I_\Omega$, $I_A I_{\bar{A}} = I_\phi$, $I_{A \cap B} = I_A I_B$, $I_{A \cup B} = I_A + I_B - I_A I_B$.

10. Es sei $\Omega = \{000, 001, 010, 100, 011, 101, 110, 111\}$. Jedem Element $\omega \in \Omega$ wird seine Quersumme $Q(\omega)$ zugeordnet. Z.B. $Q(010) = 1$, $Q(101) = 2$. Die Menge $Q = i$ werde mit A_i bezeichnet. Schreibe A_0, A_1, A_2, A_3 ausführlich durch Angabe ihrer Elemente. Bilden diese Mengen eine Zerlegung von Ω?

11. In Fig. 0.13 ist auf der Menge
$\Omega = \{\omega_1, \omega_2, \ldots, \omega_8\}$
der Kreissektoren eine Funktion Y definiert. Schreibe die Mengen $Y = 2$, $Y = 4$, $Y = 8$ ausführlich durch Aufzählen ihrer Elemente. Bilden sie eine Zerlegung von Ω?

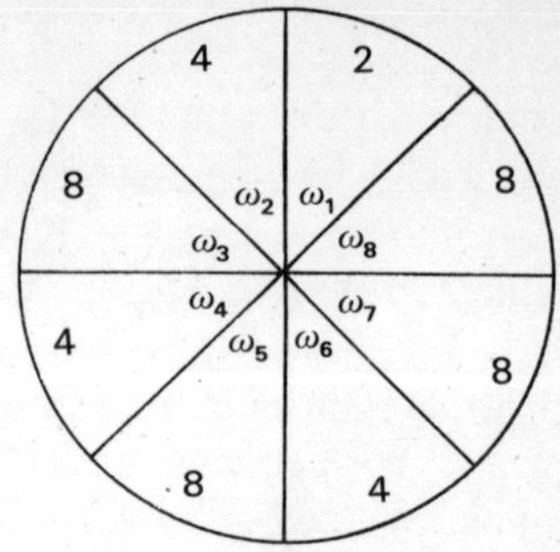

Fig. 0.13

12. Auf der Menge $\Omega = \{1, 2, 3, \ldots, 12\}$ ist die Funktion T definiert durch
$T(\omega)$ = Anzahl der Teiler von ω.
Gib die Mengen $T = i$ für $i = 1, 2, 3, 4, 5, 6$ in aufzählender Schreibweise an.

1. Einstufige Zufallsversuche

Jeder kennt *Zufallsgeräte* wie Münzen, Würfel, Glücksräder oder Urnen mit Kugeln. Viele Erscheinungen der wirklichen Welt laufen so ab, als ob sie von Zufallsgeräten gesteuert würden. Deshalb ist eine mathematische Beschreibung von Zufallsgeräten von großer praktischer Bedeutung.

1.1. Der Münzenwurf

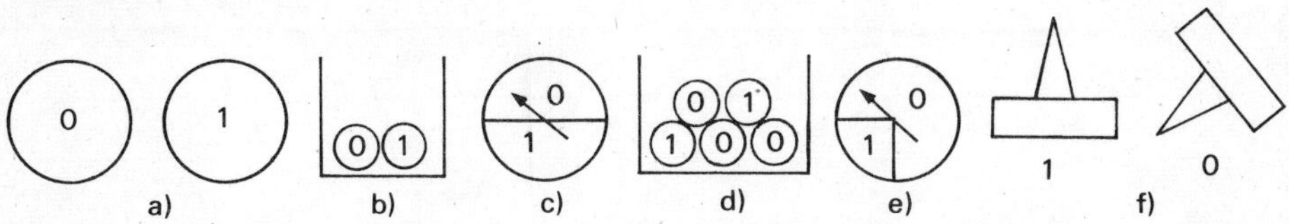

Fig. 1.1

Die Fig. 1.1 zeigt 6 Zufallsgeräte. In a) sind die beiden Seiten einer Münze dargestellt. Statt Wappen und Zahl verwenden wir die Zeichen 0 und 1. Das Werfen einer Münze ist ein *Zufallsversuch*. Es gibt zwei mögliche *Ausfälle* 0 oder 1. Man kann nicht mit Sicherheit sagen, welcher eintreten wird. Statt Ausfall sagen wir auch *Ergebnis* oder *Ausgang*.
In b) und d) sieht man Urnen mit Kugeln, die mit 0 oder 1 markiert sind. Das Ziehen einer Kugel ist ein Zufallsversuch mit den Ausfällen 0 oder 1.
In c) und e) sehen wir Glücksräder. Wird der Zeiger angestoßen, so bleibt er nach einigen Umdrehungen stehen und zeigt auf einen der Ausfälle 0 oder 1.
Schließlich zeigt f) die beim Werfen eines Reißnagels möglichen Stellungen 0 oder 1.
Die Menge aller möglichen Ausfälle eines Zufallsversuchs nennt man *Grundmenge* oder *Stichprobenraum* Ω. Ein beliebiger Ausfall wird ω genannt. Alle sechs Versuche der Fig. 1.1 haben dieselbe Grundmenge $\Omega = \{0, 1\}$.
Die Angabe von Ω genügt nicht zur vollständigen Beschreibung eines Zufallsversuchs. Wird z.B. der Reißnagel sehr oft geworfen, so erhält man eine lange Folge aus den Ziffern 0 und 1. Lokal sieht diese Folge ganz „regellos“ aus. Global zeigt sie jedoch eine durchsichtige Regelmäßigkeit. Diese Regelmäßigkeit bezieht sich auf die Häufigkeiten des Auftretens der beiden Ziffern 0 und 1. Ich habe einen Reißnagel 200mal geworfen mit dem Ergebnis:

10001 11101 11101 11111 11100 01110 10101 01000 01001 11111 01110
01001 10111 10011 11101 10010 01010 01111 11010 10010 10001 10011
00101 11100 01101 10111 01110 01101 11010 11000 11001 10100 11110
11111 11101 11000 10100 11111 11101 11111

Unter der *relativen Häufigkeit* der Ziffer 1 in einer Ziffernfolge versteht man das

Verhältnis: $\frac{\text{Anzahl der Einsen}}{\text{Anzahl der Ziffern}}$.

Die Tabelle 1.1 und die Fig. 1.2 zeigen das Verhalten der relativen Häufigkeit der Ziffer 1 für länger werdende Abschnitte der vom Reißnagel erzeugten Ziffernfolge.

Anzahl der Ziffern	5	10	15	20	25	30	40	60	80	100	120	140	160	180	200
relative Häufigkeit der Ziffer 1	0,4	0,6	0,67	0,75	0,72	0,7	0,625	0,67	0,66	0,65	0,625	0,621	0,625	0,611	0,625

Tabelle 1.1

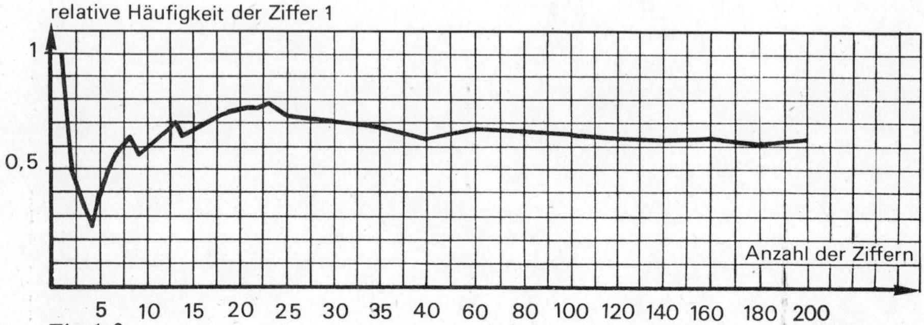

Fig. 1.2

Anfangs schwankt die relative Häufigkeit sehr stark. Aber mit zunehmender Länge der Ziffernfolge konzentriert sie sich immer stärker auf einen festen Wert p, der bei $\frac{5}{8}$ liegt. Um diesen empirischen Sachverhalt zu erfassen, wird jedem Ausfall ω eines Zufallversuchs eine *Wahrscheinlichkeit* $p(\omega)$ zugeordnet. Diese Wahrscheinlichkeit steht für den festen Wert, auf den sich die relative Häufigkeit des betreffenden Ausfalls konzentriert, wenn der Versuch oft wiederholt wird. Beim Reißnagel kann man diese Wahrscheinlichkeit nur durch ein Experiment näherungsweise bestimmen. Dagegen kann man bei den Geräten a) bis e) die Wahrscheinlichkeit der 1 aus Symmetriegründen angeben. Sie ist jeweils $\frac{1}{2}, \frac{1}{2}, \frac{1}{2}, \frac{2}{5}, \frac{1}{4}$.

Die Zufallsgeräte der Fig. 1.1 haben alle zwei mögliche Ausfälle. Wir wollen solche Zufallsgeräte *Münzen* nennen. Der Münzenwurf ist bei weitem der wichtigste Zufallsversuch und er wird in diesem Buch und in dem folgenden Band eine dominierende Stellung einnehmen. Der Leser sollte sich unter einer Münze das Glücksrad der Fig. 1.3 vorstellen. Statt 0 und 1 sagen wir oft *Erfolg* und *Fehlschlag*. Ein Wurf einer Münze wird vollständig beschrieben durch Vorgabe der Tabelle 1.2, wobei $p \geqq 0$, $q \geqq 0$, $p + q = 1$ sein muß. Ist $p = q = \frac{1}{2}$, so spricht man von einer *guten Münze* oder *Laplace-Münze* (kurz: *L-Münze*).

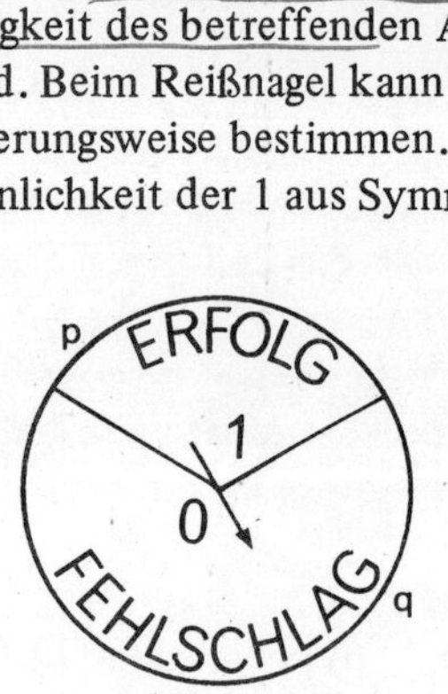

Fig. 1.3

Ausfall ω	0	1
Wahrscheinlichkeit $p(\omega)$	q	p

Tabelle 1.2

1.2. Das Würfeln

Die Fig. 1.4 zeigt drei „Würfel“. Der zugehörige Stichprobenraum ist $\Omega = \{1, 2, 3, 4, 5, 6\}$. In a) und b) wird man aus Symmetriegründen jedem Ausfall die Wahrscheinlichkeit $\frac{1}{6}$ zuordnen. Dies sind Laplace-Würfel (L-Würfel). Dagegen wird das Zufallsgerät c) durch die Tabelle 1.3 beschrieben.

Ausfall ω	1	2	3	4	5	6
Wahrscheinlichkeit $p(\omega)$	$\frac{1}{3}$	$\frac{1}{4}$	$\frac{1}{6}$	$\frac{1}{12}$	$\frac{1}{12}$	$\frac{1}{12}$

Tabelle 1.3

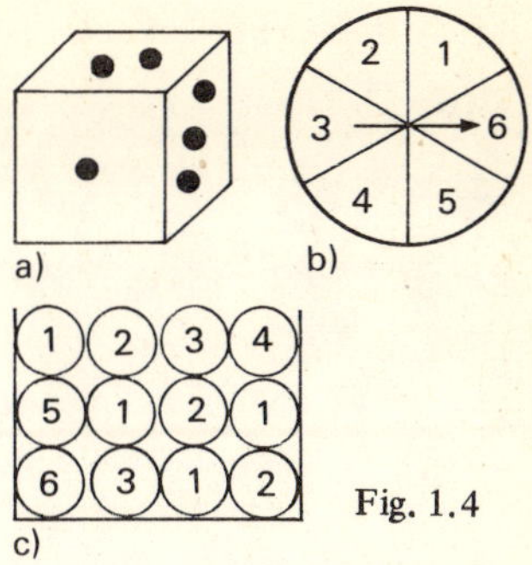

Fig. 1.4

Es sei ω die gewürfelte Augenzahl. Den Spieler interessieren verschiedene *Ereignisse*, die man mit Hilfe von ω ausdrücken kann. In erster Linie sind das die Ereignisse $\omega = k$ $(k = 1, 2, 3, 4, 5, 6)$. Aber auch kompliziertere Ereignisse sind von Interesse. Z.B. die folgenden Ereignisse:

a) ω ist gerade
b) ω ist ungerade
c) ω ist eine Primzahl
d) ω ist eine Quadratzahl
e) $\omega < 3$
f) $2 \leqq \omega \leqq 5$
g) $\omega < 7$
h) $\omega > 6$

Diese Ereignisse kann man der Reihe nach mit den folgenden Teilmengen von Ω identifizieren:

$A = \{2, 4, 6\}$, $B = \{1, 3, 5\}$, $C = \{2, 3, 5\}$,
$D = \{1, 4\}$, $E = \{1, 2\}$, $F = \{2, 3, 4, 5\}$,
$G = \Omega$, $H = \phi$

Allgemein definieren wir:

Ein Ereignis ist eine Teilmenge von Ω.

Ein Wurf ergebe die Augenzahl ω. Wenn $\omega \in A$, dann sagt man das *Ereignis A ist eingetreten*. Wenn $\omega \notin A$, dann sagt man das Ereignis $\bar{A}$ (lies: nicht A) ist eingetreten. Es ist stets $\omega \in \Omega$. Man nennt Ω das *sichere Ereignis*, weil es immer eintritt. Es ist niemals $\omega \in \phi$. Man nennt ϕ das *unmögliche Ereignis*, weil es nie eintritt. Wenn $\omega \in A \cap B$, dann sagt man „A und B treten gleichzeitig ein“ oder „das Ereignis *A und B* tritt ein“. Wenn $\omega \in A \cup B$, dann sagt man „das Ereignis *A oder B* tritt ein“. Wenn $A \cap B = \phi$, dann sagt man die Ereignisse A und B sind *unvereinbar* oder fremd. Ihr gleichzeitiges Eintreten ist unmöglich.

Man möchte jedem Ereignis $A \subset \Omega$ eine Wahrscheinlichkeit $P(A)$ zuordnen. Wir definieren:

$$P(A) = \textit{Summe der Wahrscheinlichkeiten aller Ausfälle in } A \qquad (1)$$

Diese Definition wird durch die Häufigkeitsdeutung der Wahrscheinlichkeit nahegelegt.

Besonders einfach ist die Berechnung der Wahrscheinlichkeit beim Laplace-Würfel. Ist z.B. $E = \{1, 3, 5, 6\}$, dann folgt aus (1):

$$P(E) = \frac{1}{6} + \frac{1}{6} + \frac{1}{6} + \frac{1}{6} = \frac{4}{6} = \frac{|E|}{|\Omega|} = \frac{\text{Anzahl der Elemente in } E}{\text{Anzahl der Elemente in } \Omega}$$

1.3. Der endliche Wahrscheinlichkeitsraum

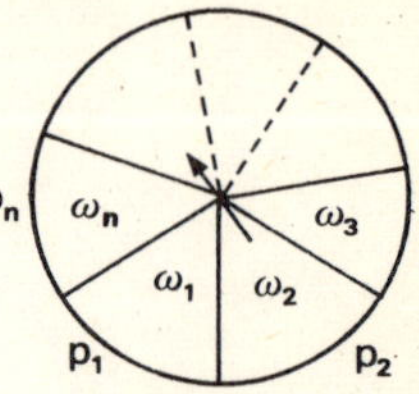

Fig. 1.5

Die Fig. 1.5 zeigt ein Glücksrad. Sein Umfang von der Länge 1 ist in n Teile mit den Längen $p_1, p_2, \ldots, p_n$ zerlegt. Die zugehörigen Sektoren bezeichnen wir mit $\omega_1, \omega_2, \ldots, \omega_n$. Das Drehen des Glücksrads ist ein Zufallsversuch mit dem Stichprobenraum $\Omega = \{\omega_1, \omega_2, \ldots, \omega_n\}$.
Dem Ausfall ω_i wird die Wahrscheinlichkeit $p(\omega_i) = p_i$ zugeordnet. Die Zahlen p_i sind nicht negativ und ihre Summe ist 1:

$$p_i \geqq 0 \text{ für alle } i \tag{2}$$

$$p_1 + p_2 + \ldots + p_n = \sum_{i=1}^{n} p_i = 1 \tag{3}$$

Ist $A = \{\omega_k, \omega_l, \omega_m, \ldots, \omega_t\}$ ein Ereignis, so ist nach (1) die Wahrscheinlichkeit von A:

$$P(A) = p_k + p_l + p_m + \ldots + p_t = \sum_{\omega_i \in A} p_i \tag{4}$$

Die Definition (1) sagt über $P(\phi)$ nichts aus. Da aber das Ereignis ϕ nie eintritt, setzen wir:

$$P(\phi) = 0 \tag{5}$$

Damit ist die Funktion P für alle Teilmengen von Ω definiert. Aus (2) bis (5) folgen sofort folgende Eigenschaften von P:

I. P ist *positiv*, d.h. $P(A) \geqq 0$ für alle Teilmengen A aus Ω.
II. P ist *normiert*, d.h. $P(\Omega) = 1$.
III. P ist *additiv*, d.h. wenn $A \cap B = \phi$ ist, dann ist $P(A \cup B) = P(A) + P(B)$ Additi

Da $A \cap \bar{A} = \phi$ und $A \cup \bar{A} = \Omega$ folgt aus II und III:

$$1 = P(\Omega) = P(A \cup \bar{A}) = P(A) + P(\bar{A}) \text{ oder } P(A) = 1 - P(\bar{A}). \tag{6}$$

Diese sehr nützliche Regel werden wir oft verwenden. Denn $\bar{A}$ ist häufig ein viel einfacheres Ereignis als A.

Die Funktion P heißt *Wahrscheinlichkeit*. Das Paar (Ω, P) heißt *endlicher Wahrscheinlichkeitsraum* (*W-Raum*). Sind alle Ausfälle *gleichwahrscheinlich*, d.h. $p_1 = p_2 = \ldots = p_n = \frac{1}{n}$, dann spricht man von einem *Laplaceschen W-Raum*.
(Der Franzose Laplace (1749-1827) hat Versuche mit gleichwahrscheinlichen Ausfällen zum Aufbau der Wahrscheinlichkeitstheorie verwendet.)
In einem Laplaceschen W-Raum läßt sich die Wahrscheinlichkeit eines Ereignisses A besonders leicht berechnen. Es gilt offenbar:

$$P(A) = \frac{|A|}{|\Omega|} = \frac{\textit{Anzahl der Elemente in } A}{\textit{Anzahl der Elemente in } \Omega}$$

Man nennt die Elemente in A auch günstige Fälle und die Elemente in Ω mögliche Fälle. Daher sagt man auch:

$$P(A) = \frac{\textit{Anzahl der für A günstigen Fälle}}{\textit{Anzahl der möglichen Fälle}}$$

Statt gleichwahrscheinlich sagen wir oft *zufällig*. Zufällige Auswahl oder Ziehung bedeutet also, daß jeder mögliche Ausfall dieselbe Wahrscheinlichkeit hat.

Aufgaben:

1. Eine Urne enthält 100 Kugeln mit den Nummern 00, 01, 02, ..., 99. Eine Kugel wird zufällig gezogen. Es sei X die erste und Y die zweite Ziffer ihrer Nummer. Berechne die Wahrscheinlichkeiten folgender Ereignisse:
   a) $X = 3$ b) $Y \neq 4$ c) $X \neq Y$ d) $X > Y$ e) $X \leqq Y$ f) $X + Y = 9$
   g) $X < 4$ und $Y < 3$ h) $X > 4$ und $Y < 4$ i) $X + Y \neq 8$ k) $X \neq 5$ und $Y \neq 4$
   l) $XY > 49$
2. In einer Urne befinden sich Kugeln mit den Nummern
   a) 0 bis 9 b) 00 bis 99 c) 000 bis 999 d) 0000 bis 9999.
   Eine Kugel wird zufällig gezogen. Wie groß ist die Wahrscheinlichkeit, daß ihre Nummer die Ziffer 9 nicht enthält?
3. In einer Urne sind 1000 Kugeln mit den Nummern 0 bis 999. Eine Kugel wird zufällig gezogen. Die Nummer der gezogenen Kugel sei X. Mit Hilfe von X definieren wir folgende Ereignisse:
   a) X ist durch 5 teilbar b) X endet auf 0 c) X ist durch 3 teilbar
   d) X ist durch 6 teilbar e) X ist durch 10 teilbar f) X ist durch 2 teilbar
   Nenne diese Ereignisse der Reihe nach A, B, C, D, E, F. Berechne $P(A)$, $P(F)$, $P(A \cap F)$, $P(D)$, $P(E)$, $P(D \cap E)$, $P(\bar{A} \cap \bar{F})$, $P(A \cap \bar{B})$, $P(\bar{A} \cap B)$, $P(A \cup \bar{B})$, $P(A \cap E)$.
4. Es sei $\Omega = \{1, 2, 3, \ldots, n\}$. Dem Ausfall k wird die Wahrscheinlichkeit $k \cdot p$ zugeordnet, $k = 1, 2, 3, \ldots, n$. Bestimme p.
5. Ein Klub hat 100 Mitglieder. Eine Befragung ergab Tabelle 1.4. Eine Person wird zufällig ausgewählt.
   a) Wie groß ist die Wahrscheinlichkeit, daß sie ein Mann ist, eine Frau ist, Sport treibt, keinen Sport treibt, ein Sport treibender Mann ist?

	Männer	Frauen
treiben Sport	48	12
treiben keinen Sport	16	24

Tabelle 1.4

   [b)] Mir wird gesagt, daß die ausgewählte Person ein Mann sei (eine Frau sei). Wie groß ist die Wahrscheinlichkeit, daß sie Sport treibt?
6. Die Fig. 1.6 zeigt ein Laplace-Rad. Beim Drehen ergebe sich die Zahl X. Es sei A_k das Ereignis $X \leqq k$, $k = 0, 1, 2, \ldots, 7$. Gib die Ereignisse $B = A_0 \cup A_1 \cup A_2 \cup A_3 \cup A_4$, $C = A_3 \cap A_4 \cap A_5 \cap A_6 \cap A_7$, $B \cap C$, $B \cup C$ in aufzählender Schreibweise an.

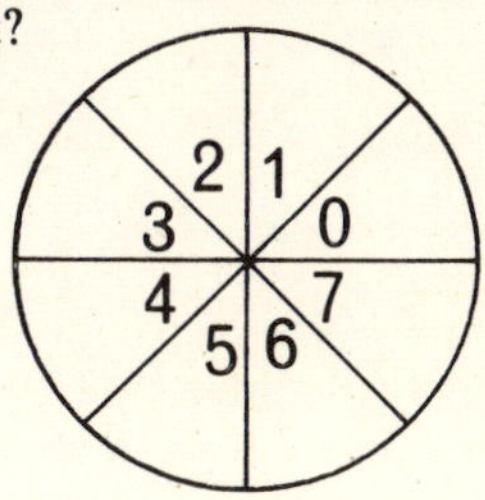

Fig. 1.6

2. Mehrstufige Zufallsversuche

Bisher hatten wir *einstufige* Zufallsversuche betrachtet: eine Münze wurde *einmal* geworfen, ein Glücksrad wurde *einmal* gedreht, aus einer Urne wurde *eine* Kugel gezogen. Eine Folge einstufiger Versuche ist ein *mehrstufiger* Versuch oder ein *stochastischer Prozeß*. Das griechische Wort „stochastisch" heißt zufällig.

2.1. Bäume und Pfade

Den Ablauf eines stochastischen Prozesses kann man in durchsichtiger Weise durch ein Baumdiagramm veranschaulichen.

1. Beispiel:
Aus der Urne in der Fig. 2.1 wird ein Buchstabe zufällig gezogen, notiert und wieder zurückgelegt. Dann wird die Ziehung wiederholt. Dies ist ein Zweistufenversuch. Die beiden Stufen sind Kopien voneinander. Daher spricht man hier von der unabhängigen Wiederholung eines Versuchs. Der Stichprobenraum ist hier: $\Omega = \{aa, an, na, nn\}$.
Die Ausfälle sind „Wörter" aus zwei Buchstaben. Die Fig. 2.2 zeigt den Baum dieses Zufallsversuchs. Jedem Ausfall entspricht ein Pfad durch den Baum. Die Zweige des Pfades sind mit Wahrscheinlichkeiten belegt. Wie berechnet man die Wahrscheinlichkeit eines Pfades aus den Wahrscheinlichkeiten seiner Zweige? Um eine vernünftige Definition der Pfadwahrscheinlichkeiten zu finden, lassen wir uns von der Häufigkeitsdeutung der Wahrscheinlichkeit leiten. Die Fig. 2.3 zeigt einen der vier Pfade. Der Zweistufenversuch werde N-mal wiederholt, wobei N eine große Zahl sei. Welcher Anteil der Wiederholungen wird diesen Pfad einschlagen? Die Fig. 2.3 zeigt die Antwort: $\frac{3}{5}$ der Wiederholungen werden den Zweig nach a einschlagen, und $\frac{2}{5}$ dieser $\frac{3}{5}N$ Fälle werden von a nach n gehen. Deshalb wird der Anteil $\frac{3}{5} \cdot \frac{2}{5}$ der Wiederholungen entlang des Pfades „*an*" ablaufen. Diese intuitive Überlegung führt zu folgender Definition:

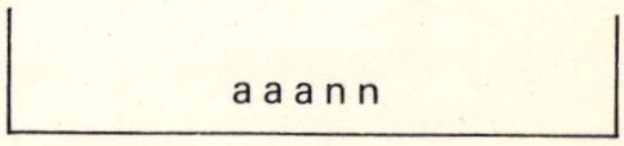

Fig. 2.1

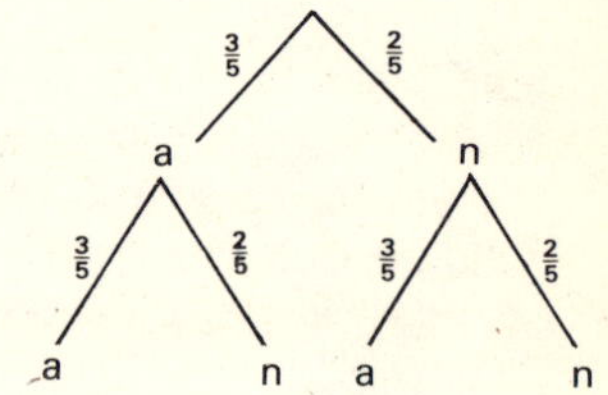

Fig. 2.2

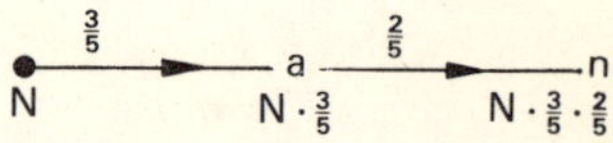

Fig. 2.3

Die Wahrscheinlichkeit eines Pfades ist gleich dem Produkt aller Wahrscheinlichkeiten längs des Pfades.

Durch Multiplikation längs der Pfade in der Fig. 2.2 ergibt sich die Tabelle 2.1.

ω	aa	an	na	nn
$p(\omega)$	$\frac{9}{25}$	$\frac{6}{25}$	$\frac{6}{25}$	$\frac{4}{25}$

Tabelle 2.1

2. Beispiel:
Aus der Urne in der Fig. 2.1 ziehen wir zwei Buchstaben ohne Zurücklegen nacheinander und notieren sie in der Reihenfolge, in der sie erscheinen. Der Baum der Fig. 2.4

und die Tabelle 2.2 dürften ohne Erklärung verständlich sein. Hier spricht man von *abhängigen* Versuchen, denn die zweite Stufe hängt vom Ausgang der ersten Stufe ab.

ω	aa	an	na	nn
$p(\omega)$	$\frac{3}{10}$	$\frac{3}{10}$	$\frac{3}{10}$	$\frac{1}{10}$

Tabelle 2.2

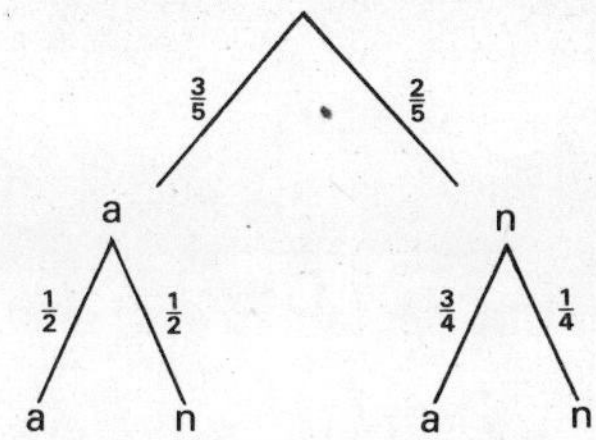

Fig. 2.4

3. Beispiel: Die Todesstrafe in Zelophanien

Wer in Zelophanien zum Tode verurteilt wird, erhält eine letzte Chance. Mit verbundenen Augen darf er eine der drei Urnen in der Fig. 2.5 wählen und aus der gewählten Urne eine Kugel ziehen. Eine weiße Kugel rettet sein Leben. Wie groß sind die Überlebenschancen?

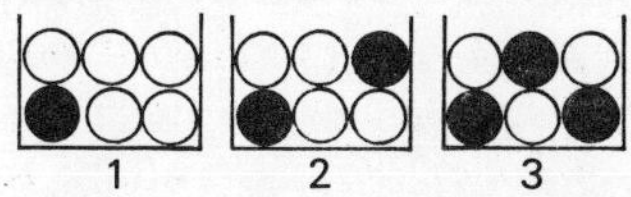

Fig. 2.5

Fig. 2.6 zeigt den Baum dieses Zufallsversuchs. Uns interessiert das Ereignis L, das aus den drei mit einer weißen Kugel endenden Pfaden besteht. Es ist:

$$P(L) = \frac{1}{3} \cdot \frac{5}{6} + \frac{1}{3} \cdot \frac{2}{3} + \frac{1}{3} \cdot \frac{1}{2} = \frac{2}{3}$$

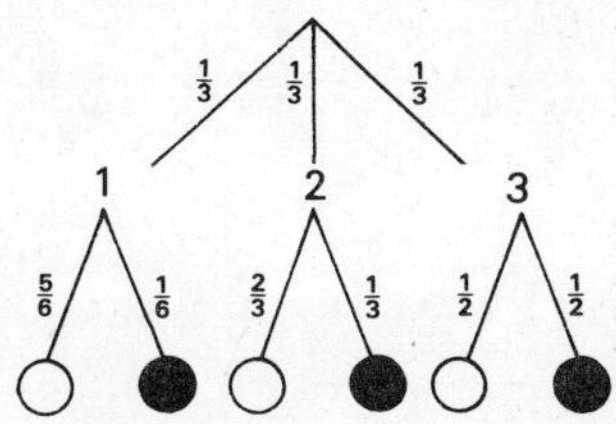

Fig. 2.6

Aufgabe:

▶ 1. Der Verurteilte erhält die Erlaubnis, vorher mit offenen Augen die Kugeln zwischen den Urnen anders zu verteilen. Wie groß sind die Überlebenschancen bei optimaler Verteilung?

4. Beispiel:

Ein Vater sagt zu seinem Sohn: Du bekommst mehr Taschengeld, wenn Du von drei Tennispartien, die Du abwechselnd gegen mich und Deine Mutter spielst, zwei hintereinander gewinnst. Der Vater ist der stärkere Spieler. Soll der Junge zuerst gegen den Vater oder gegen die Mutter spielen?

Er gewinne gegen den Vater mit der Wahrscheinlichkeit a und gegen die Mutter mit der Wahrscheinlichkeit b, wobei $a < b$ ist. Ein Spiel gegen den Vater bzw. die Mutter kann man ersetzen durch Drehen des Glücksrads a) bzw. b) in der Fig. 2.7. Entscheidet er sich für die Alternative Vater – Mutter – Vater, so muß er der Reihe nach a), b), a) drehen. Wir zeichnen hier nicht den ganzen Baum aller acht möglichen Spielabläufe, sondern nur die drei zum Sieg führenden Pfade (Fig. 2.8). Er siegt mit der Wahrscheinlichkeit:

$$P_1 = aba + ab(1-a) + (1-a)ba$$
$$P_1 = ab(2-a)$$

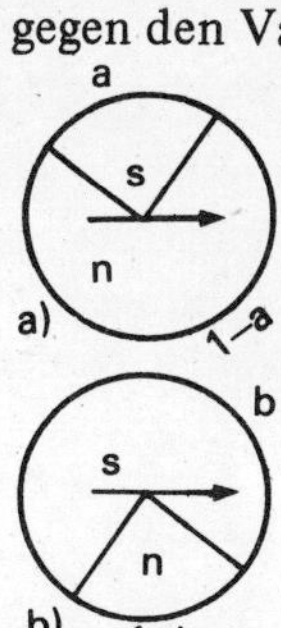

Fig. 2.7

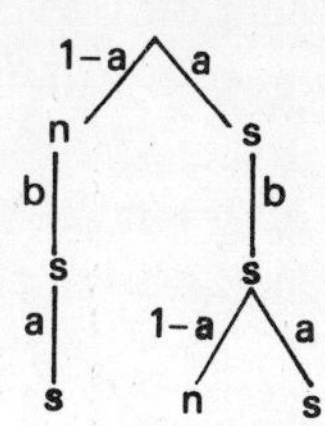

Fig. 2.8

Bei der Alternative Mutter – Vater – Mutter siegt er mit der Wahrscheinlichkeit:

$P_2 = ab(2-b)$

Wegen $P_1 - P_2 = ab(b-a) > 0$ ist $P_1 > P_2$. Er sollte zweimal gegen den Vater spielen. Dies leuchtet nachträglich ein. Er *muß* die zweite Partie gewinnen. Er hat bessere Chancen, sie zu gewinnen, wenn er gegen die Mutter spielt.

5. Beispiel: Geschick oder Glück?

Fig. 2.9 zeigt 9 Passagiere. Darunter sind 4 Schmuggler (s) und 5 ehrliche Leute (e). Ein Zollbeamter wählt 3 Personen aus zur Kontrolle. Alle drei entpuppen sich als Schmuggler. Wie groß ist die Wahrscheinlichkeit, rein zufällig ein so gutes Ergebnis zu erzielen?

Wir zeichnen hier nur den uns interessierenden Pfad (Fig. 2.10). Durch Multiplikation längs des Pfades erhält man:

$p(sss) = \frac{4}{9} \cdot \frac{3}{8} \cdot \frac{2}{7} = \frac{1}{21}$

Diese Wahrscheinlichkeit ist kleiner als 5%. Deshalb wollen wir dem Zollbeamten Geschick zubilligen.

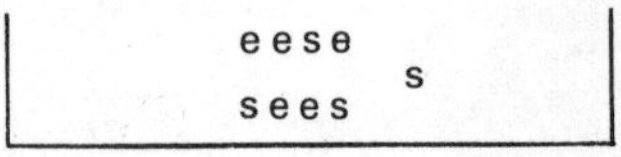

Fig. 2.9

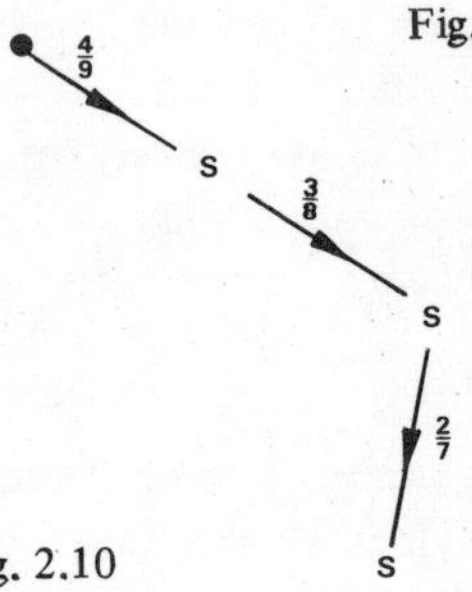

Fig. 2.10

6. Beispiel: Die nichttransitiven Würfel von Bradley Efron

Gegeben sind vier Würfel a, b, c, d, deren Seiten wie in Fig. 2.11 markiert sind. Kain darf sich zuerst einen dieser Würfel auswählen, anschließend wählt Abel einen der übrigen drei Würfel. Jeder wirft seinen Würfel. Wer die höhere Punktzahl wirft, ist Sieger.

Das Verblüffende an diesem Spiel ist, daß Kain durch seine erste Wahl im Nachteil ist. Denn zu jeder Wahl von Kain kann Abel eine Wahl treffen, die ihm die Gewinnchancen $\frac{2}{3}$ garantiert. Z.B., wenn Kain a wählt, dann wählt Abel d. Der Baum der Fig. 2.12 zeigt alle möglichen Spielabläufe. Kain siegt mit der Wahrscheinlichkeit $P(K) = \frac{2}{3} \cdot \frac{1}{2} = \frac{1}{3}$ und Abel mit der Wahrscheinlichkeit $P(A) = 1 - P(K) = \frac{2}{3}$.

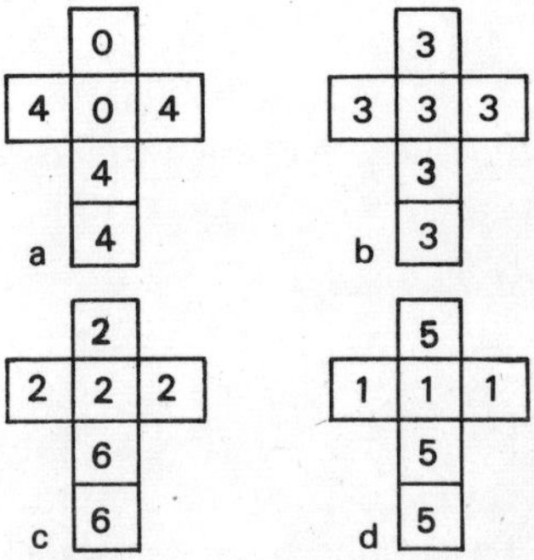

Fig. 2.11

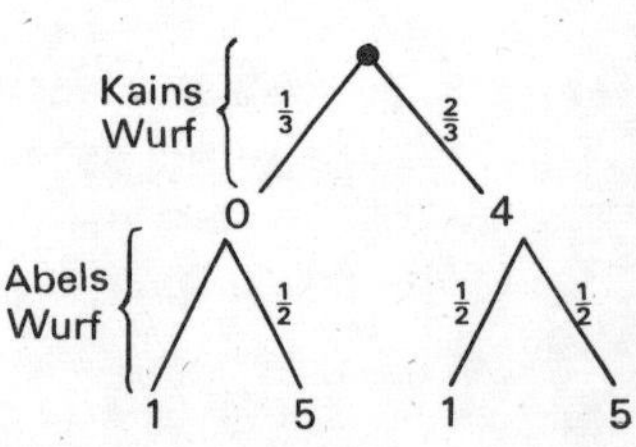

Fig. 2.12

Aufgabe:

2. Finde zu jedem der Würfel b, c, d einen Partner, der ihn mit der Wahrscheinlichkeit $\frac{2}{3}$ schlägt.

7. Beispiel:

In einem dunklen Gang sind in einem Schubfach 4 schwarze, 6 rote und 2 weiße Socken. Zwei Socken werden zufällig ausgewählt. Wie groß ist die Wahrscheinlichkeit, daß beide die gleiche Farbe haben?

Die Fig. 2.13 zeigt die drei Pfade, die zu Socken gleicher Farbe führen. Die Wahrscheinlichkeit dafür ist: $\frac{1}{3} \cdot \frac{3}{11} + \frac{1}{2} \cdot \frac{5}{11} + \frac{1}{6} \cdot \frac{1}{11} = \frac{1}{3}$

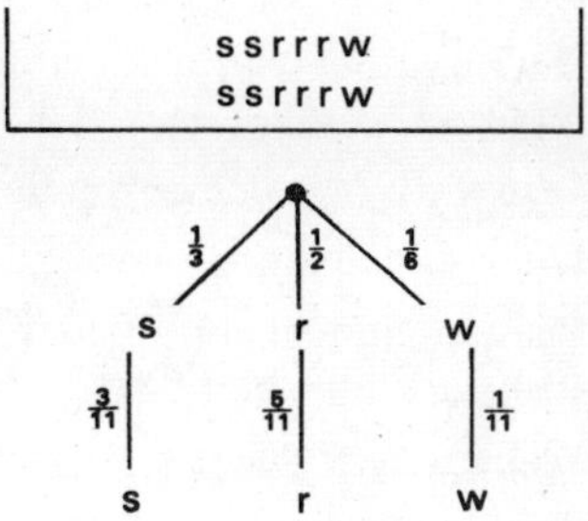

Fig. 2.13

8. Beispiel:

Aus der Urne in Fig. 2.14 werden alle 10 Buchstaben der Reihe nach ohne Zurücklegen gezogen. Die Ausfälle dieses Versuchs sind Wörter, die 6mal a und 4mal b enthalten. Der Pfad in der Fig. 2.15 zeigt einen möglichen Ausfall. Seine Wahrscheinlichkeit ist:

Fig. 2.14

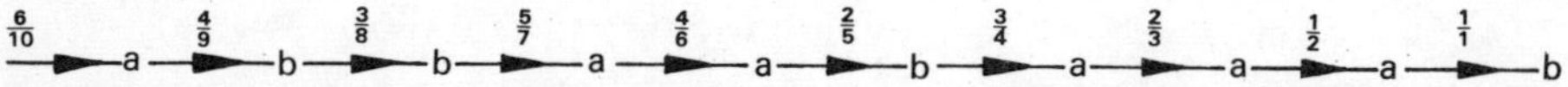

Fig. 2.15

$$p(abbaabaaab) = \frac{6}{10} \cdot \frac{4}{9} \cdot \frac{3}{8} \cdot \frac{5}{7} \cdot \frac{4}{6} \cdot \frac{2}{5} \cdot \frac{3}{4} \cdot \frac{2}{3} \cdot \frac{1}{2} \cdot \frac{1}{1}$$

Der Nenner ist $10 \cdot 9 \cdot 8 \cdot 7 \cdot 6 \cdot 5 \cdot 4 \cdot 3 \cdot 2 \cdot 1$. Man bezeichnet dieses Produkt mit 10! (lies: 10 *Fakultät*). Die 6 Buchstaben a liefern zum Zähler den Beitrag $6 \cdot 5 \cdot 4 \cdot 3 \cdot 2 \cdot 1 = 6!$ und die 4 Buchstaben b liefern den Beitrag 4!. Das Wort hat also die Wahrscheinlichkeit: $\frac{6! \cdot 4!}{10!} = \frac{1}{210}$.

Jedes andere Wort hat offenbar dieselbe Wahrscheinlichkeit. Daher gibt es insgesamt $\frac{10!}{6! \cdot 4!} = 210$ Wörter, die 6mal a und 4mal b enthalten. (Vgl. 3. Kapitel.)

9. Beispiel:

Jedesmal, wenn Prof. X 7 Personen beisammen sieht, wettet er 100 : 1, daß darunter (mindestens) zwei Personen vorkommen, die am gleichen Wochentag geboren sind. Wie groß ist die Wahrscheinlichkeit, daß er die Wette verliert?

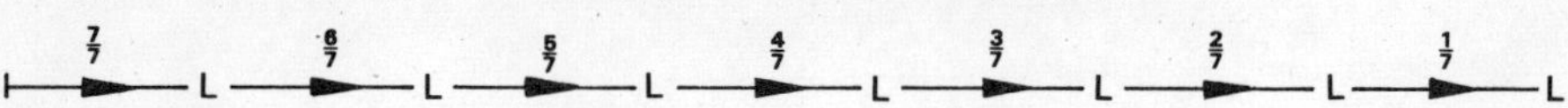

Fig. 2.16

Wir übersetzen das Problem in die Sprache der Urnen und Kugeln. Es werden 7 Kugeln (Personen) zufällig in 7 Urnen (Wochentage) gelegt. Die Wahrscheinlichkeit, daß die 1., 2., 3., . . . , 7. Kugel in eine leere Urne (L) kommt, ist $\frac{7}{7}, \frac{6}{7}, \frac{5}{7}, \ldots, \frac{1}{7}$.

Durch Multiplikation längs des Pfades in der Fig. 2.16 erhält man für die gesuchte Wahrscheinlichkeit: $\frac{7!}{7^7} = \frac{6!}{7^6} = 0{,}00612$.

Dies liegt beträchtlich unter 0,01. Also ist es eine günstige Wette.

10. Beispiel: Das Wetter in Sikinien

Die Fig. 2.17 zeigt das Verhalten des Wetters in Sikinien. Wenn es heute trocken (T) ist, dann ist es morgen mit Wahrscheinlichkeit $\frac{5}{6}$ wieder trocken. Wenn es heute naß (N) ist, dann ist es morgen mit Wahrscheinlichkeit $\frac{2}{3}$ naß. Heute ist Sonntag, und es ist trocken. Wie groß ist die Wahrscheinlichkeit, daß es am

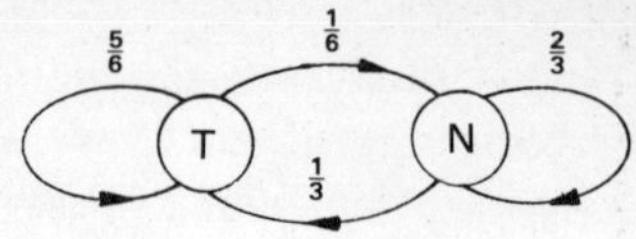

Fig. 2.17

a) Dienstag trocken b) Mittwoch naß c) Donnerstag trocken ist?

Lösungen:

a) Fig. 2.18 zeigt alle Pfade, die von einem trockenen Sonntag zu einem trockenen Dienstag führen. Also ist:
$P(\text{Di. trocken}) = \frac{1}{6} \cdot \frac{1}{3} + \frac{5}{6} \cdot \frac{5}{6} = \frac{3}{4}$, $P(\text{Di. naß}) = 1 - \frac{3}{4} = \frac{1}{4}$

b) Wir zeichnen nicht alle vier Pfade zu einem nassen Mittwoch, sondern wir überspringen den Montag unter Verwendung der Ergebnisse in a). Nach Fig. 2.19 ist:
$P(\text{Mi. naß}) = \frac{3}{4} \cdot \frac{1}{6} + \frac{1}{4} \cdot \frac{2}{3} = \frac{7}{24}$, $P(\text{Mi. trocken}) = \frac{17}{24}$

c) Auf Grund der Ergebnisse in b) können wir die Fig. 2.20 verwenden und erhalten:
$P(\text{Do. trocken}) = \frac{17}{24} \cdot \frac{5}{6} + \frac{7}{24} \cdot \frac{1}{6} = \frac{23}{36}$

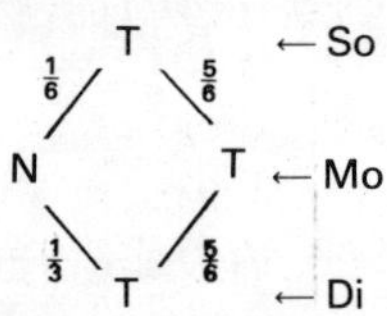

Fig. 2.18

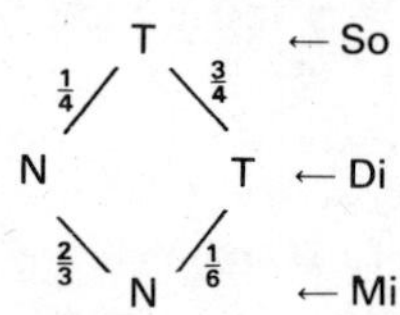

Fig. 2.19

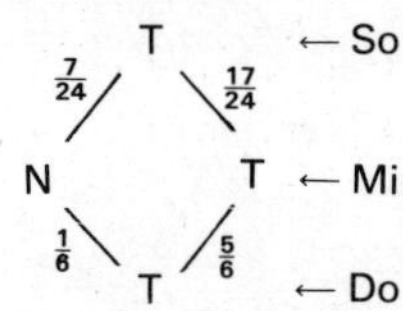

Fig. 2.20

Aufgaben:

3. Abel und Kain schießen gleichzeitig auf dasselbe Ziel. Sie treffen mit den Wahrscheinlichkeiten $\frac{4}{5}$ bzw. $\frac{7}{10}$. Wie groß ist die Wahrscheinlichkeit, daß das Ziel mindestens einmal getroffen wird?

4. Das Glücksrad der Fig. 2.21 wird zweimal gedreht. Wie groß ist die Wahrscheinlichkeit, daß beidesmal dieselbe Zahl erscheint?

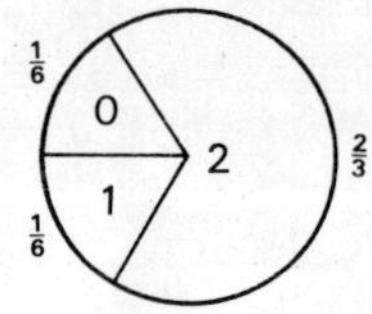

Fig. 2.21

5. Abel darf eine der beiden Urnen in Fig. 2.22 wählen. Dann zieht er aus der gewählten Urne zufällig drei Buchstaben ohne Zurücklegen. Wenn er das Wort EVA zieht, bekommt er einen Preis. Welche Urne ist günstiger?

Fig. 2.22

6. Abel und Kain haben je zwei Kugeln. Sie schießen abwechselnd auf eine Glasflasche; Abel beginnt. Sie treffen mit den Wahrscheinlichkeiten $\frac{1}{3}$ bzw. $\frac{1}{4}$. Wie groß ist die Wahrscheinlichkeit, daß Abel die Flasche zerstört?

7. Aus jeder der drei Urnen in Fig. 2.23 wird eine Zahl zufällig gezogen und die drei Zahlen werden
a) multipliziert b) addiert.
Wie groß ist die Wahrscheinlichkeit, daß das Ergebnis gerade ist?

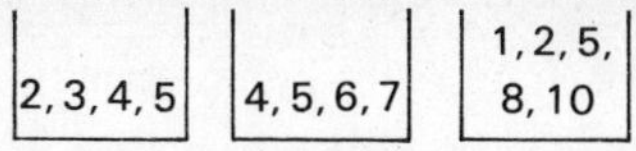

Fig. 2.23

8. Wie groß ist die Wahrscheinlichkeit, in 6 Würfen eines L-Würfels lauter verschiedene Augenzahlen zu erzielen?

9. Von 10 Zahlen sind 5 positiv und 5 negativ. Zwei Zahlen werden zufällig ohne Zurücklegen gezogen und multipliziert. Ist es günstiger, auf ein positives oder negatives Produkt zu setzen?

10. Eine Urne enthält 3 schwarze und 5 weiße Kugeln. Zwei Kugeln werden nacheinander ohne Zurücklegen gezogen. Wie groß ist die Wahrscheinlichkeit, daß die zweite Kugel schwarz ist?

11. Die Fig. 2.24 zeigt das Verhalten des Wetters in Anchurien: Wenn es heute trocken ist, dann ist es morgen naß mit der Wahrscheinlichkeit $\frac{1}{5}$ usw. Es ist heute naß. Wie groß ist die Wahrscheinlichkeit, daß es
a) übermorgen b) in 3 Tagen trocken ist?

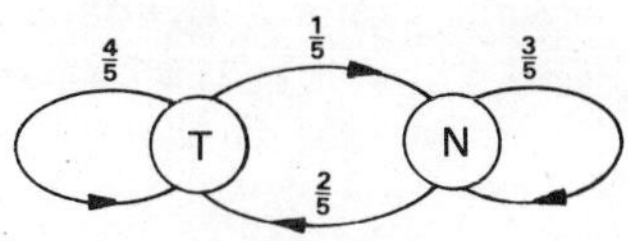

Fig. 2.24

12. Aus der Urne in Fig. 2.25 werden 4 Buchstaben nacheinander (ohne Zurücklegen) zufällig gezogen. Wie groß ist die Wahrscheinlichkeit, das Wort ANNA zu bekommen?

Fig. 2.25

13. Eine der drei Urnen in Fig. 2.26 wird zufällig ausgewählt. Aus der gewählten Urne wird ein Buchstabe zufällig gezogen. Wie groß ist die Wahrscheinlichkeit, den Buchstaben E zu bekommen?

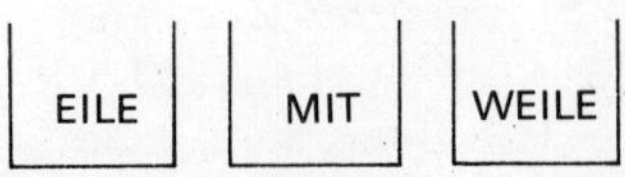

Fig. 2.26

14. Der Baum eines Mehrstufenversuches besteht aus Knoten und Zweigen, die mit Wahrscheinlichkeiten belegt sind. Die Wahrscheinlichkeiten aller von einem Knoten ausgehenden Zweige haben die Summe 1. Zeige, daß die Summe aller Pfadwahrscheinlichkeiten 1 ist, wie es sich für einen W-Raum gehört.

15. Ein Würfel wird 6mal geworfen. Wie groß ist die Wahrscheinlichkeit, lauter ungerade Augenzahlen zu werfen?

16. Ein Würfel wird 4mal geworfen. Wie groß ist die Wahrscheinlichkeit, lauter Fünfen oder Sechsen zu werfen?

17. Ein Laplace-Würfel wird zweimal geworfen. Es seien X und Y die Augenzahlen beim 1. bzw. 2. Wurf. Berechne die Wahrscheinlichkeiten der folgenden Ereignisse:
a) $X = 2$ b) $Y < 4$ c) $(X = 2) \cup (Y = 1)$ d) $(X < 3) \cup (Y > 2)$
e) $X - Y = 1$ f) $Y > X$ g) $XY \geqq 18$ h) $X + Y = k$ für $k = 2, 3, 4, \ldots, 12$

18. Ein milder Lehrer macht seine Noten auf folgende Weise: Er wirft drei Würfel gleichzeitig und nimmt die kleinste der drei auftretenden Augenzahlen. Wieviel % Einsen gibt er?

19. In einer Stadt gibt es 2000 Motorräder mit den Nummern 1 bis 2000. Wie groß ist die Wahrscheinlichkeit, daß die Nummer des nächsten vorbeifahrenden Motorrads mit 1 beginnt?

20. Das Glücksrad der Fig. 2.27 wird dreimal gedreht. Zeichne den Baum dieses Zufallsversuchs. Es sei $S(\omega)$ die Anzahl der Erfolge im Ausfall ω. Berechne die Wahrscheinlichkeiten der Ereignisse $S = 0$, $S = 1$, $S = 2$, $S = 3$.

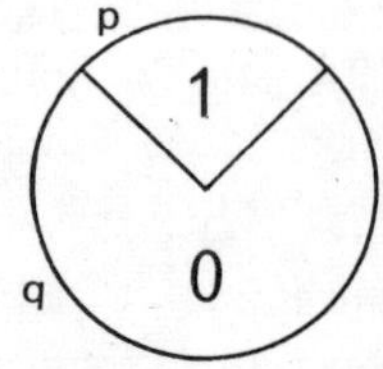

Fig. 2.27

21. In einer Urne sind 2 weiße und 3 schwarze Kugeln. Zwei Spieler ziehen abwechselnd je eine Kugel ohne Zurücklegen. Sieger ist, wer zuerst eine
a) weiße b) schwarze Kugel zieht.
Wie groß ist die Wahrscheinlichkeit, daß der 1. Spieler siegt?

2.2. Unabhängige Versuche und unabhängige Ereignisse

Wir betrachten nochmals das erste und das zweite Beispiel des letzten Abschnitts. Aus der Urne in der Fig. 2.28 wurden zwei Buchstaben nacheinander gezogen. Je nach der Art der Ziehung haben wir von einer *unabhängigen* bzw. *abhängigen* Versuchsfolge gesprochen.

Fig. 2.28

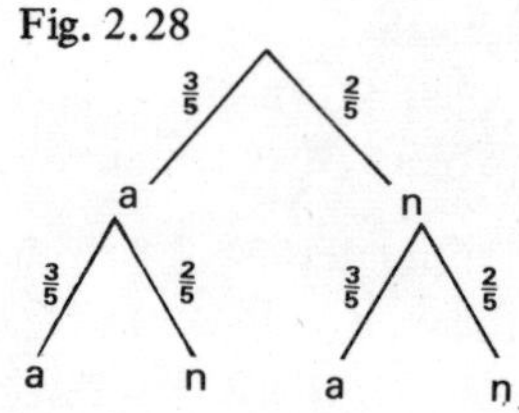
Fig. 2.29

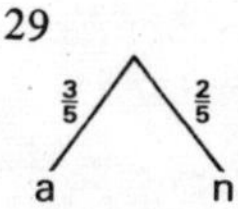
Fig. 2.30

Die *Ziehung mit Zurücklegen* beschreiben wir durch den Baum der Fig. 2.29. Unabhängig vom Ausgang der 1. Stufe wird die 2. Stufe durch den Baum der Fig. 2.30 beschrieben. Deshalb sagen wir, daß die beiden Ziehungen *unabhängige Versuche* sind. Auch die erste Stufe wird durch Fig. 2.30 beschrieben. Deshalb sprechen wir von der *unabhängigen Wiederholung* eines Versuchs.

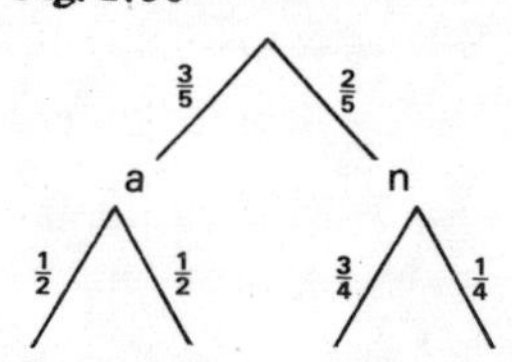
Fig. 2.31

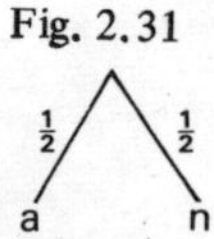
Fig. 2.32

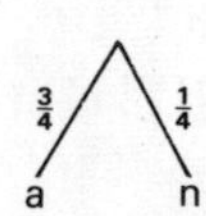
Fig. 2.33

Die *Ziehung ohne Zurücklegen* beschreiben wir durch den Baum der Fig. 2.31. Wenn die erste Ziehung *a* ergibt, so wird die zweite Ziehung durch Fig. 2.32 beschrieben. Ergibt die erste Ziehung *n*, so wird die zweite Ziehung durch die Fig. 2.33 beschrieben. Die zweite Stufe hängt vom Ausgang der ersten Stufe ab. Daher sprechen wir von *abhängigen Versuchen*.

Wir betrachten die beiden Ereignisse

A = „*a* bei der ersten Ziehung“

B = „*n* bei der zweiten Ziehung“

Man sagt A hängt nur vom Ausgang der 1. Stufe ab und B nur vom Ausgang der 2. Stufe. Offenbar ist

$$A = \{aa, an\},$$
$$B = \{an, nn\},$$
$$A \cap B = \{an\}$$

Beim Ziehen mit Zurücklegen haben wir nach Fig. 2.29:

$$P(A) = \tfrac{3}{5} \cdot \tfrac{3}{5} + \tfrac{3}{5} \cdot \tfrac{2}{5} = \tfrac{3}{5},$$
$$P(B) = \tfrac{3}{5} \cdot \tfrac{2}{5} + \tfrac{2}{5} \cdot \tfrac{2}{5} = \tfrac{2}{5},$$
$$P(A \cap B) = \tfrac{3}{5} \cdot \tfrac{2}{5} \qquad \text{oder} \qquad P(A \cap B) = P(A) \cdot P(B) \qquad (1)$$

Beim Ziehen ohne Zurücklegen haben wir nach Fig. 2.31:

$$P(A) = \tfrac{3}{5} \cdot \tfrac{1}{2} + \tfrac{3}{5} \cdot \tfrac{1}{2} = \tfrac{3}{5},$$
$$P(B) = \tfrac{3}{5} \cdot \tfrac{1}{2} + \tfrac{2}{5} \cdot \tfrac{1}{4} = \tfrac{2}{5},$$
$$P(A \cap B) = \tfrac{3}{5} \cdot \tfrac{1}{2} = \tfrac{3}{10} \quad \text{oder} \qquad P(A \cap B) \neq P(A) \cdot P(B) \qquad (2)$$

Man vermutet, daß die Gültigkeit bzw. Ungültigkeit von $P(A \cap B) = P(A) \cdot P(B)$ etwas mit der Unabhängigkeit bzw. Abhängigkeit der zugrunde liegenden Versuche zu tun hat. Es ist zweckmäßig auch die Unabhängigkeit von Ereignissen zu definieren.

Definition: Zwei Ereignisse A und B heißen unabhängig, wenn $P(A \cap B) = P(A) \cdot P(B)$ gilt.

Beispiel: Beim Werfen eines L-Würfels ist $\Omega = \{1, 2, 3, 4, 5, 6\}$. Wir betrachten in Ω die Ereignisse $A = \{2, 3, 5\}$, $B = \{2, 4\}$, $C = \{2, 4, 5, 6\}$, $A \cap B = \{2\}$, $B \cap C = \{2, 4\}$, $A \cap C = \{2, 5\}$. Es ist $P(A) = \frac{1}{2}$, $P(B) = \frac{1}{3}$, $P(C) = \frac{2}{3}$, $P(A \cap B) = \frac{1}{6}$, $P(B \cap C) = \frac{1}{3}$, $P(A \cap C) = \frac{1}{3}$.

D.h. $P(A \cap B) = P(A) \cdot P(B)$, $P(B \cap C) \neq P(B) \cdot P(C)$, $P(A \cap C) = P(A) \cdot P(C)$.

Die Paare A, B und A, C sind unabhängig während das Paar B, C abhängig ist.

In der Definition unabhängiger Ereignisse wird kein Bezug genommen auf unabhängige Versuche. Jedoch treten unabhängige Ereignisse in der Regel im Zusammenhang mit unabhängigen Versuchen auf. Z.B. oben hatten wir einen Zweistufenversuch mit unabhängigen Stufen. A war durch den Ausgang der ersten Stufe und B durch den Ausgang der zweiten Stufe bestimmt. Nach (1) waren in diesem Fall A und B unabhängig. Der allgemeine Beweis dafür ist nicht schwer, aber etwas schwerfällig, wenn man keine Erfahrung im Umgang mit Summen hat.

Die Figur 2.34 zeigt zwei Glücksräder mit den Stichprobenräumen $\Omega_1 = \{x_1, x_2, \ldots, x_m\}$ und $\Omega_2 = \{y_1, y_2, \ldots, y_n\}$, wobei x_i und y_k die Wahrscheinlichkeiten p_i bzw. q_k haben.

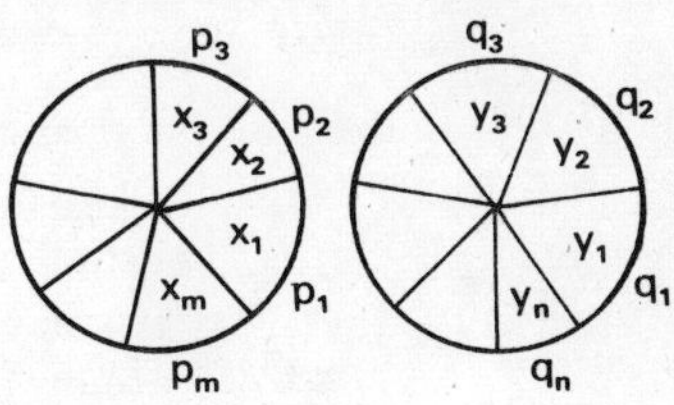

Fig. 2.34

$A_1 = \{x_2, x_3, x_4\}$ ist ein Ereignis in Ω_1 und hat dort die Wahrscheinlichkeit $P_1(A_1) = p_2 + p_3 + p_4$.

$B_1 = \{y_3, y_4\}$ ist ein Ereignis in Ω_2 und hat dort die Wahrscheinlichkeit $P_2(B_1) = q_3 + q_4$.
Werden beide Versuche hintereinander ausgeführt, so ist dies ein Zweistufenversuch, dessen Stichprobenraum $\Omega = \Omega_1 \times \Omega_2$ aus Paaren $(x_i; y_k)$ besteht.
Fig. 2.37 zeigt eine Gitterdarstellung von Ω. Wir möchten auf Ω eine Wahrscheinlichkeit P definieren durch: $(x_i; y_k) \longrightarrow p_{ik}$
In der Definition von p_{ik} soll die Unabhängigkeit der beiden Versuche zum Ausdruck kommen. Für jeden Ausfall der 1. Stufe (Fig. 2.35) muß die 2. Stufe durch den eingerahmten Baum in der Fig. 2.36 beschrieben werden. Durch Multiplikation längs des Pfades $(x_i; y_k)$ ergibt sich:

$$p_{ik} = p_i \cdot q_k \qquad (3)$$

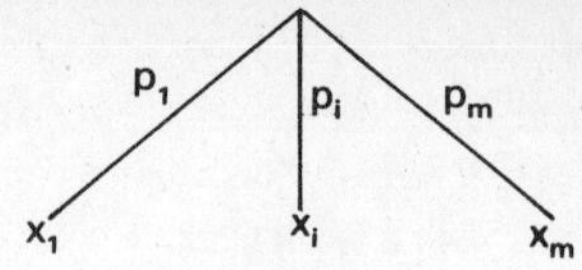

Fig. 2.35

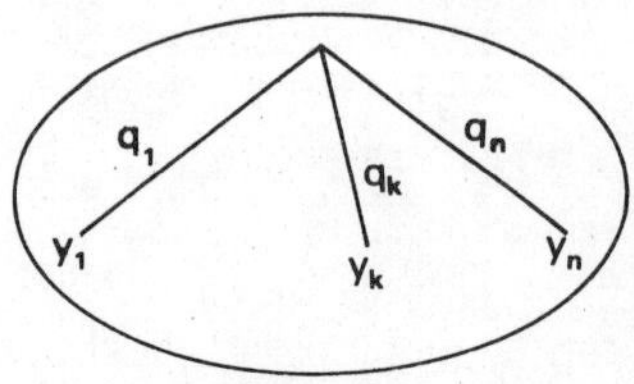

Fig. 2.36

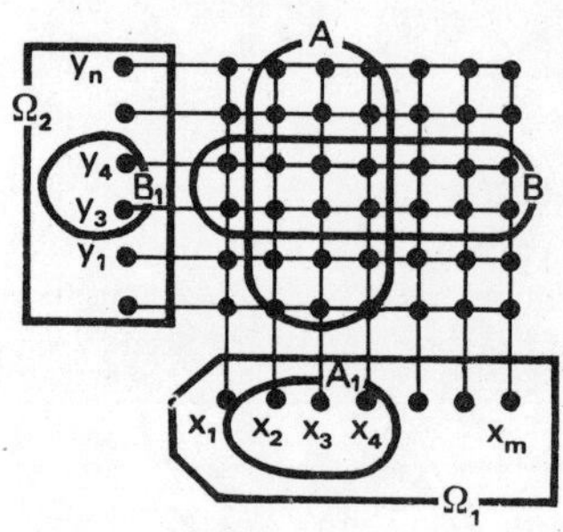

Fig. 2.37

Man kann die ganze Darstellung vereinfachen, indem man definiert: Die beiden Stufen heißen unabhängig, wenn die Gleichung (3) gilt.
Wir betrachten in Ω die Ereignisse
$A = A_1 \times \Omega_2$ und $B = \Omega_1 \times B_1$ (siehe Fig. 2.37).
Man sagt A hängt nur vom Ausgang der 1. Stufe ab und B nur vom Ausgang der 2. Stufe. Es ist

$$\begin{aligned} P(A) &= p_2q_1 + p_2q_2 + \ldots + p_2q_n + p_3q_1 + p_3q_2 \\ &\quad + \ldots + p_3q_n + p_4q_1 + p_4q_2 + \ldots + p_4q_n \\ &= p_2(q_1 + q_2 + \ldots + q_n) + p_3(q_1 + q_2 + \ldots + q_n) \\ &\quad + p_4(q_1 + q_2 + \ldots + q_n) \\ &= p_2 + p_3 + p_4 \end{aligned}$$

Also ist $P(A) = p_2 + p_3 + p_4 = P_1(A_1)$
Ebenso zeigt man:
$P(B) = q_3 + q_4 = P_2(B_1)$
Ferner ist $A \cap B = A_1 \times B_1$

$$= \{(x_2; y_3), (x_2; y_4), (x_3; y_3), (x_3; y_4), (x_4; y_3), (x_4; y_4)\}$$

$$\begin{aligned} P(A \cap B) &= P(A_1 \times B_1) = p_2q_3 + p_2q_4 + p_3q_3 + p_3q_4 + p_4q_3 + p_4q_4 \\ &= (p_2 + p_3 + p_4)(q_3 + q_4) \\ &= P_1(A_1) \cdot P_2(A_2) \qquad \text{oder} \end{aligned}$$

$$P(A \cap B) = P(A) \cdot P(B) \qquad (4)$$

D.h. A und B sind unabhängige Ereignisse. Die ganze Überlegung läßt sich verallgemeinern. Die Unabhängigkeit von n Versuchen wird analog zu (3) definiert:
Sind $x_i, y_k, z_l, \ldots$ Ausfälle des 1., 2., 3., ... Teilversuchs mit den Wahrscheinlichkeiten $p_i, q_k, r_l, \ldots$, dann wird dem Ausfall $(x_i; y_k; z_l; \ldots)$ die Wahrscheinlichkeit $p_i \cdot q_k \cdot r_l, \ldots$ zugeordnet. Damit gilt die folgende Verallgemeinerung von (4):

> Gegeben ist eine Folge von n unabhängigen Versuchen und die Ereignisse $A_1, A_2, \ldots, A_n$, wobei A_i nur vom Ausgang des i-ten Teilversuchs abhängt ($i = 1, 2, \ldots, n$). Dann gilt das *Multiplikationsgesetz*:
> $P(A_1 \cap A_2 \cap \ldots \cap A_n) = P(A_1) \cdot P(A_2) \ldots \cdot P(A_n)$

Unabhängige und abhängige Ereignisse werden ausführlicher in Kapitel 12 behandelt. Dieses Kapitel kann aber schon jetzt gelesen werden.

2.3. Beispiele unendlicher W-Räume

In dem vorliegenden ersten Band werden wir nur endliche W-Räume betrachten. Interessanter, aber schwieriger, sind die unendlichen W-Räume. Sie werden im zweiten Band behandelt. Zur Orientierung geben wir einige Beispiele.

1. Beispiel:
Eine L-Münze wird so oft geworfen, bis die 1 zum ersten Mal erscheint. Dieser Zufallsversuch hat den Stichprobenraum
$\Omega = \{1, 01, 001, 0001, 00001, \ldots\}$.
Ω enthält abzählbar unendlich viele Elemente, d.h. man kann die Elemente von Ω mit den natürlichen Zahlen durchnumerieren. Die Wahrscheinlichkeiten der Tabelle 2.3 wurden dem Baum der Fig. 2.38 entnommen. Die Summe der Wahrscheinlichkeiten muß 1 sein. In der Tat gilt:

$$\sum_{\omega \in \Omega} p(\omega) = \frac{1}{2} + \frac{1}{4} + \frac{1}{8} + \ldots = \frac{\frac{1}{2}}{1 - \frac{1}{2}} = 1$$

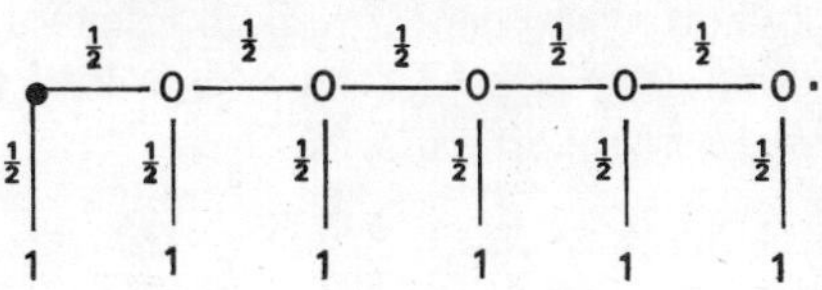

Fig. 2.38

Bisher haben wir bei der Berechnung von Wahrscheinlichkeiten endliche Summen ausgerechnet. In diesem Beispiel sind wir gezwungen, auch unendliche Summen auszuwerten. Es sei X die Anzahl der Würfe bis zum Erscheinen der ersten 1. Durch Bedingungen über X definieren wir einige Ereignisse:

1	01	001	0001	00001	...
$\frac{1}{2}$	$\frac{1}{4}$	$\frac{1}{8}$	$\frac{1}{16}$	$\frac{1}{32}$	

Tabelle 2.3

a) X ist eine ungerade Zahl
b) X ist eine gerade Zahl
c) $X > 5$.

Diese Ereignisse mögen A, B, C heißen. Dann ist:

$$P(A) = p(1) + p(001) + p(00001) + \ldots = \frac{1}{2} + \frac{1}{8} + \frac{1}{32} + \ldots = \frac{\frac{1}{2}}{1 - \frac{1}{4}} = \frac{2}{3}$$

$$P(B) = p(01) + p(0001) + p(000001) + \ldots = \frac{1}{4} + \frac{1}{16} + \frac{1}{64} + \ldots = \frac{\frac{1}{4}}{1 - \frac{1}{4}} = \frac{1}{3}$$

Bequemer rechnet man so: $P(B) = 1 - P(\bar{B}) = 1 - P(A)$, da $\bar{B} = A$ ist.
Bei der Berechnung von $P(C)$ kann man unendliche Reihen vermeiden, denn:
$P(C) = 1 - P(\bar{C}) = 1 - P(X \leqq 5) = 1 - \frac{1}{2} - \frac{1}{4} - \frac{1}{8} - \frac{1}{16} - \frac{1}{32} = \frac{1}{32}$.

2. Beispiel:

In den Kasinos von Sikinien gibt es folgendes Glücksspiel: Aus einer größeren Entfernung wirft der Spieler einen Kulotnik (3 cm Durchmesser) auf einen karierten Tisch mit 4 cm · 4 cm Karos. Wenn die Münze ganz in das Innere eines Karos fällt, so erhält er seine Münze wieder und noch 12 Kulotnik dazu. Andernfalls verliert er seine Münze.

Wir wollen die Gewinnchancen berechnen. Als Ausfall wird man hier die Lage des Münzenmittelpunktes ansehen. Der Stichprobenraum Ω besteht aus allen Punkten des Tisches und ist nicht mehr abzählbar unendlich. Den einzelnen Punkten wird man hier die Wahrscheinlichkeit 0 zuordnen. Man wird Wahrscheinlichkeiten nur Teilflächen von Ω zugestehen. Es sei A eine Teilmenge von Ω. Dann kann man auf Ω durch $P(A) = \frac{|A|}{|\Omega|} = \frac{\text{Inhalt von } A}{\text{Inhalt von } \Omega}$

eine Wahrscheinlichkeit P definieren mit den Eigenschaften:

$P(A) \geqq 0,\ P(\Omega) = 1,\ P(A \cup B) = P(A) + P(B)$

für fremde Teilmengen. Es gibt allerdings sehr komplizierte Teilmengen, denen man keinen Flächeninhalt zuordnen kann.

Die Fig. 2.39 zeigt eines der Karos. Der Spieler gewinnt, wenn der Mittelpunkt der Münze in das schraffierte Quadrat mit der Seite 1 fällt. Die Wahrscheinlichkeit dafür ist $\frac{1}{16}$.

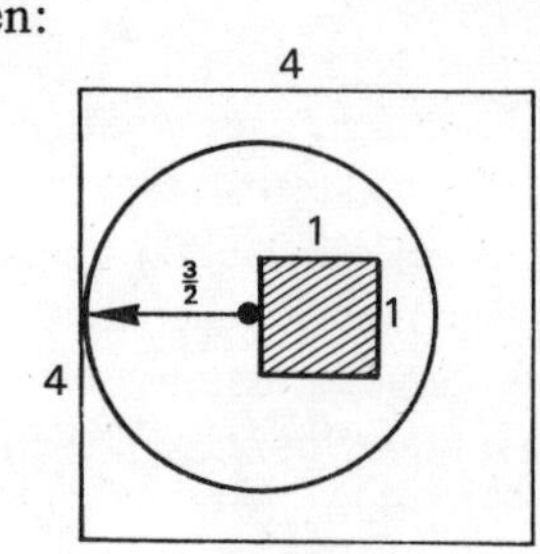

Fig. 2.39

3. Beispiel: Das Warten auf den ersten Fisch.

Zur Zeit $t = 0$ werfe ich einen Angelhaken ins Wasser und warte auf den ersten Fisch. Ω besteht hier aus allen möglichen Wartezeiten, d.h. aus allen nichtnegativen reellen Zahlen. Hier wird man nicht Zeitpunkten, sondern Zeitintervallen Wahrscheinlichkeiten zuordnen. Hier ist die Wahl einer passenden Wahrscheinlichkeit nicht mehr trivial. Man braucht einige Kenntnisse über das Fischen. Es genügt zu wissen: Die Wahrscheinlichkeit $p(h)$, im Intervall $[t, t + h]$ keinen Fisch zu fangen, hängt nur von der Intervallänge h ab und nicht von t.

Für p läßt sich daraus eine Gleichung herleiten. Es ist $p(t + h)$ die Wahrscheinlichkeit, im Intervall $[0, t + h]$ keinen Fisch zu fangen. Durch Multiplikation längs des Pfades in der Fig. 2.40 erhält man:

$p(t + h) = p(t) \cdot p(h)$

Im 2. Band wird gezeigt, daß diese Gleichung die Lösung $p(t) = e^{-\lambda t}$ hat.

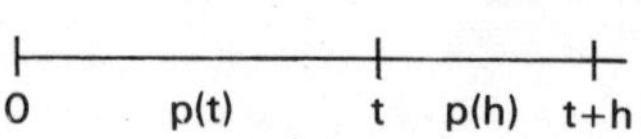

Fig. 2.40

4. Beispiel:

Es sei ω das Gewicht eines Neugeborenen. Als Ω verwendet man hier am besten die positive reelle Zahlengerade. Hier wird man Intervallen Wahrscheinlichkeiten zuordnen. Allerdings ist es unrealistisch, gleichen Intervallen gleiche Wahrscheinlichkeiten zuzuordnen. Denn das Ereignis $3{,}5\ \text{kg} < \omega < 4{,}5\ \text{kg}$ ist viel wahrscheinlicher als das Ereignis $2\ \text{kg} < \omega < 3\ \text{kg}$. Man verwendet hier eine Dichtefunktion f, deren Bild mit der Ω-Achse die Gesamtfläche 1 einschließt. Die Wahrscheinlichkeit des Ereignisses

$a < \omega < b$ ist einfach der Inhalt der in der Fig. 2.41 schraffierten Fläche. Hier sind wieder sehr komplizierte Ereignisse denkbar, z.B. „ω ist irrational". Aber solche Ereignisse sind zum Glück uninteressant. Im Gegensatz zum 3. Beispiel kann man hier f nicht durch scharfsinnige Überlegung gewinnen. Man bestimmt f aus umfangreichen statistischen Daten.

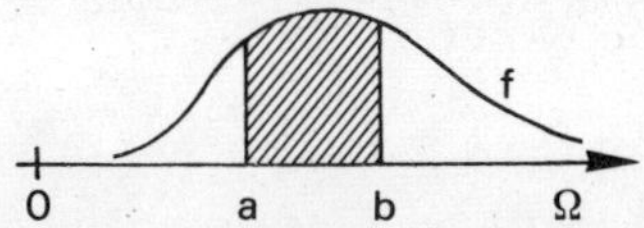

Fig. 2.41

Aufgaben:

22. Drei Personen a, b, c werfen eine Münze in der Reihenfolge $a, b, c, a, b, c, \ldots$. Sieger ist, wer zuerst Zahl wirft. Berechne die Gewinnchancen der drei Personen.

23. Die Fig. 2.42 zeigt ein Kantenmodell eines regulären Tetraeders. Ein Käfer startet in S. Für eine Kante braucht er eine Minute. An jeder Ecke wählt er eine der drei Kanten zufällig. Wie groß ist die Wahrscheinlichkeit, daß er den Punkt Z
a) nach genau n Minuten erreicht?
b) nach n Minuten noch nicht erreicht hat?

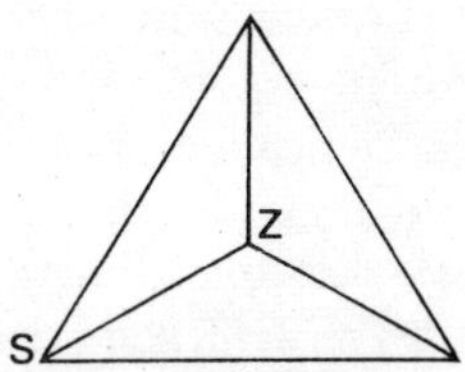

Fig. 2.42

3. Kombinatorik

Die Berechnung von Wahrscheinlichkeiten bei Laplace-Versuchen reduziert sich auf eine Zählaufgabe. Man zählt die günstigen und die möglichen Fälle und berechnet ihren Quotienten. Das Zählen ist eine schwierige Kunst, denn mehrstufige Versuche haben sehr viele Ausfälle. Wir werden mit zwei einfachen Zählregeln auskommen.

3.1. Summenregel und Produktregel

Man will die Anzahl der Elemente in der Menge Ω bestimmen. Oft läßt sich Ω in (fremde) Teilmengen $A_1, A_2, \ldots, A_r$ zerlegen, deren Elemente leichter zu zählen sind. Dann ist:

$$|\Omega| = |A_1 \cup A_2 \cup \ldots \cup A_r| = |A_1| + |A_2| + \ldots + |A_r|$$

Dies ist die *Summenregel*. Fig. 3.1 zeigt ein Beispiel für $r = 4$.

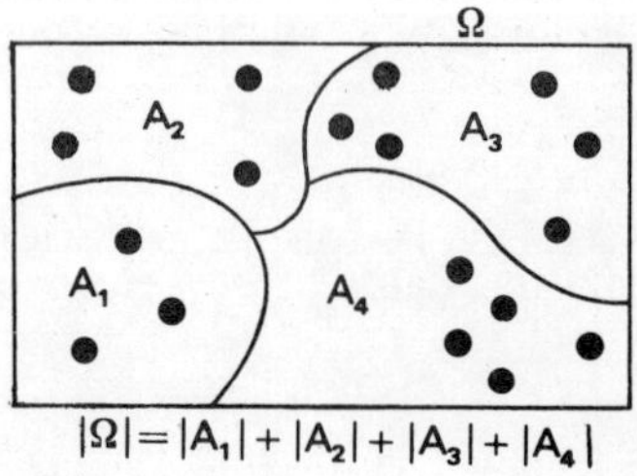

Fig. 3.1

Die Summenregel verwenden wir sehr häufig ohne sie extra zu erwähnen und oft unbewußt.
Die wichtigste Zählregel ist die *Produktregel*.
Mit ihrer Hilfe kann man mühelos die Ausfälle einer umfangreichen Klasse mehrstufiger Versuche zählen.
Bei einem mehrstufigen Versuch kann der Ausgang einer Stufe die Anzahl der Möglichkeiten bei späteren Stufen einschränken oder nicht. Dazu einige Beispiele:

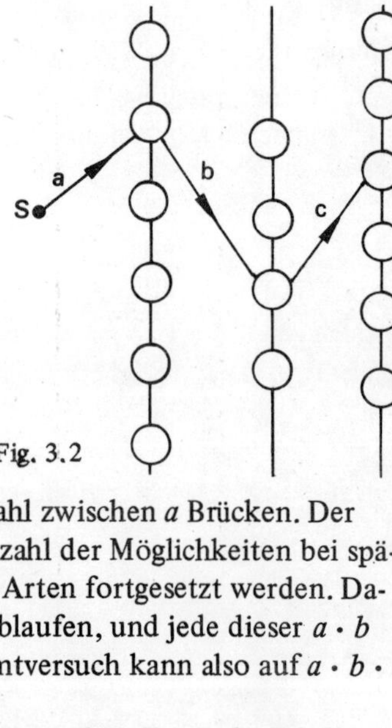

Fig. 3.2

1. Beispiel:
Die Fig. 3.2 zeigt drei Flüsse mit je a, b, c Brücken. Jemand startet in S und will alle drei Flüsse überqueren. Dies ist ein Dreistufenversuch. Die erste Stufe kann auf a Arten ablaufen, denn man hat die Wahl zwischen a Brücken. Der Ausgang der ersten Stufe beeinflußt aber nicht die Anzahl der Möglichkeiten bei späteren Stufen. Jeder der a möglichen Starts kann auf b Arten fortgesetzt werden. Daher können die beiden ersten Stufen auf $a \cdot b$ Arten ablaufen, und jede dieser $a \cdot b$ Arten kann auf c Arten fortgesetzt werden. Der Gesamtversuch kann also auf $a \cdot b \cdot c$ Arten ablaufen. Dies ist ein Beispiel der Produktregel.
In der Fig. 3.2 ist ein möglicher Ablauf eingezeichnet. An jedem Zweig des Pfades steht die Anzahl der Wahlmöglichkeiten für diesen Zweig. Durch Multiplikation längs des Pfades erhält man die Gesamtzahl der möglichen Pfade.

2. Beispiel:
Frau Mayer hat 6 Hüte, 5 Blusen und 5 Röcke in zwei Farben, schwarz und weiß (Fig. 3.3). Wenn kein Kleidungsstück ein anderes ausschließt, kann sie sich auf $6 \cdot 5 \cdot 5 = 150$ Arten kleiden. Da Frau Mayer keine zwei schwarzen Stücke trägt, gibt es weniger Möglichkeiten. Bei der ersten Stufe (Wahl eines Hutes) hat sie 6 Mög-

lichkeiten. Die Anzahl der Möglichkeiten bei späteren Stufen hängt von der ersten Wahl ab; die Produktregel gilt nicht. Jede Farbkombination

○○○, ●○○, ○●○, ○○●

bestimmt eine Teilmenge von Ausfällen, für welche die Produktregel gilt.

Der Fig. 3.3 entnimmt man durch Multiplikation längs der 4 Pfade (Produktregel) und Addition der Produkte (Summenregel):

$|\Omega| = 3 \cdot 3 \cdot 2 + 3 \cdot 3 \cdot 2 + 3 \cdot 2 \cdot 2 + 3 \cdot 3 \cdot 3 = 75$

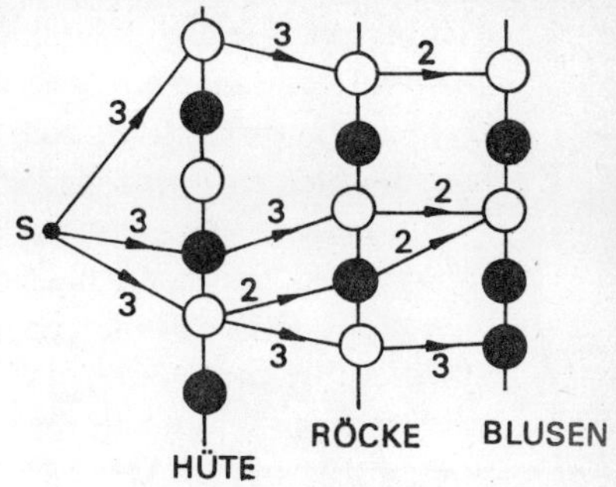

Fig. 3.3

Meist haben wir es mit Aufgaben zu tun, bei denen die Produktregel direkt anwendbar ist. Zwei typische Beispiele folgen.

3. Beispiel:
Eine Münze mit den Seiten 0 und 1 wird 6 mal geworfen. Wieviel mögliche Ausfälle gibt es?
Dies ist ein Versuch mit 6 Stufen und bei jeder Stufe gibt es zwei Möglichkeiten. In der Fig. 3.4 ist der Ausfall 010011 eingezeichnet. Es gibt insgesamt
$2 \cdot 2 \cdot 2 \cdot 2 \cdot 2 \cdot 2 = 2^6 = 64$ Ausfälle.

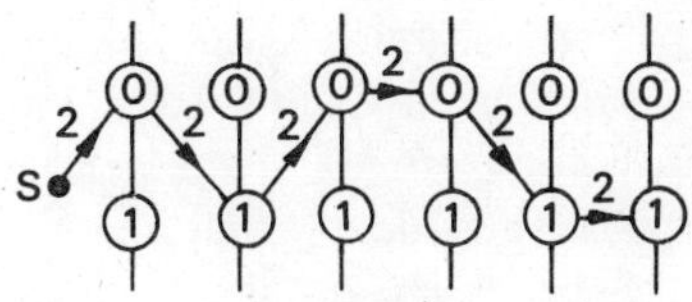

Fig. 3.4

4. Beispiel:
In einer Urne sind 5 Kugeln mit den Nummern 1 bis 5. Drei Kugeln werden nacheinander ohne Zurücklegen gezogen. Wieviel Ausfälle gibt es?
Dieser Versuch hat 3 Stufen. Für die erste Stufe gibt es 5 Möglichkeiten. Der Ausgang der ersten Stufe beeinflußt die Möglichkeiten bei den folgenden Stufen, *aber nicht ihre Anzahl*. Bei der 2. und 3. Stufe gibt es stets 4 bzw. 3 Möglichkeiten. Daher hat dieser Versuch $5 \cdot 4 \cdot 3 = 60$ Ausfälle. Der Ausfall 243 ist in der Fig. 3.5 eingezeichnet.

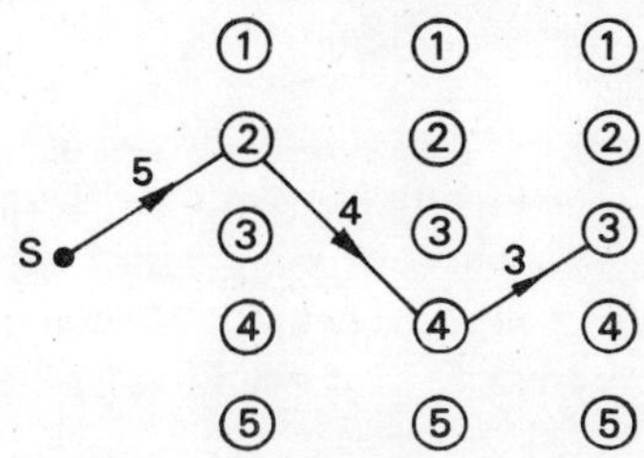

Fig. 3.5

Wir geben der *Produktregel* folgende endgültige Formulierung:

> Ein Versuch bestehe aus r Stufen. Der Ausgang einer Stufe habe keinen Einfluß auf die Anzahl der möglichen Ausgänge bei späteren Stufen. Haben die einzelnen Stufen $n_1, n_2, \ldots, n_r$ Ausfälle, dann hat der Gesamtversuch $n_1 \cdot n_2 \cdot \ldots \cdot n_r$ mögliche Ausfälle.

3.2. Stichproben

Bei kombinatorischen Aufgaben spielen zwei Operationen eine wichtige Rolle: die *Auswahl einer Teilmenge* aus einer Grundmenge und das *Anordnen der Elemente einer Menge*.

Teilmengen, die man aus einer Grundmenge aussondert, heißen *Stichproben*. Es gibt *geordnete* und *ungeordnete* Stichproben, je nachdem, ob man die Reihenfolge der Elemente berücksichtigt oder nicht. Eine Anordnung ergibt sich ganz natürlich, wenn man die Elemente einzeln zieht und die Reihenfolge notiert. Zieht man die Stichprobe *mit einem Griff*, dann ist keine Anordnung vorhanden.
Schließlich kann man ein gezogenes Element vor der nächsten Ziehung zurücklegen oder nicht. Danach unterscheidet man Stichproben *mit* und *ohne Zurücklegen* (*mit* und *ohne Wiederholung*).
In einer Urne sind n Kugeln mit den Nummern $1, 2, \ldots, n$. Der Urne wird eine Stichprobe vom Umfang s entnommen. Es gibt vier Arten der Ziehung, die wir der Reihe nach durchgehen.

3.2.1. *Geordnete Stichproben mit Zurücklegen*
Man zieht eine Kugel zufällig, notiert ihre Nummer und legt sie dann wieder zurück. Dies wird s-mal wiederholt. Man hat einen Versuch mit s Stufen. Die einzelnen Stufen sind Kopien voneinander und haben je n mögliche Ausfälle. Der Gesamtversuch hat nach der Produktregel $n \cdot n \cdot n \ldots n = n^s$ verschiedene Ausfälle. Fig. 3.6 zeigt ein Beispiel mit $n = 10$ und $s = 5$.

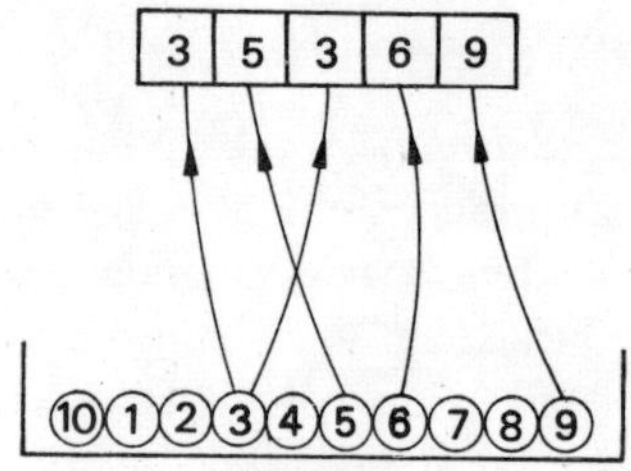

Fig. 3.6

Bemerkungen und Beispiele:
1. Bei einer geordneten Stichprobe zählt die Reihenfolge. Z.B. Wörter sind geordnete Stichproben mit Zurücklegen aus dem Alphabet. Die Wörter amo, mao, oma oder beil, leib, lieb, blei haben ganz verschiedene Bedeutung. Zahlennamen sind geordnete Stichproben mit Zurücklegen aus der Menge der Ziffern.
2. Wenn man die Kugeln zufällig zieht, dann hat jeder der n^s Ausfälle dieselbe Wahrscheinlichkeit $\frac{1}{n^s}$.
3. Die Fälle $n = 2$, $n = 6$ und $n = 10$ sind besonders wichtig. Der Fall $n = 2$ entspricht einer L-Münze. Eine Münze kann als eine Urne mit zwei Kugeln $\{0, 1\}$ gedeutet werden. Beim Werfen der Münze wird eine Kugel gezogen, und zwar ist das ein Ziehen mit Zurücklegen. Der s-fache Münzenwurf hat also 2^s Ausfälle und jeder Ausfall hat die Wahrscheinlichkeit $\frac{1}{2^s}$.
   Der Fall $n = 6$ entspricht einem L-Würfel. Einen Würfel kann man als eine Urne mit 6 Kugeln $\{1, 2, 3, 4, 5, 6\}$ deuten. Der s-fache Wurf eines Würfels hat also 6^s mögliche Ausfälle.
   Der Fall $n = 10$ entspricht dem dezimalen L-Rad der Fig. 3.7. Wird das Rad s-mal gedreht, so entsteht ein Block aus s Ziffern. Es gibt 10^s solcher Blöcke und jeder hat dieselbe Wahrscheinlichkeit 10^{-s}. Wird dieses Rad 10^6-mal gedreht, so erhält man 10^6 dezimale Zufallsziffern. Zufalls-

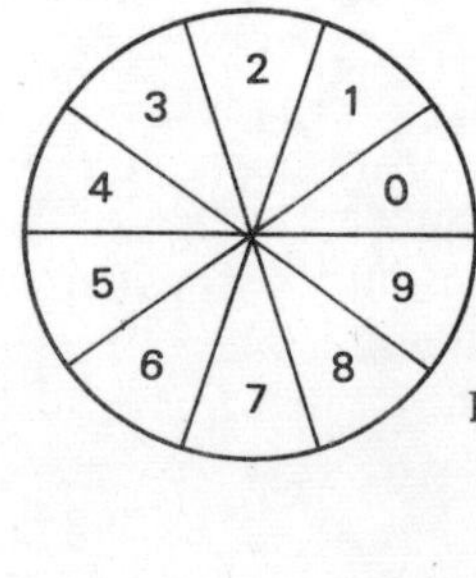

Fig. 3.7

ziffern haben eine große praktische Bedeutung, und wir werden sie noch ausführlich untersuchen.

4. Es gibt eine andere (duale) Version unserer Aufgabe, die für manche Anwendungen bequemer ist. Statt s Kugeln aus einer Urne zu ziehen, legen wir s Kugeln in n Urnen. Gegeben seien s unterscheidbare Kugeln und n unterscheidbare Urnen. Die Kugeln werden irgendwie auf die Urnen verteilt. Jede Urne darf beliebig viele Kugeln enthalten (Fig. 3.8). Wie groß ist die Anzahl der möglichen Verteilungen?

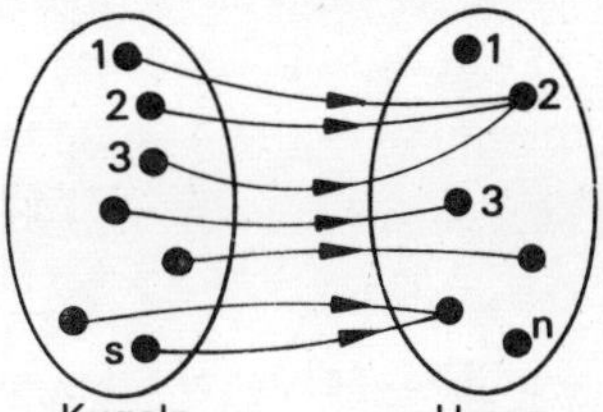

Fig. 3.8

Die Verteilung der Kugeln auf die Urnen ist ein Versuch mit s Stufen. Jede Stufe hat n mögliche Ausfälle, denn man kann jede Kugel auf n Arten unterbringen. Daher gibt es n^s Ausfälle.
Die Seiten eines Würfels kann man als 6 Urnen auffassen. Jeder Wurf landet dann in einer der 6 Urnen. Bei s Würfen gibt es 6^s mögliche Ausfälle.

5. $A = \{1, 2, 3, \ldots, s\}$ und $B = \{1, 2, 3, \ldots, n\}$ seien zwei Mengen. Wieviel Funktionen von A in B gibt es? Eine Funktion mit dem Definitionsbereich A und dem Wertebereich B ordnet jedem Element von A ein Element von B zu. Dies ist wieder die unter 4. besprochene Aufgabe. Die Elemente von A kann man als Kugeln und die Elemente von B als Urnen deuten. Die Funktion transportiert die Kugeln in die Urnen (Fig. 3.8).

6. Wieviel Teilmengen hat eine Menge Ω mit n Elementen?
Dies ist eine sehr wichtige Aufgabe. Die Auswahl einer Teilmenge ist ein Versuch, der aus n Stufen mit je zwei Ausfällen besteht. Jedes Element der Menge kann gewählt werden oder nicht. Daher gibt es 2^n verschiedene Teilmengen, einschließlich ϕ und Ω.
Man kann diese Aufgabe auf 5. zurückführen.
Eine Teilmenge in Ω aussondern, bedeutet auf Ω einen Indikator definieren. Es gibt daher nach 5. 2^n Indikatoren von $\{1, 2, \ldots, n\}$ in $\{0, 1\}$ (Fig. 3.9).

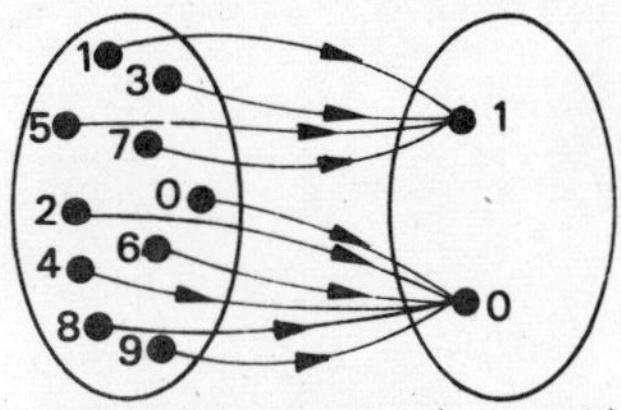

Indikator der Menge {1, 3, 5, 7}
Fig. 3.9

7. Wieviel verschiedene Tipreihen gibt es beim Toto? Auf wieviel Arten kann man einen Tipzettel vollkommen falsch ausfüllen?
Das Ausfüllen eines Zettels ist ein Versuch mit 12 Stufen und 3 Ausfällen je Stufe. Daher gibt es $3^{12} = 531\,441$ verschiedene Tipreihen (bei der 12er-Wette). Jedes Spiel kann auf 2 Arten falsch getippt werden. Daher gibt es $2^{12} = 4\,096$ vollkommen falsche Tipreihen.

3.2.2. *Geordnete Stichproben ohne Zurücklegen*

In einer Urne liegen n Kugeln mit den Nummern 1 bis n. Man zieht nacheinander s Kugeln ohne Zurücklegen und notiert ihre Nummern in der Reihenfolge, in der sie erscheinen. Der Versuch besteht hier aus s Ziehungen, die jedoch keine Kopien voneinander sind. Es gibt der Reihe nach $n, n-1, n-2, \ldots, n-(s-1) = n-s+1$ mögliche Ausfälle. Für die Anzahl der möglichen Stichproben ist das Zeichen $(n)_s$ üblich. Die Produktregel liefert:

$$(n)_s = n(n-1)(n-2)\ldots(n-s+1) \tag{1}$$

Besonders wichtig ist der Spezialfall $s = n$. In diesem Fall werden alle Kugeln gezogen. Die geordnete Stichprobe ist dann einfach eine *Anordnung* oder *Permutation* der n Elemente. Also können n verschiedene Objekte auf

$$(n)_n = n(n-1)(n-2)\ldots 3\cdot 2\cdot 1$$

Arten angeordnet werden. Statt $(n)_n$ schreibt man $n!$ (lies: n-Fakultät). Damit haben wir den wichtigen Satz:

> Eine Menge mit n Elementen kann auf $n! = n(n-1)(n-2)\ldots 3\cdot 2\cdot 1$ Arten angeordnet werden.

Es erweist sich als zweckmäßig, $0! = 1$ zu setzen. Hier ist eine Tabelle für $n!$:

n	0	1	2	3	4	5	6	7	8	9	10
$n!$	1	1	2	6	24	120	720	5040	40320	362880	3628800

Tabelle 3.1

Größere Tabellen findet man in jeder Zahlentafel.

Die Zahlen $n!$ wachsen sehr schnell. Für große n gilt die Näherungsformel

$n! \sim \left(\frac{n}{e}\right)^n \sqrt{2\pi n}$.

Sie heißt *Stirlingsche Formel* und wird im 2. Band bewiesen. ($a_n \sim b_n$ bedeutet $\frac{a_n}{b_n} \longrightarrow 1$ für $n \longrightarrow \infty$. Das Zeichen „$\sim$" liest man: *asymptotisch gleich*.)

Die Formel (1) läßt sich mit Fakultäten einfacher schreiben. Erweiterung mit $(n-s)! = (n-s)(n-s-1)\ldots 3\cdot 2\cdot 1$ ergibt: $(n)_s = \frac{n!}{(n-s)!}$

Wir fassen zusammen:

> Einer Menge mit n Elementen kann man
> $(n)_s = \frac{n!}{(n-s)!} = n(n-1)(n-2)\ldots(n-s+1), \qquad s \leqq n$
> geordnete Stichproben mit s Elementen entnehmen.

Bemerkungen und Beispiele:

1. Bei zufälliger Ziehung hat jede Stichprobe die Wahrscheinlichkeit $\frac{1}{(n)_s}$.

2. Auch hier gibt es eine duale Version, die oft bequemer ist. Es sollen s unterscheidbare Kugeln auf n unterscheidbare Urnen verteilt werden, wobei $s \leqq n$ ist (Fig. 3.10) Jetzt soll jedoch ein sogenanntes *Ausschließungsprinzip* gelten: In einer Urne darf höchstens eine Kugel liegen. Wieviel Verteilungen gibt es? Die 1., 2., 3., ..., s-te Kugel kann man auf $n, n-1, n-2, \ldots, n-s+1$ Arten unterbringen.
   Daher gibt es $(n)_s = n(n-1)\ldots(n-s+1)$ verschiedene Ausfälle.

3. Man kann die Fig. 3.10 auch in die Sprache der Funktionen (Abbildungen) übersetzen.
Wieviel eineindeutige Abbildungen (Injektionen) von $A = \{1, 2, \ldots, s\}$ in $B = \{1, 2, \ldots, n\}$ gibt es, wenn $s \leqq n$ ist?
Die Elemente von A sind die Kugeln und die Elemente von B die Urnen. Die Funktion transportiert die Kugeln in die Urnen. Wegen der Eineindeutigkeit kommt in eine Urne höchstens eine Kugel.

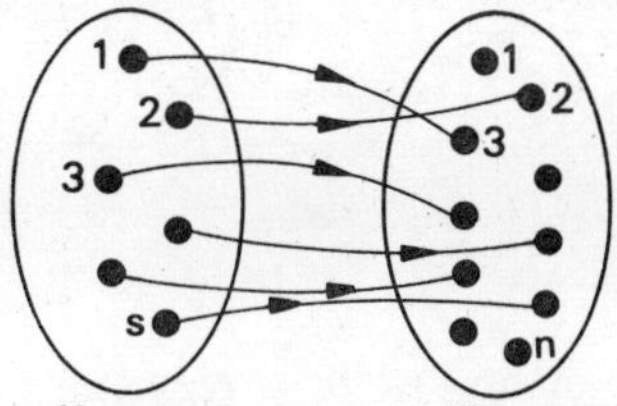

Fig. 3.10

4. Auf wieviel Arten können 8 Türme auf ein Schachbrett gestellt werden, so daß sie sich gegenseitig nicht schlagen können?
a) Diese lehrreiche Aufgabe soll genau analysiert werden. Der Leser muß nur wissen, daß ein Turm horizontal und vertikal schlägt (Fig. 3.11). Folglich muß in jeder Reihe und in jeder Spalte genau ein Turm stehen. Das Aufstellen der Türme ist ein Versuch mit 8 Stufen.

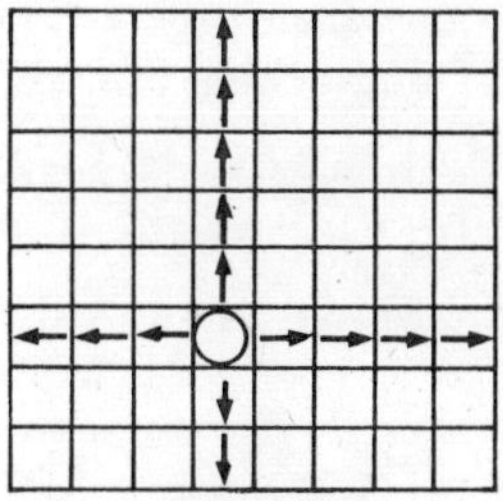
Fig. 3.11

1. Stufe: Stelle einen Turm in die 1. Spalte. Dies geht auf 8 Arten.
2. Stufe: Stelle einen Turm in die 2. Spalte. Dies geht auf 7 Arten, usw.

Nach der Produktregel gibt es
$8 \cdot 7 \cdot 6 \cdot 5 \cdot 4 \cdot 3 \cdot 2 \cdot 1 = 8! = 40\,320$
Arten, die Türme auf das Schachbrett zu stellen. Jede Turmaufstellung ist der Graph einer Permutation der Zahlen 1 bis 8. Der Turmaufstellung in Fig. 3.12 entspricht die Permutation der Fig. 3.13.

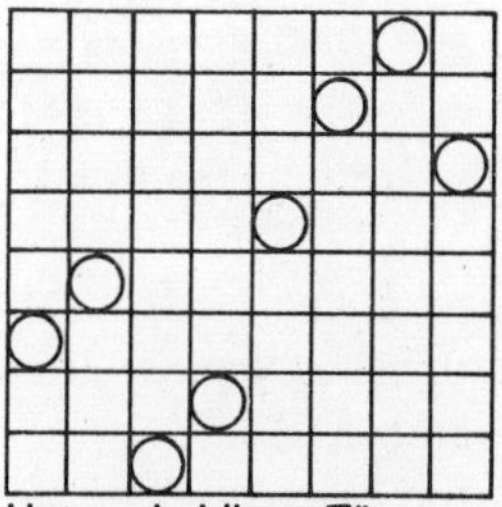
Unterscheidbare Türme
Fig. 3.12

b) Wir wiederholen die Lösung für das $n \cdot n$-Brett und bringen dann eine zweite Lösung (mit einem anderen Ergebnis!). Es sei P_n die Anzahl der Möglichkeiten, n Türme auf ein $n \cdot n$-Brett zu stellen, wobei keine zwei Türme sich bedrohen. In der 1. Spalte kann ich einen Turm auf n Arten aufstellen. Ich nehme die Zeile und die Spalte heraus, die dieser Turm bedroht. Übrig bleibt dieselbe Aufgabe für ein $(n-1) \cdot (n-1)$-Brett.

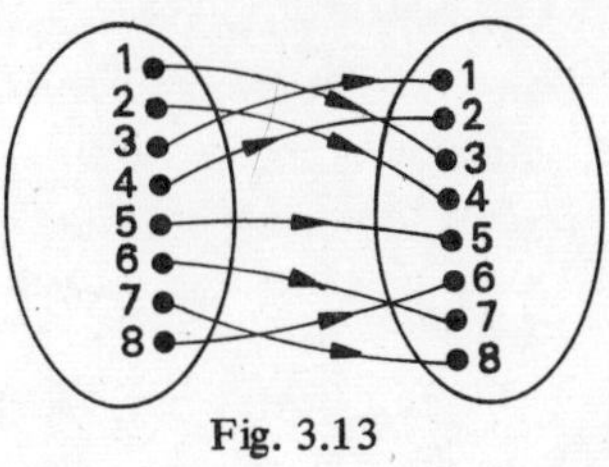

Fig. 3.13

Daher gilt:
$P_n = n \cdot P_{n-1}, \qquad P_1 = 1.$
Durch wiederholte Anwendung dieser Formel erhält man
$P_n = n \cdot P_{n-1} = n(n-1)\,P_{n-2} = \ldots \cdot n(n-1)(n-2) \ldots 2 \cdot P_1, \;\; P_n = n!$
c) Nun lösen wir die Aufgabe anders: Die gesuchte Zahl wird Q_n genannt. Ich wähle eines der n^2 Felder und stelle darauf einen Turm. Dies geht auf n^2 Arten.

Dieser Turm bedroht eine Reihe und eine Spalte, die ich herausnehme. Es bleibt übrig dieselbe Aufgabe für ein $(n-1)\cdot(n-1)$-Brett. Daher gilt:
$Q_n = n^2 \cdot Q_{n-1}$, also
$Q_n = n^2 \cdot (n-1)^2\,(n-2)^2 \ldots 2^2 \cdot 1^2 = (n!)^2$
oder $Q_n = P_n^2$.
Wieso ist $P_n \neq Q_n$? Der Leser überlege sich, daß wir zwei verschiedene Aufgaben gelöst haben. Bei der ersten werden die Türme als ununterscheidbar angesehen, bei der zweiten werden sie als unterscheidbar behandelt (vgl. Fig. 3.12 mit Fig. 3.14). Dies war eine typische kombinatorische Falle.

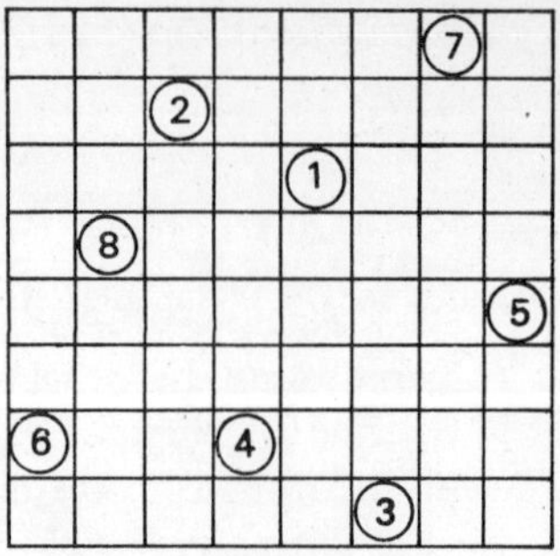

Unterscheidbare Türme

Fig. 3.14

5. *Fixpunktfreie Permutationen.*
Die Permutation der Fig. 3.13 führt 5 in 5 über. Man nennt 5 einen Fixpunkt der Permutation, weil diese Zahl ihren Platz beibehält. Wieviel fixpunktfreie Permutationen von n Elementen gibt es?
Dies ist eine interessante, aber sehr schwierige Aufgabe. Die gesuchte Anzahl sei a_n. Durch Probieren findet man:
$a_1 = 0$, denn ein Element steht immer auf seinem Platz.
$a_2 = 1$: 21
$a_3 = 2$: 231, 312
$a_4 = 9$: 2143, 2341, 2413, 3142, 3412, 3421, 4123, 4312, 4321.
Wir leiten eine Rekursionsformel für a_n her. Das Element 1 darf nicht auf Platz 1 stehen. Es stehen ihm $n-1$ Plätze zur Verfügung. Wir zählen die fixpunktfreien Permutationen, bei denen 1 auf Platz 2 steht; das Ergebnis muß dann noch mit $n-1$ multipliziert werden, um a_n zu bekommen. Wenn 2 auf Platz 1 steht, dann kann man die übrigen Plätze $3, 4, \ldots, n$ mit den Elementen $3, 4, \ldots, n$ auf a_{n-2} Arten fixpunktfrei besetzen. Wenn 2 nicht auf Platz 1 steht, dann muß ich $n-1$ Elemente auf $n-1$ Plätze verteilen, wobei 2 nicht auf 1, 3 nicht auf 3, 4 nicht auf $4, \ldots, n$ nicht auf Platz n steht. Es gibt a_{n-1} Arten, dies zu tun. Daher ist

$$a_n = (n-1)\,(a_{n-1} + a_{n-2}) \qquad (2)$$

Mit dieser Rekursionsformel kann man die a_n der Reihe nach berechnen.
Man startet mit $a_1 = 0$, $a_2 = 1$. Dann ist
$a_3 = 2\,(a_2 + a_1) = 2$, $a_4 = 3\,(a_3 + a_2) = 9$, $a_5 = 4\,(a_4 + a_3) = 44, \ldots$
Durch geschickte Umformung von (2) kann man eine geschlossene Formel finden.
Es ist:

$$a_n - n a_{n-1} = -[a_{n-1} - (n-1)\,a_{n-2}] \qquad (3)$$

Setzt man $a_n - n a_{n-1} = d_n$, dann geht (3) über in $d_n = -d_{n-1}$. Also
$d_n = (-1)\,d_{n-1} = (-1)^2\,d_{n-2} = (-1)^3\,d_{n-3} = \ldots = (-1)^{n-2}\,d_2$.
Nun ist $d_2 = a_2 - 1 \cdot a_1 = 1 = (-1)^2$, und daher $d_n = (-1)^n$
oder $a_n - n a_{n-1} = (-1)^n$, $a_n = n a_{n-1} + (-1)^n$
Division durch $n!$ ergibt:

$$\frac{a_n}{n!} = \frac{a_{n-1}}{(n-1)!} + \frac{(-1)^n}{n!}$$

Durch wiederholte Verwendung dieser Beziehung ergibt sich:

$\frac{a_n}{n!} = \frac{1}{2!} - \frac{1}{3!} + \frac{1}{4!} - \frac{1}{5!} + \ldots + \frac{(-1)^n}{n!}$, oder wegen $\frac{1}{0!} - \frac{1}{1!} = 0$

$$a_n = n! \cdot [\frac{1}{0!} - \frac{1}{1!} + \frac{1}{2!} - \frac{1}{3!} + \ldots + \frac{(-1)^n}{n!}] \qquad (4)$$

In der eckigen Klammer steht eine Näherung für e^{-1}. Also ist

$a_n \approx \frac{n!}{e}$.

Eine Permutation werde zufällig aus der Menge aller $n!$ Permutationen ausgewählt. Dann ist die Wahrscheinlichkeit, daß sie fixpunktfrei ist:

$\frac{a_n}{n!} \approx \frac{1}{e} \approx 0{,}3679$

Die Wahrscheinlichkeit für mindestens einen Fixpunkt ist daher:

$1 - \frac{1}{e} = 0{,}6321$, also fast $\frac{2}{3}$.

Es gibt viele nette Einkleidungen dieses Problems:

1. Eine Sekretärin tippt n Briefe und addressiert n Umschläge. Dann steckt sie die Briefe in die Umschläge, ohne auf die Adressen zu schauen. Wie groß ist die Wahrscheinlichkeit, daß mindestens ein Brief in den richtigen Umschlag kommt?
   Antwort: fast $\frac{2}{3}$, und zwar unabhängig von n.
2. n Herren geben ihre Hüte bei der Garderobe ab. Die Garderobenfrau gibt die Hüte zufällig zurück. Wie groß ist die Wahrscheinlichkeit, daß mindestens ein Herr seinen Hut bekommt.
   Antwort: ungefähr $\frac{2}{3}$.

Eine Verallgemeinerung dieses Problems mit statistischen Anwendungen findet man am Ende des Buches.

Aufgaben:

1. Frau Maier will ihre 5 Kinder in einer Reihe anordnen für eine Gruppenaufnahme. Auf wieviel Arten kann sie dies tun?

2. Frau Maier hat 4 Kleider, 9 Hüte und 10 Paar Schuhe.
   a) Auf wieviel Arten kann sie sich kleiden, wenn sie ein Kleid, einen Hut und ein Paar Schuhe tragen muß?
   b) Wie ist es im Urlaub am Badestrand, wo das Tragen eines Kleidungsstückes freiwillig ist?

3. Frau Maier verschwindet in einem Hutladen, der 10 Modelle führt. Auf wieviel Arten kann dieses Experiment ausgehen?

4. Herr Maier will seinen ungezogenen Sohn mit 10 Ohrfeigen bestrafen. Auf wieviel Arten kann er das tun, wenn er bei jedem Schlag nur eine von zwei Möglichkeiten hat: links oder rechts?

5. Wieviel vierstellige Zahlen mit lauter ungeraden Ziffern gibt es?

6. Eine Autonummer bestehe aus 3 Buchstaben, gefolgt von 3 Ziffern. Wie viele solche Autonummern gibt es?

7. Wieviel Wörter der Form *KVKVK* gibt es, wenn ein Buchstabe
a) mehrfach b) nur einmal verwendet wird?
K bedeutet einen Konsonanten und *V* einen Vokal. Bei Kode-Büchern werden gerne Wörter der Form *KVKVK* verwendet.

8. Aus 5 Franzosen, 10 Engländern und 6 Deutschen sollen 2 Personen verschiedener Nationalität ausgewählt werden. Auf wieviel Arten geht das? (Hier muß man Summen- und Produktregel verwenden.)

9. 4 Kochbücher, 5 Physikbücher und 6 Chemiebücher sollen auf einem Regal nebeneinandergestellt werden. Auf wieviel Arten geht das, wenn Bücher des gleichen Stoffgebietes nebeneinander stehen sollen? Alle Bücher sind verschieden.

10. Fig. 3.15 zeigt 4 Städte und ihre Verbindungsstraßen.
a) Auf wieviel Arten kann man von *a* über *b* und *c* nach *d* fahren?
b) Wieviel Rundreisen *abcdcba* gibt es?
c) Jemand macht eine Rundreise *abcdcba*. An jeder Verzweigung wählt er zufällig einen der möglichen Wege. Wie groß ist die Wahrscheinlichkeit, daß er keine Wegstrecke zweimal fährt?

Fig. 3.15

11. a) In einem Zimmer gibt es 8 Lampen, die unabhängig voneinander ein- und ausgeschaltet werden können. Wie viele Beleuchtungsarten gibt es?
b) Ich habe 8 Münzen von verschiedenem Wert. Auf wieviel Arten kann ich sie auf zwei Taschen verteilen?
c) Auf wieviel Arten kann man davon Trinkgeld geben?

12. 6 Sprinter kämpfen um 3 Medaillen (Gold, Silber, Bronze). Auf wieviel Arten kann die Preisverteilung erfolgen?

13. Man kann 8 nichtschlagende Türme zentrisch symmetrisch auf das Schachbrett stellen. Fig. 3.16 zeigt ein Beispiel. Wie viele solche symmetrischen Aufstellungen gibt es?

14. Eine Dame im Schach schlägt senkrecht, waagerecht und diagonal. Man kann 8 nichtschlagende Damen auf das Schachbrett stellen. Wieso kann man die Anzahl der Möglichkeiten nicht mit der Produktregel bestimmen?

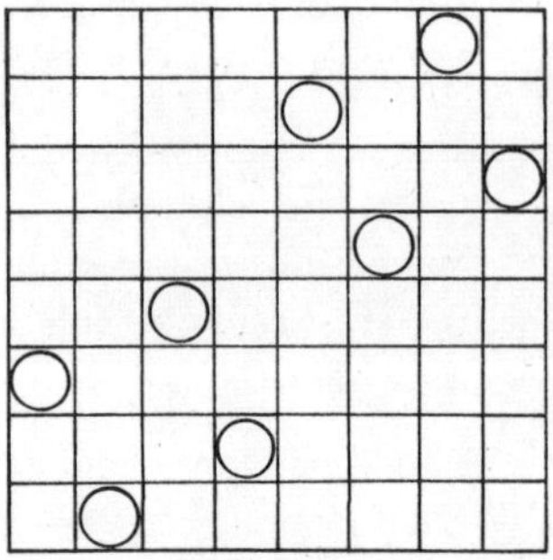
Fig. 3.16

15. Auf wieviel Arten kann man 5 Hotelgäste in 10 freien Einzelzimmern unterbringen?

16. An einem Tennisturnier nehmen 10 Spieler teil. Wie viele verschiedene Paarungen sind für die erste Runde möglich?

17. Wie viele Teiler hat die Zahl 1 000 000 000?

18. Auf wieviel Arten können sich 4 Gäste auf 6 Stühle setzen?

19. Wie viele Ururgroßeltern haben alle Ururgroßeltern eines Menschen?

20. a) Durch wieviel Fragen mit Ja-Nein-Antworten kann ich ein gedachtes Feld auf dem $8 \cdot 8$-Schachbrett erraten?
b) Wieviel Fragen brauche ich, wenn mein Partner sich eine der Zahlen 0, 1, 2, . . . , 2047 denkt?
[c)] Wie heißt die Antwort bei b), wenn mein Partner einmal falsch antworten darf?

3.2.3. *Ungeordnete Stichproben ohne Zurücklegen*

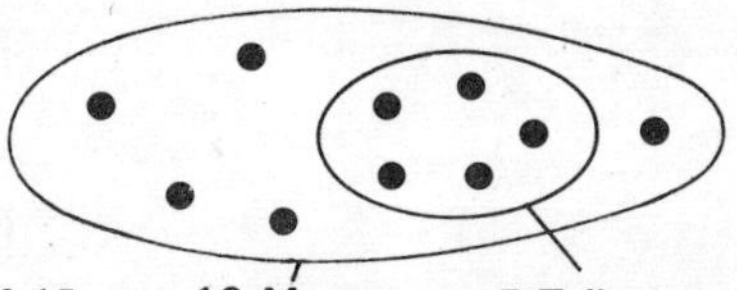

Fig. 3.17

Eine Menge mit n Elementen nennt man *n-Menge*. Eine Teilmenge mit s Elementen wird *s-Teilmenge* genannt (Fig. 3.17).
Aus n Kugeln werden s Kugeln *mit einem Griff* gezogen. Die Reihenfolge soll nicht zählen. Man erhält eine ungeordnete s-Stichprobe ohne Zurücklegen. In der Mengensprache ist das eine s-Teilmenge. Die Anzahl der s-Teilmengen einer n-Menge bezeichnet man mit: $\binom{n}{s}$, lies: *n über s*.
Die Zahl $\binom{n}{s}$ läßt sich leicht bestimmen. Jede ungeordnete s-Stichprobe läßt sich auf $s!$ Arten anordnen. Daher gibt es $s!$-mal mehr geordnete s-Stichproben als ungeordnete. Die Zahl $(n)_s$ der geordneten s-Stichproben kennen wir bereits. Daher ist
$\binom{n}{s} \cdot s! = (n)_s = \frac{n!}{(n-s)!}$
Daraus folgt der Satz:

> Eine n-Menge hat $\binom{n}{s} = \frac{n!}{s!(n-s)!} = \frac{n(n-1)\ldots(n-s+1)}{s(s-1)\ldots 3\cdot 2\cdot 1}$
> verschiedene s-Teilmengen.

Bemerkungen und Beispiele:

1. Es ist $\binom{n}{0} = 1$, denn es gibt nur eine 0-Teilmenge, nämlich die leere Menge.

2. Fast allen mathematischen Formeln liegt eine einfache Idee zugrunde: *Wenn die Elemente einer Menge auf zwei Arten gezählt werden, dann müssen die Ergebnisse übereinstimmen.*
Mit Hilfe dieses Prinzips berechnen wir $\binom{n}{s}$ auf eine neue Art. Dabei wird nur die Kenntnis der Produktregel vorausgesetzt. Aus n Objekten kann man ein Objekt auf n Arten auswählen. Daher ist $\binom{n}{1} = n$ und $\binom{s}{1} = s$. Wir lösen folgende Aufgabe: Aus n Personen soll ein s-Ausschuß ausgewählt werden und im Ausschuß ein Vorsitzender. Auf wieviel Arten geht das?
Wir führen die Zählung auf zwei Arten durch und setzen gleich.
I. Es wird zuerst der Vorsitzende gewählt und dann die $s-1$ gewöhnlichen Mitglieder. Dies geht auf $\binom{n}{1} \cdot \binom{n-1}{s-1}$ Arten.
II. Zuerst wird der Ausschuß gewählt und dann im Ausschuß der Vorsitzende. Dies geht auf $\binom{n}{s} \cdot \binom{s}{1}$ Arten.

Durch Gleichsetzen und leichte Umformung ergibt sich:

$$\boxed{\binom{n}{s} = \frac{n}{s} \cdot \binom{n-1}{s-1}}$$

Durch wiederholte Anwendung dieser Rekursionsformel folgt:
$\binom{n}{s} = \frac{n(n-1)(n-2)\ldots(n-s+1)}{s(s-1)(s-2)\ldots 1}$

3. Früher wurde mit der Produktregel gezeigt, daß eine n-Menge 2^n Teilmengen besitzt. Wir zählen die Teilmengen auf eine zweite Art. Man kann die Teilmengen nach der Anzahl ihrer Elemente in $n+1$ Klassen einteilen. Es gibt
$\binom{n}{0}, \binom{n}{1}, \binom{n}{2}, \ldots, \binom{n}{n}$
Teilmengen mit $0, 1, 2, \ldots, n$ Elementen, insgesamt also nach der Summenregel
$\binom{n}{0} + \binom{n}{1} + \binom{n}{2} + \ldots + \binom{n}{n}$ Teilmengen.
Durch Gleichsetzen erhält man die wichtige Formel:
$\binom{n}{0} + \binom{n}{1} + \binom{n}{2} + \ldots + \binom{n}{n} = 2^n$

4. Wir beweisen noch die wichtige Formel: $\binom{n}{s} = \binom{n-1}{s-1} + \binom{n-1}{s}$.
Es sei Ω eine n-Menge und ω ein festes Element von Ω. Wir teilen die s-Teilmengen von Ω in zwei Klassen ein, je nachdem sie ω enthalten oder nicht. In der 1. Klasse gibt es $\binom{n-1}{s-1}$ Teilmengen und in der 2. Klasse $\binom{n-1}{s}$ Teilmengen.
Die Summenregel liefert:

$$\boxed{\binom{n}{s} = \binom{n-1}{s-1} + \binom{n-1}{s}}$$

Mit dieser Formel kann man die Zahlen $\binom{n}{s}$ der Reihe nach bestimmen nach dem Schema der Fig. 3.18.
Dieses Zahlendreieck nennt man *Pascal-Dreieck*.

5. *Das Lottoproblem*. Eine Urne enthält 49 Kugeln mit den Nummern 1 bis 49. Sechs Kugeln sind rot, die restlichen weiß. Es wird eine Stichprobe von 6 Kugeln entnommen.
a) Wie viele Stichproben gibt es?
b) Wie viele Stichproben enthalten 0, 1, 2, 3, 4, 5, 6 rote Kugeln?

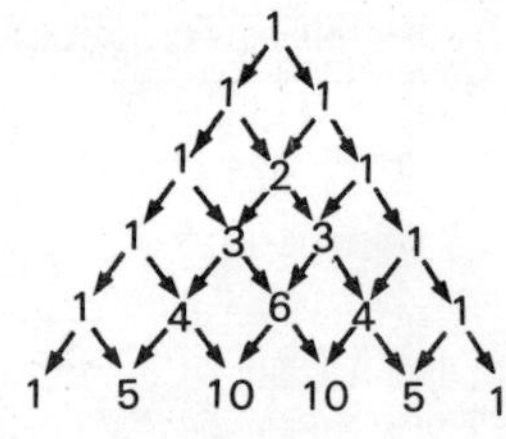

Fig. 3.18

Lösung:
a) Es gibt $\binom{49}{6} = \frac{49 \cdot 48 \cdot 47 \cdot 46 \cdot 45 \cdot 44}{6 \cdot 5 \cdot 4 \cdot 3 \cdot 2 \cdot 1} = 13\,983\,816$ Stichproben.

b) Wir berechnen die Anzahl der Stichproben mit s roten Kugeln. Man muß aus 6 roten Kugeln s Kugeln auswählen und aus den 43 weißen Kugeln 6-s Kugeln. Dies geht auf $f(s) = \binom{6}{s}\binom{43}{6-s}$ Arten.
Zur Übung sollte der Leser folgende Tabelle nachprüfen:

s	6	5	4	3	2	1	0
$f(s)$	1	258	13 545	246 820	1 851 150	5 775 588	6 096 454

Tabelle 3.2

Damit hat man die Gewinnchancen im Lotto:

I. Rang: $\frac{1}{13\,983\,816}$, II. Rang: $\frac{258}{13\,983\,816}$ usw.

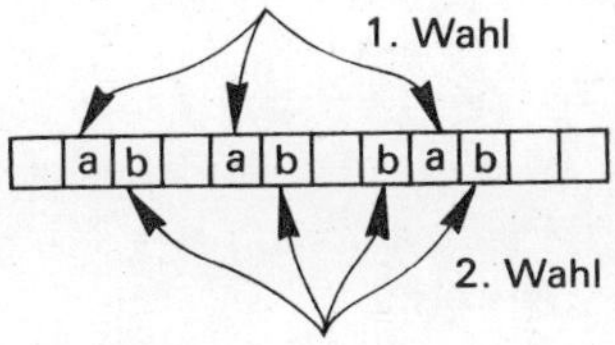

Fig. 3.19

6. Auf wieviel Arten kann man die Buchstaben *aaabbbbccccc* anordnen (permutieren)?
Man erhält eine Permutation, wenn man die 12 Felder der Fig. 3.19 mit den 12 Buchstaben ausfüllt.
Dies geschieht in 3 Schritten. Zuerst wählt man 3 der 12 Felder aus für a. Dies geht auf $\binom{12}{3}$ Arten. Dann wählt man 4 der 9 noch leeren Plätze aus für b. Dies geht auf $\binom{9}{4}$ Arten. Auf die übrigen 5 Plätze kommt c. Dies geht auf eine Art.
Die Produktregel liefert für die Anzahl der Permutationen
$\binom{12}{3} \cdot \binom{9}{4} = \frac{12!}{3!9!} \cdot \frac{9!}{4!5!} = \frac{12!}{3!4!5!}$

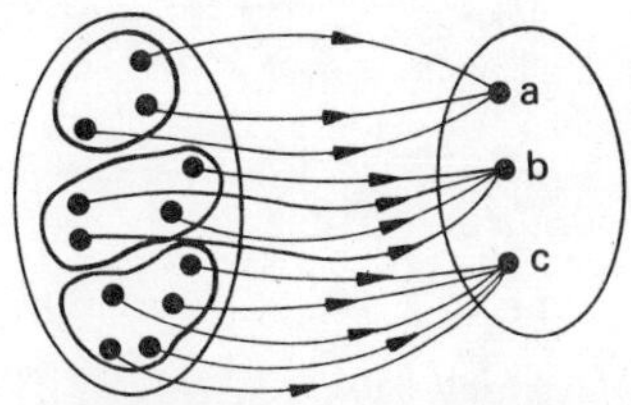

Fig. 3.20

Hier ist eine andere Version der Aufgabe:
Von 12 Schülern sollen 3 in Klasse a, 4 in Klasse b und 5 in Klasse c kommen. Auf wieviel Arten kann man die Aufteilung vornehmen? (Fig. 3.20)
Man wählt 3 der 12 Schüler für Klasse a aus, dann 4 der übrigen für Klasse b. Dies geht auf
$\binom{12}{3} \cdot \binom{9}{4} = \frac{12 \cdot 11 \cdot 10}{3 \cdot 2 \cdot 1} \cdot \frac{9 \cdot 8 \cdot 7 \cdot 6}{4 \cdot 3 \cdot 2 \cdot 1} = 27\,720$ Arten.

Die Verallgemeinerungen der beiden Versionen lauten:

a) Die n Zeichen $\underbrace{11\ldots1}_{n_1}\ \underbrace{22\ldots2}_{n_2}\ \ldots\ \underbrace{rr\ldots r}_{n_r}\ \underbrace{ss\ldots s}_{n_s}$ kann man auf

$\frac{n!}{n_1!n_2!\ldots n_s!}$ Arten anordnen.

b) Gegeben ist eine Urne mit n verschiedenen Kugeln und die leeren Urnen Nr. $1, 2, 3, \ldots, s$. Es sollen n_1 Kugeln nach 1, n_2 Kugeln nach $2, \ldots,$ und schließlich n_s Kugeln nach s kommen.
Die Anzahl der möglichen Verteilungen ist $\frac{n!}{n_1!n_2!\ldots n_s!}$

7. Besonders wichtig sind Anordnungen von Elementen zweier Arten. Wir wollen a Nullen und b Einsen in einer Reihe anordnen. Eine solche Anordnung ist bestimmt, wenn man in der Fig. 3.21 aus $a + b$ Feldern b Felder für die Einsen (oder a Felder für die Nullen) auswählt. Diese Auswahl kann man auf $\binom{a+b}{a}$ oder $\binom{a+b}{b}$ Arten vornehmen.
Damit haben wir den wichtigen Satz:

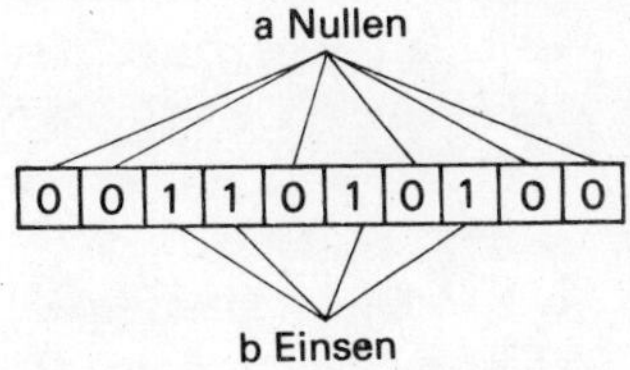

Fig. 3.21

Man kann a Nullen und b Einsen auf $\binom{a+b}{a} = \binom{a+b}{b}$ Arten anordnen.

8. Wie groß ist die Wahrscheinlichkeit, in 10 Würfen einer L-Münze genau 5 Einsen zu erzielen?
Mögliche Fälle (Menge Ω) sind alle (0; 1)-Folgen der Länge 10.
Günstige Fälle (Menge A) sind alle (0; 1)-Folgen mit 5 Einsen und 5 Nullen.
Daher gibt es $|\Omega| = 2^{10} = 1\,024$ mögliche Fälle und $|A| = \binom{10}{5}$ günstige Fälle.
Also ist
$$P(A) = \frac{|A|}{|\Omega|} = \frac{252}{1\,024} = \frac{63}{256} \approx \frac{1}{4}$$

9. Die Fig. 3.22 zeigt ein Straßensystem. Wir bestimmen die Anzahl der kürzesten Wege von (0; 0) nach (8; 6). Durch die Kodierung:
ein Schritt nach rechts $\longrightarrow 0$
ein Schritt nach oben $\longrightarrow 1$
läßt sich jeder solche Weg durch eine Folge aus 8 Nullen und 6 Einsen beschreiben.

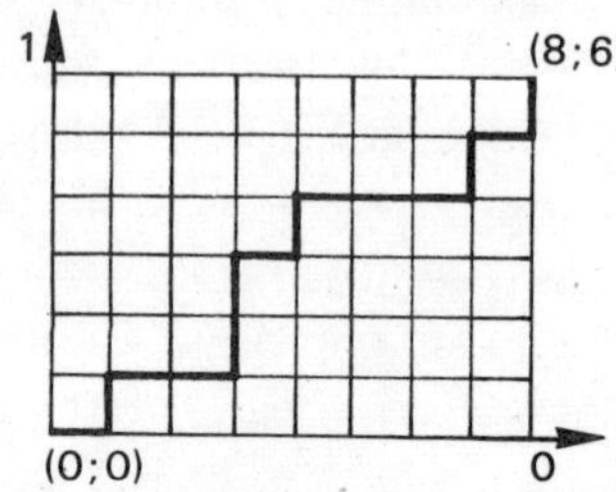

Fig. 3.22

Der in der Fig. 3.22 eingezeichnete Weg wird durch 01001101000101 beschrieben.
Es gibt daher
$$\binom{8+6}{8} = \binom{8+6}{6} = \binom{14}{6} = \frac{14 \cdot 13 \cdot 12 \cdot 11 \cdot 10 \cdot 9}{6 \cdot 5 \cdot 4 \cdot 3 \cdot 2 \cdot 1} = 3\,003$$
kürzeste Wege von (0; 0) nach (8; 6).
Ganz allgemein: Man kann vom Ursprung (0; 0) zum Punkt $(x; y)$ auf $\binom{x+y}{x} = \binom{x+y}{y}$ Arten fahren.
Schreibt man den Ausfall eines mehrfachen Münzenwurfs auf, so erhält man eine (0; 1)-Folge, die man als einen Pfad im Gitter deuten kann. Diese wichtige Deutung wird später ausgenutzt.

3.2.4. Ungeordnete Stichproben mit Zurücklegen

a) 7 ununterscheidbare Kugeln sollen irgendwie auf 4 Urnen a, b, c, d verteilt werden. Die Fig. 3.23 zeigt drei mögliche Verteilungen in vereinfachter Darstellung. Von den Urnen sind nur die Zwischenwände durch Trennstriche angedeutet. Liegen zwischen zwei Nachbarstrichen keine Kugeln, dann ist die entsprechende Urne leer. Z.B.: In der letzten Zeile der Fig. 3.23 sind die Urnen a und b leer, die Urne c enthält eine Kugel und d enthält 6 Kugeln. Man kann die Kugeln als Nullen und die Trennwände als Einsen deuten. Die Anzahl der Verteilungen ist gleich der Anzahl der Permutationen von 3 Einsen und 7 Nullen, also $\binom{10}{3} = 120$.

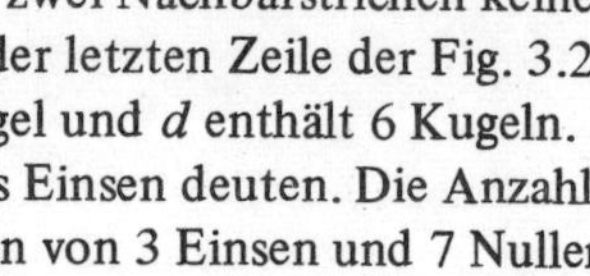
Fig. 3.23

b) Es ist ein unbegrenzter Vorrat von 4 Sorten verschiedener Objekte a, b, c, d vorhanden. Es wird eine ungeordnete Stichprobe von 7 Objekten ausgewählt. Auf wieviel Arten geht das?
Die Aufgabe läßt sich auch so formulieren: Aus der Menge $\{a, b, c, d\}$ wird eine ungeordnete 7-Stichprobe mit Zurücklegen gezogen. Wie viele solcher Stichproben gibt es?

Die Stichprobe *cbadaba* kann man auf die „Standardform“ $aaa|bb|c|d$ bringen, da die Reihenfolge nicht zählt. Die Standardform kann man noch einfacher in der Form $000|00|0|0$ schreiben. Jetzt ist die Aufgabe auf a) reduziert mit der Lösung $\binom{10}{3} = 120$.

Ersetzt man in a) und b) die Zahlen 7 und 4 durch s und n, so erhält man folgende Sätze:

Man kann s ununterscheidbare Kugeln auf $\binom{n+s-1}{s}$ Arten in n Urnen legen.

Eine n-Menge enthält $\binom{n+s-1}{s}$ ungeordnete s-Stichproben mit Zurücklegen.

Aufgaben:

21. Frau Maier hat 5 Kinder, darunter 2 Paare eineiiger Zwillinge. Auf wieviel Arten kann man sie in einer Reihe anordnen für eine Gruppenaufnahme?

22. An zwei Tischen gibt es 3 bzw. 4 freie Plätze. Auf wieviel Arten kann man 7 Gäste auf die beiden Tische verteilen?

23. Auf wieviel Arten kann man aus 9 Personen einen Dreierausschuß wählen?

24. Auf wieviel Arten kann man aus 6 Frauen und 8 Männern einen Ausschuß aus 3 Frauen und 4 Männern auswählen?

25. In einem Raum gibt es 8 Lampen, die man unabhängig voneinander ein- und ausschalten kann. Wieviel Beleuchtungsarten gibt es, wenn
    a) genau 5 Lampen brennen sollen,
    b) mindestens 5 Lampen brennen sollen?

26. Aus einer Menge von 8 Amerikanern, 5 Engländern und 3 Franzosen wird ein Viererkomitee zufällig ausgewählt. Wie groß ist die Wahrscheinlichkeit,
    a) daß es aus lauter Amerikanern besteht,
    b) daß kein Amerikaner im Komitee vertreten ist?

27. Abel wohnt in (0; 0) und arbeitet in (8; 8). Sein Arbeitskollege Kain wohnt in (4; 4). Abel fährt jeden Morgen zur Arbeit und nimmt unterwegs Kain mit. Auf wieviel Arten kann er das tun? (Fig. 3.24)

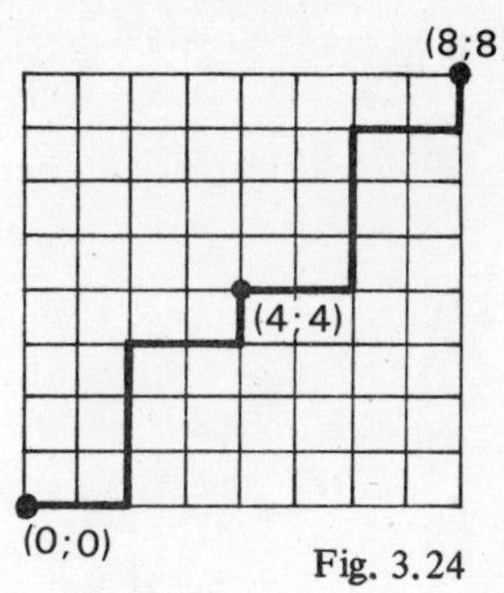

Fig. 3.24

28. Auf wieviel unterscheidbare Arten kann man das 4 · 4-Brett der Fig. 3.25 färben, wenn
    a) jedes Feld nach freier Wahl schwarz oder weiß gefärbt wird;
    b) 8 Felder schwarz und 8 weiß gefärbt werden;
    c) 2 Felder weiß, 4 schwarz und 10 rot gefärbt werden;
    d) jedes Feld mit einer anderen von 16 verschiedenen Farben gefärbt wird?

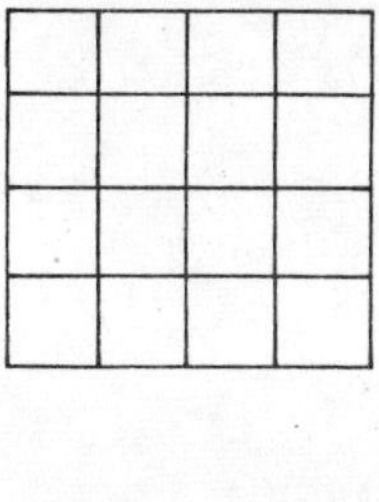

Fig. 3.25

29. Im Ursprung eines räumlichen Gitters sitzt ein Käfer. Auf wieviel Arten kann er auf dem kürzesten Wege entlang der Gitterlinien zu dem Gitterpunkt $(x;y;z)$ gelangen?

30. In der Ebene sind n Geraden gegeben, von denen keine zwei parallel sind und keine drei durch einen Punkt gehen.
a) Wieviel Schnittpunkte,
b) wieviel Dreiecke bilden sie?

31. Wie viele Schnittpunkte bilden die Diagonalen im konvexen n-Eck, wenn keine drei Diagonalen durch einen Punkt gehen?

32. Auf wieviel Arten kann man 22 Schüler in 2 Mannschaften zu je 11 Schülern aufteilen?

33. 3 Damen und 3 Herren kommen an ein Drehkreuz. Sie passieren das Drehkreuz nacheinander.
a) Auf wieviel Arten können sie das Drehkreuz passieren?
b) Wieviel Arten verbleiben, wenn die Damen Vortritt haben?
c) Es handle sich um 3 Paare. Die Paare passieren das Drehkreuz hintereinander. Auf wieviel Arten können sie das Drehkreuz passieren?

34. Das Glücksrad der Fig. 3.26 wird 9mal gedreht. Wie groß ist die Wahrscheinlichkeit, mindestens 7 Einsen zu erzielen?

35. Das L-Rad der Fig. 3.27 wird 6mal gedreht. Wie groß ist die Wahrscheinlichkeit, ein Wort zu bekommen, das jeden der Buchstaben a, b, c zweimal enthält?

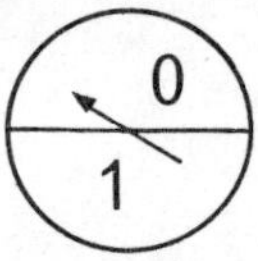

Fig. 3.26

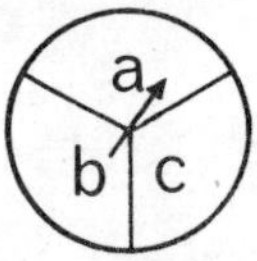

Fig. 3.27

36. Auf wieviel Arten kann man die Buchstaben der Wörter *MISSISSIPPI*, *LUCULLUS*, *STETS*, *OTTO*, *STATISTIK*, *ANANAS* permutieren?

37. Beim Skatspiel erhalten 3 Spieler je 10 Karten und 2 Karten gehen in den Skat. Auf wieviel Arten kann man die Karten verteilen?

38. Berechne in Fig. 3.28 die Anzahl der Wege von $(0;0)$ nach $(n;n)$ auf zwei Arten:
a) direkt;
b) durch Berechnung der Wege über $A_0, A_1, \ldots, A_n$ und Addition dieser Zahlen.
Beweise so die Formel:
$\binom{n}{0}^2 + \binom{n}{1}^2 + \binom{n}{2}^2 + \ldots + \binom{n}{n}^2 = \binom{2n}{n}$

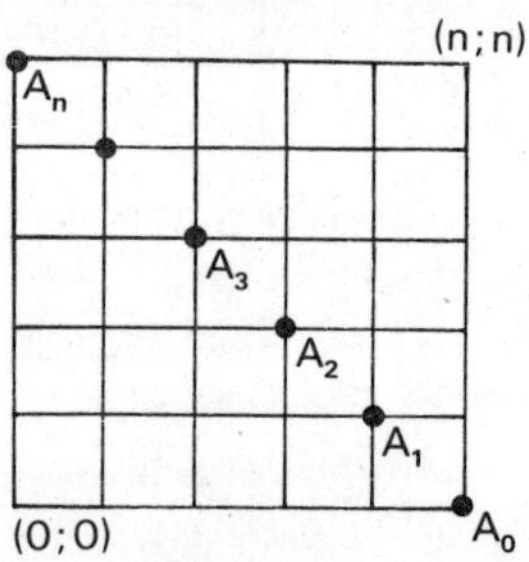

Fig. 3.28

39. Berechne in der Fig. 3.29 die Anzahl der Wege von (0; 0) nach $(n; k)$ auf zwei Arten und beweise so (für $k \leq n$):
$\binom{n}{0}\binom{k}{k} + \binom{n}{1}\binom{k}{k-1} + \ldots + \binom{n}{k}\binom{k}{0} = \binom{n+k}{k}$

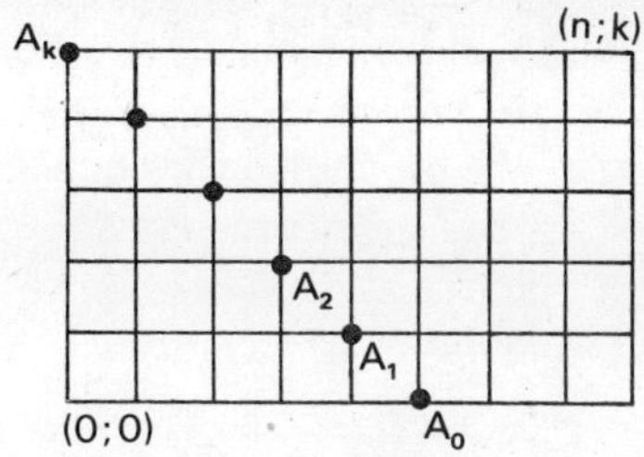

Fig. 3.29

40. Aus n Männern und n Frauen soll ein n-köpfiger Ausschuß gewählt werden. Berechne die Anzahl der Möglichkeiten auf zwei Arten und beweise erneut die Formel: $\binom{n}{0}^2 + \binom{n}{1}^2 + \binom{n}{2}^2 + \ldots + \binom{n}{n}^2 = \binom{2n}{n}$

41. In einer Urne liegen 3 weiße und 7 schwarze Kugeln. Es werden 4 Kugeln mit einem Griff gezogen. Wie groß ist die Wahrscheinlichkeit, mindestens eine weiße Kugel zu ziehen?

[42.] Ein Händler verkauft Äpfel, Birnen und Orangen zu 1 DM für das Dutzend Früchte beliebiger Zusammensetzung. Wieviel verschiedene Einkäufe sind mit 1 DM möglich?

43. 9 Touristen sollen auf 3 Boote Nr. 1, 2, 3 verteilt werden. Auf wieviel Arten geht das, wenn gefordert wird, daß:
a) in jedes Boot 3 Personen kommen;
[b)] in jedes Boot mindestens 2 und höchstens 4 Personen kommen;
[c)] kein Boot leer ist?

44. 10 ununterscheidbare (!) Kaninchen sollen auf 3 Käfige verteilt werden. Auf wieviel Arten geht dies, wenn
a) keine Einschränkung vorgeschrieben ist;
[b)] kein Käfig leer sein darf;
[c)] kein Kaninchen allein und kein Käfig leer sein darf?

[45.] Auf wieviel Arten kann man aus der Menge der Zahlen 1, 2, . . . , 30 drei Zahlen auswählen, deren Summe durch 3 teilbar ist?

[46.] Auf wieviel Arten können 60 Parlamentssitze auf drei Parteien verteilt werden?

[47.] Im Erdgeschoß eines 6-stöckigen Gebäudes betreten 3 Personen den Fahrstuhl. Die Wahrscheinlichkeit, daß eine Person in einem bestimmten Stockwerk aussteigt, beträgt $\frac{1}{6}$. Wir definieren drei Ereignisse:
A: alle verlassen den Fahrstuhl im 4. Stock,
B: alle verlassen den Fahrstuhl im gleichen Stock,
C: alle verlassen den Fahrstuhl in verschiedenen Stockwerken.
Berechne: $P(A)$, $P(B)$, $P(C)$.

▶ [48.] *Nachbarn beim Lotto*. Beim Lotto werden jede Woche 6 Gewinnzahlen aus den 49 Zahlen 1, 2, 3, . . . , 49 zufällig (und ohne Zurücklegen) gezogen. Letzte Woche wurden folgende Zahlen gezogen: 3, 8, 9, 12, 18, 39. Es kamen die beiden Nachbarn 8 und 9 vor. Ist das erstaunlich? Berechne die Wahrscheinlichkeit, daß mindestens ein Paar Nachbarn vorkommt.
Hinweis: Berechne zuerst die Wahrscheinlichkeit, daß keine Nachbarn vorkommen.

▶ 49. *Die Glücksspirale*. Das fundamentale Gesetz jeder Lotterie lautet: Die Ziehung muß zufällig erfolgen, d.h. jede Nummer muß mit derselben Wahrscheinlichkeit gewinnen. In einer Fernsehlotterie wird eine 7-stellige Gewinnzahl auf folgende Weise ermittelt: In einer Trommel kommt jede der Ziffern 0 bis 9 je 7-mal vor. Aus dieser Trommel werden die 7 Ziffern der Gewinnzahl nacheinander (ohne Zurücklegen) gezogen.
Diese Ermittlung der Gewinnzahl ist ungerecht. Welche Nummern haben die größe Wahrscheinlichkeit P gezogen zu werden? Welche Nummern haben die kleinste Wahrscheinlichkeit p gezogen zu werden? Bestimme $\frac{P}{p}$.

4. Einige interessante Beispiele

4.1. Die Heiratschancen der Mädchen von Anchurien

Wenn ein Mädchen in Anchurien 18 wird, beantragt es die Heiratserlaubnis. Der Standesbeamte gibt ihr 6 Schnüre in die Hand. Zu beiden Seiten der Faust ragen dann 6 Schnurenden regellos heraus. Auf jeder Seite werden die Schnurenden paarweise und zufällig zusammengebunden (Fig. 4.1). Wenn sich ein geschlossener Ring ergibt wie in Fig. 4.2, so bekommt sie die Heiratserlaubnis. Wenn nicht, so muß sie den Versuch ein Jahr später wiederholen. Unsere zwei ersten *Aufgaben* lauten:

1. Wie groß ist die Wahrscheinlichkeit für einen Ring?
2. Wie groß ist die Wahrscheinlichkeit, daß ein Mädchen 10 Jahre hintereinander erfolglos ist?

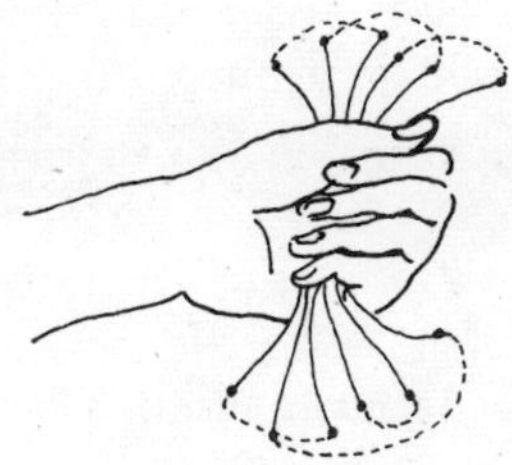

Fig. 4.1

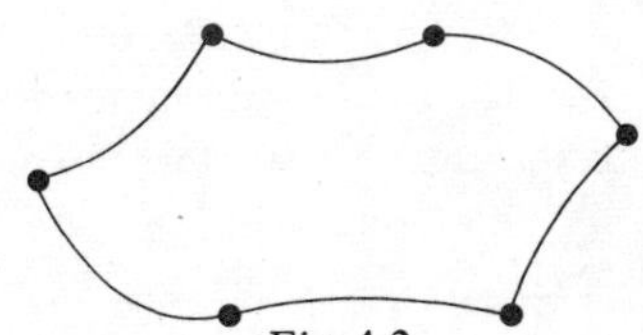

Fig. 4.2

Der neue Präsident Miraflores hat verfügt, daß die oberen Enden zufällig mit den unteren Enden zu verbinden sind (Fig. 4.3). Auf diese Weise hoffte er, die Geburtenrate zu reduzieren.

3. Wie groß ist jetzt die Wahrscheinlichkeit für einen Ring?

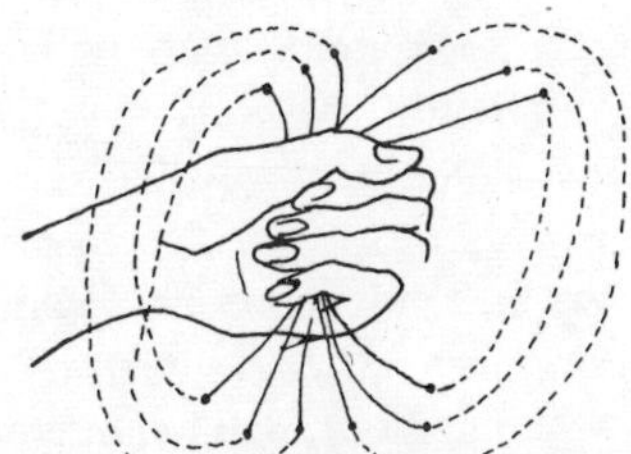

Fig. 4.3

Nach einiger Zeit beschloß Miraflores, die Geburtenrate weiter zu drücken. Dazu verfügte er, daß ein Ende jeweils zufällig mit einem der noch freien oberen oder unteren Enden zu verbinden sei (Fig. 4.4).

4. Wie groß ist jetzt die Wahrscheinlichkeit für einen Ring?

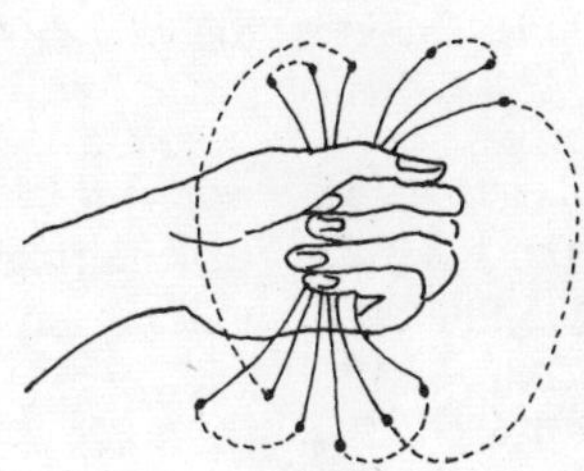

Fig. 4.4

Wir lösen die Aufgabe 1 allgemein für $2n$ Schnüre. Die Wahrscheinlichkeit für einen Ring sei p_n. Zuerst werden die oberen Enden paarweise verbunden. Ganz gleich, wie die oberen Enden verbunden werden, das Ergebnis sieht immer aus wie in Fig. 4.5. Das Verbinden der unteren Enden ist ein Versuch mit n Stufen. Bei der 1. Stufe sucht man einen Partner und nur einer ist ungünstig für einen Ring. Ganz gleich, wie die 1. Stufe ausgeht, es verbleibt dieselbe Aufgabe für $2n-2$ Schnüre. Es gibt daher $(2n-1)(2n-3)\ldots 5\cdot 3\cdot 1$ mögliche Fälle und $(2n-2)(2n-4)\ldots 4\cdot 2$ günstige Fälle. Also ist

$$p_n = \frac{(2n-2)(2n-4)\ldots 6\cdot 4\cdot 2}{(2n-1)(2n-3)\ldots 7\cdot 5\cdot 3} = \frac{2^{2n}(n!)^2}{2n(2n)!}$$

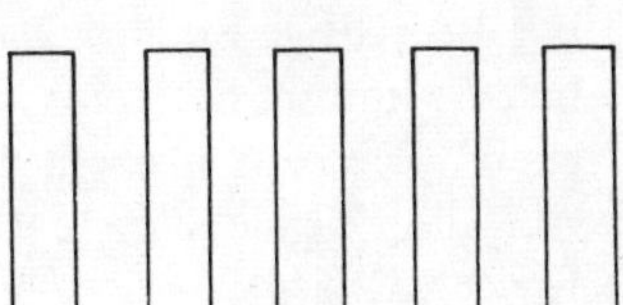

Fig. 4.5

Für 6 Schnüre, d.h. $n = 3$, ergibt sich $p_3 = \frac{4 \cdot 2}{5 \cdot 3} = \frac{8}{15} = 0{,}53$

5. Zeige mit der Stirlingformel, daß (für große n) $p_n \approx \frac{1}{2}\sqrt{\frac{\pi}{n}}$ ist. Für welche Schnurzahl ist p_n möglichst nahe bei 0,1?

Die Aufgaben 2, 3, 4, 5 werden dem Leser überlassen. Bei 3 und 4 muß die Anzahl der Schnüre nicht gerade sein. Macht man einige Versuche, so erlebt man weitere Überraschungen. Die Ringe sind in der Regel verkettet.

4.2. Beispiele aus der Geschichte

1. *Eine Aufgabe aus dem klassischen Altertum*:
Die Wahrscheinlichkeitstheorie verdankt ihr Entstehen dem Glücksspiel. Es ist ein Rätsel, warum ihre Geburt erst vor 300 Jahren erfolgte. Denn das Glücksspiel blühte zu allen Zeiten und in allen Kulturen. Das Würfelspiel war schon in der Steinzeit weit verbreitet. Als Würfel verwendete man Tierknochen, sogenannte Astragalia. Die Figur 4.6 zeigt eine Amphore aus dem 6. Jh. v. Chr. mit Achilles und Ajax beim Würfelspiel. Noch die Griechen und Römer verwendeten Lammknochen als Würfel. Solche Astragale können auf vier Seiten fallen. Wir nennen sie 1, 2, 3, 4. Man beobachtete die obere Seite. Durch Versuche mit Astragalen in Museen kennt man die Wahrscheinlichkeiten der vier Seiten: $p_1 \approx p_2 \approx 0{,}4$, $p_3 \approx p_4 \approx 0{,}1$.
Bei einem Spiel wurden vier Knochen auf einmal geworfen. Ein Wurf mit vier verschiedenen Seiten war besonders begehrt (Venuswurf). Damit haben wir unser *erstes Problem*: Wie groß ist die Wahrscheinlichkeit, daß bei einem Wurf alle vier Seiten erscheinen?

Fig. 4.6

Der Ausfall 1234 hat die Wahrscheinlichkeit $p_1 \cdot p_2 \cdot p_3 \cdot p_4$. Es gibt 4! solche Ausfälle. Daher ist die gesuchte Wahrscheinlichkeit
$P(\text{Venuswurf}) = 4! \cdot p_1 \cdot p_2 \cdot p_3 \cdot p_4 = 24 \cdot 0{,}4 \cdot 0{,}4 \cdot 0{,}1 \cdot 0{,}1 = 0{,}0384 \approx \frac{1}{25}$

2. *Die Aufgabe von Galilei*:
Der Fürst der Toskana fragte Galilei: Warum erscheint beim Wurf dreier Würfel die Summe 10 öfter als die Summe 9, obwohl beide Summen auf 6 Arten eintreten können:

$$9 = 1+2+6 = 1+3+5 = 1+4+4 = 2+2+5 = 2+3+4 = 3+3+3$$
$$10 = 1+3+6 = 1+4+5 = 2+2+6 = 2+4+4 = 2+3+5 = 3+3+4?$$

Dies war eine damals vieldiskutierte jahrhundertealte Aufgabe. Der berühmte Physiker hat die richtige Erklärung gefunden. Die sechs Ausfälle sind nicht gleichwahrscheinlich. Es kommt nicht nur auf die fallenden Augen an, sondern auch darauf, auf welchen Würfeln sie erscheinen. Das Spiel hat $6^3 = 216$ mögliche gleichwahrscheinliche Ausfälle. Für die Summe 9 sind 25 Ausfälle günstig und für die Summe 10 sind es 27. In der Tat: $1+2+6$, $1+3+5$, $2+3+4$ sind je $3! = 6$ Fälle. $1+4+4$, $2+2+5$ sind je 3 Fälle und $3+3+3$ ist ein Fall. Zusammen also 25 Fälle.

$1 + 3 + 6$, $1 + 4 + 5$, $2 + 3 + 5$ sind je 6 Fälle; $2 + 2 + 6$, $2 + 4 + 4$, $3 + 3 + 4$ sind je 3 Fälle. Zusammen 27 Fälle. Damit haben die Summen 9 und 10 die Wahrscheinlichkeiten

$\frac{25}{216} = 0{,}116$ bzw. $\frac{27}{216} = \frac{1}{8} = 0{,}125$

Der Unterschied ist klein und kann experimentell nur schwer gefunden werden.

3. Die Aufgaben des Chevalier de Méré:

Als eigentliche Geburtsstunde der mathematischen Wahrscheinlichkeitstheorie gilt das Jahr 1654. Chevalier de Méré, ein Philosoph und Literat am Hof Ludwigs des XIV, wandte sich mit zwei Problemen an den bekannten Mathematiker Blaise Pascal:

a) Was ist wahrscheinlicher, bei vier Würfen mit einem Würfel mindestens eine Sechs zu werfen oder bei 24 Würfen mit zwei Würfeln eine Doppelsechs?

b) Eine Münze wird wiederholt geworfen. Für jede „1" erhält A einen Punkt und für jede „0" erhält B einen Punkt. Wer zuerst 5 Punkte erzielt, gewinnt den Einsatz. Nach 7 Würfen hat A 4 Punkte und B hat 3 Punkte. Das Spiel wird abgebrochen. Welches ist die gerechte Aufteilung des Einsatzes: Nach Maßgabe der gewonnenen Spiele, also $4:3$, oder nach Maßgabe der noch fehlenden Spiele, also $2:1$?

Beide Probleme waren damals schon viele Jahrhunderte alt. Alle früheren Lösungen waren jedoch falsch.

De Mérés Fragen haben einen Briefwechsel zwischen Pascal und Fermat eingeleitet. Dabei wurden die Grundlagen der Wahrscheinlichkeitstheorie gelegt.

Die Würfelaufgabe ist einfach. Viermaliges Werfen eines Laplace-Würfels ist ein Laplace-Versuch mit $|\Omega| = 6^4$ möglichen Fällen. Es sei A das Ereignis „mindestens eine Sechs". Dann ist $\bar{A}$ das Ereignis „keine sechs". Für $\bar{A}$ günstig sind 5^4 Fälle. Für A günstig sind die übrigen $|A| = 6^4 - 5^4$ Fälle. Also gilt:

$$P(A) = \frac{|A|}{|\Omega|} = \frac{6^4 - 5^4}{6^4} = 1 - (\tfrac{5}{4})^4 = 0{,}5177.$$

Gehen wir jetzt zu den 24 Würfen mit 2 Würfeln. Ein Wurf zweier Würfel hat 36 Ausfälle, darunter eine Doppelsechs. 24 Würfe haben 36^{24} Ausfälle. Es sei B das Ereignis „mindestens eine Doppelsechs". Dann sind für B günstig $36^{24} - 35^{24}$ Fälle. Also ist

$$P(B) = \frac{36^{24} - 35^{24}}{36^{24}} = 1 - (\tfrac{35}{36})^{24} = 0{,}4914.$$

De Méré fragte auch, wieviel Würfe man braucht, um mit Wahrscheinlichkeit $> \frac{1}{2}$ eine Doppelsechs zu erzielen. Aus

$$1 - (\tfrac{35}{36})^n > \tfrac{1}{2} \text{ folgt } (\tfrac{35}{36})^n < \tfrac{1}{2},\ n > \frac{\lg 2}{\lg 36 - \lg 35} = 24{,}61$$

$n = 25$ ist also die kleinste Zahl von Würfen, für die es günstig ist, auf eine Doppelsechs zu wetten.

Vom zweiten Problem betrachten wir verschiedene Lösungen und Verallgemeinerungen. Die Lösungsmethoden sind überaus lehrreich. Zunächst muß die „gerechte" Aufteilung des Spieleinsatzes definiert werden. Darunter soll eine Aufteilung im Verhältnis der Gewinnchancen verstanden werden.

Pascal überlegte so: Angenommen, der Einsatz beträgt 64 Pistolen. Mit Wahrscheinlichkeit $\frac{1}{2}$ gewinnt A diesen Einsatz beim nächsten Wurf. Also stehen ihm für den nächsten Wurf 32 Pistolen zu. Wenn er den nächsten Wurf verliert, dann haben beide gleichgezogen und die restlichen 32 Pistolen müssen zu gleichen Teilen verteilt werden. Die gerechte Aufteilung ist also 48 Pistolen für A und 16 für B, d.h. $3:1$. Dieses Verhältnis war von de Méré nicht vorgesehen.

Hier ist eine leichte Abwandlung mit einer Lösung im Geiste Fermats: A fehlen 2 und B fehlen 4 Punkte zum Sieg. Bestimme die gerechte Aufteilung des Spieleinsatzes.

Lösung: Das Ereignis „Sieg von B" sei mit E bezeichnet. Ferner soll die Schreibweise $ABBBB$ bedeuten, daß A den ersten Punkt und B die nächsten 4 Punkte gewinnt. Damit wird $E = \{BBBB, ABBBB, BABBB, BBABB, BBBAB\}$,

$$P(E) = \frac{1}{16} + \frac{1}{32} + \frac{1}{32} + \frac{1}{32} + \frac{1}{32} = \frac{3}{16}, \; P(\bar{E}) = \frac{13}{16}.$$

Der Einsatz muß also im Verhältnis $13:3$ aufgeteilt werden.

Werden die Chancen ausgeglichen, wenn das Glücksrad der Fig. 4.7 verwendet wird?

$$P(E) = (\tfrac{2}{3})^4 + 4 \cdot \tfrac{1}{3} \cdot (\tfrac{2}{3})^4 = \frac{112}{243} = 0{,}46$$

Die Chancen werden also nicht ausgeglichen!

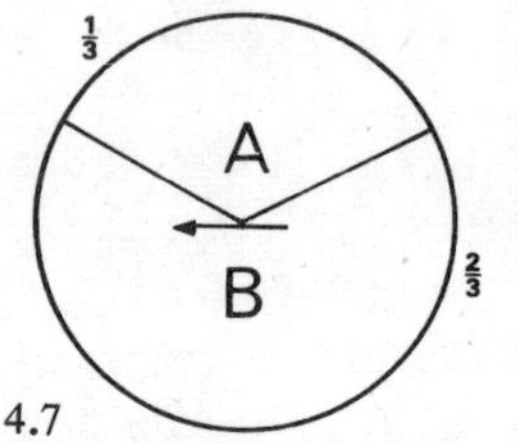

Fig. 4.7

Ein Baum ist besonders übersichtlich, da er alle möglichen Spielverläufe zeigt. Leider kann man nur wenige Stufen zeichnen. Denn Bäume wachsen exponentiell mit der Zahl der Stufen.

Das nächste Beispiel zeigt die Verwendung eines Baumes:

A, B und C spielen mit dem Glücksrad der Fig. 4.8. A fehlt noch 1 Punkt zum Sieg, während B 2 Punkte und C 3 Punkte fehlen. Das Spiel wird abgebrochen. Welches ist die gerechte Aufteilung des Einsatzes?

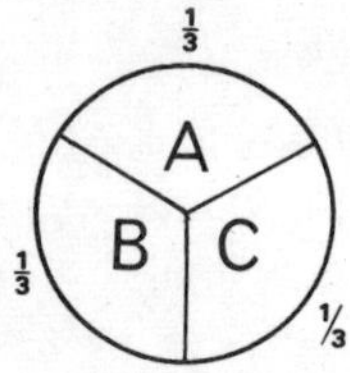

Fig. 4.8

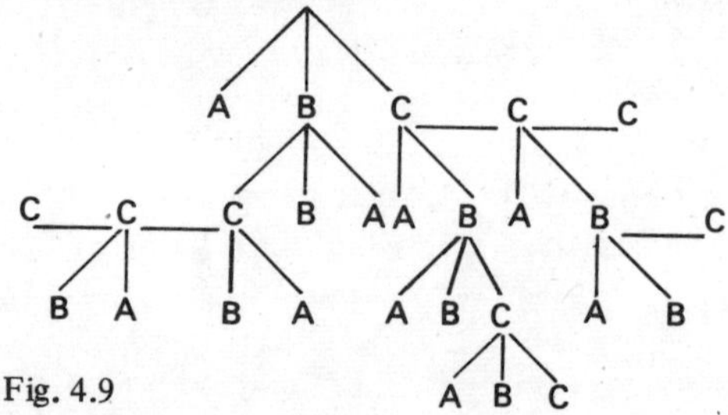
Fig. 4.9

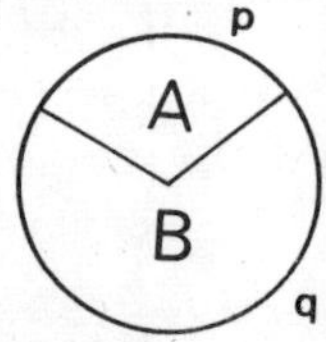

Fig. 4.10

Es seien E_A, E_B, E_C die Ereignisse, daß A, B, C gewinnt. Aus dem Baum der Fig. 4.9 liest man ab $E_C = \{BCCC, CBCC, CCBC, CCC\}$

$$E_B = \{BB, BCB, BCCB, CBB, CBCB, CCBB\}$$

$$P(E_C) = \frac{3}{81} + \frac{1}{27} = \frac{2}{27} \quad P(E_B) = \frac{1}{9} + \frac{2}{27} + \frac{3}{81} = \frac{6}{27} \quad P(E_A) = 1 - \frac{2}{27} - \frac{6}{27} = \frac{19}{27}$$

$P_A : P_B : P_C = 19:6:2$.

Allgemeine Lösung der 2. Aufgabe von Mérés:

Zwei Personen A und B spielen mit der Münze in der Fig. 4.10. A braucht noch m Punkte und B noch n Punkte zum Sieg. Wir wollen die Siegeschancen P_A und P_B für A und B berechnen.

Durch die Deutung:

Ein Punkt für A ⟶ einen Schritt nach oben

Ein Punkt für B ⟶ einen Schritt nach rechts

geht jeder Spielablauf in eine Irrfahrt in der Gitterebene über, die in 0 beginnt. A siegt, wenn der Pfad der Irrfahrt in einem der Gitterpunkte $(0;m)$, $(1;m), (2;m), (3;m), \ldots, (n-1;m)$ endet (s. Fig. 4.11).

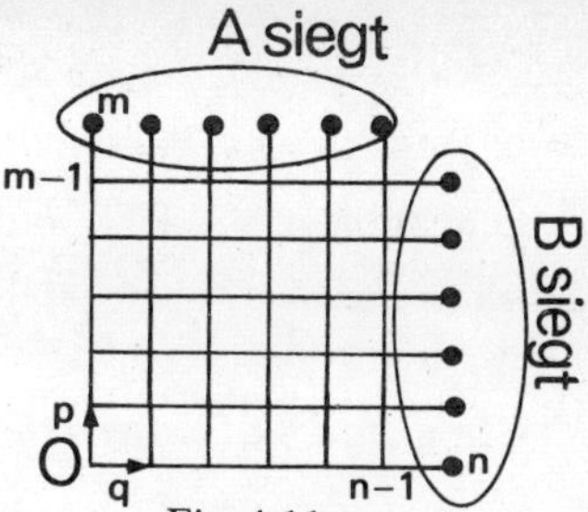

Fig. 4.11

Die Wahrscheinlichkeit dafür ist:

$$A = p^m + \binom{m}{1} p^m q + \binom{m+1}{2} p^m q^2 + \binom{m+2}{3} p^m q^3 + \ldots + \binom{m+n-2}{n-1} p^m q^{n-1}$$

Wir erklären die Entstehung des 4. Summanden.

Jeder Pfad vom Ursprung nach $(3;m)$ hat die Wahrscheinlichkeit $p^m q^3$. Die Anzahl der Pfade ist jedoch nicht $\binom{m+3}{3}$. Denn nach $(3;m)$ kann man nur über den Gitterpunkt $(3;m-1)$ gelangen, und zwar nur auf eine Art. Es führen also nach $(3;m)$ genauso viele Pfade wie nach $(3;m-1)$. Nach $(3;m-1)$ gibt es aber $\binom{m-1+3}{3} = \binom{m+2}{3}$ Pfade. Daher endet das Spiel in $(3;m)$ mit der Wahrscheinlichkeit $\binom{m+2}{3} p^m q^3$.

Der Spieler B siegt, wenn der Pfad des Spielablaufs in einem der Punkte $(n;0), (n;1), (n;2), \ldots, (n;m-1)$ endet. Daher ist

$$P_B = q^n + \binom{n}{1} q^n p + \binom{n+1}{2} q^n p^2 + \binom{n+2}{3} q^n p^3 + \ldots + \binom{m+n-2}{m-1} q^n p^{m-1}.$$

4.3. Mindestens ein Erfolg – lauter Fehlschläge

Das Glücksrad in der Fig. 4.12 wird n-mal gedreht. Ω enthält 2^n Punkte, und zwar alle $(0;1)$-Folgen der Länge n. Wir betrachten die beiden Ereignisse:

E: „mindestens ein Erfolg"

$\bar{E}$: „kein einziger Erfolg" = „lauter Fehlschläge"

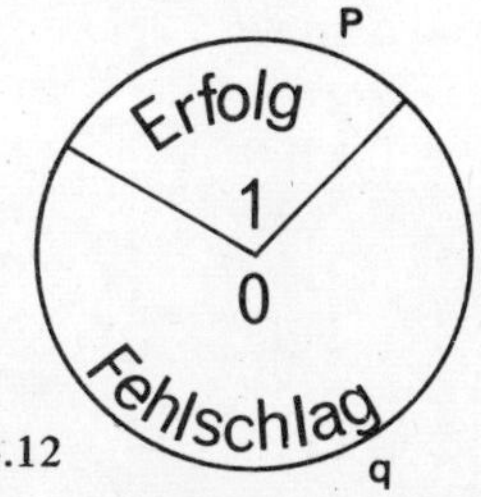

Fig. 4.12

E enthält viele Punkte und ist daher unübersichtlich. Dagegen enthält $\bar{E}$ nur einen Punkt, $\bar{E} = \{000\ldots0\}$. Daher ist

$$\boxed{P(\bar{E}) = q^n, \quad P(E) = 1 - P(\bar{E}) = 1 - q^n}$$

Dieses einfache Ergebnis wird sehr oft verwendet. Das nächste *Beispiel* zeigt eine typische Anwendung.

1. *Beispiel*: *Das Rosinenproblem.*

Wieviel Rosinen muß man in 500 g Teig tun, damit ein 50 g-Brötchen mit 99%iger Sicherheit mindestens eine Rosine enthält?

Das Rechteck der Fig. 4.13 steht für den Teig, und die 10 Zellen für die Brötchen, in die der Teig zerteilt wird. Wenn der Teig gut gemischt ist, darf man annehmen, daß jede Rosine mit der Wahrschein-

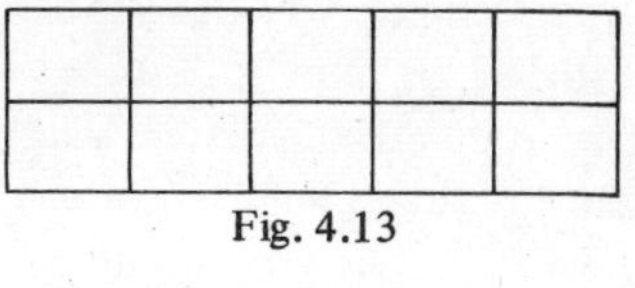
Fig. 4.13

lichkeit $\frac{1}{10}$ in jede der 10 Zellen kommt. Wählen wir eine bestimmte Zelle aus: Jede der x Rosinen wird mit der Wahrscheinlichkeit $\frac{9}{10}$ nicht in diese Zelle kommen. Die Zelle bleibt leer mit der Wahrscheinlichkeit $(\frac{9}{10})^x$. Mindestens eine Rosine landet in der Zelle mit der Wahrscheinlichkeit $1 - 0{,}9^x$. Dies soll $\geqq 0{,}99$ sein. Also:
$1 - 0{,}9^x \geqq 0{,}99$ oder $0{,}9^x \leqq 0{,}01$ oder $x \geqq \frac{-2}{\lg 0{,}9} = 43{,}71$
Man muß also 44 Rosinen verwenden, d.h. 4,4 Rosinen je Brötchen.

2. *Beispiel*: *Das Geburtstagsproblem.*
In einem Zimmer ist eine Gesellschaft von s Personen versammelt. Wie groß ist die Wahrscheinlichkeit, daß mindestens zwei Personen denselben Geburtstag haben?
Wir nehmen an, daß das Jahr 365 Tage hat, die als Geburtstage gleichwahrscheinlich sind. Betrachten wir das Ereignis $\bar{E}$: „Keine zwei Personen haben den gleichen Geburtstag." Es gibt $|\Omega| = 365^s$ mögliche Fälle. Günstig für $\bar{E}$ sind
$|\bar{E}| = 365 \cdot 364 \cdot 363 \ldots (365 - s + 1)$ Fälle. Daher ist

$$P(E) = 1 - P(\bar{E}) = 1 - \frac{|\bar{E}|}{|\Omega|} = 1 - \frac{365 \cdot 364 \cdot 363 \ldots (365 - s + 1)}{365^s} = f(s).$$

Für $s = 23$ ist $P(E) = 0{,}50730$. Die Tabelle 4.1 zeigt weitere Werte. Sie wurden mit einem Computer berechnet.

s	$f(s)$	s	$f(s)$	s	$f(s)$	s	$f(s)$
10	0.11695	28	0.65446	46	0.94825	64	0.99719
11	0.14114	29	0.68097	47	0.95477	65	0.99768
12	0.16702	30	0.70632	48	0.9606	66	0.9981
13	0.19441	31	0.73045	49	0.96578	67	0.99844
14	0.2231	32	0.75335	50	0.97037	68	0.99873
15	0.2529	33	0.77497	51	0.97443	69	0.99896
16	0.2836	34	0.79532	52	0.978	70	0.99916
17	0.31501	35	0.81438	53	0.98114	71	0.99932
18	0.34691	36	0.83218	54	0.98388	72	0.99945
19	0.37912	37	0.84873	55	0.98626	73	0.99956
20	0.41144	38	0.86407	56	0.98833	74	0.99965
21	0.44369	39	0.87822	57	0.99012	75	0.99972
22	0.4757	40	0.89123	58	0.99166	76	0.99978
23	0.5073	41	0.90315	59	0.99299	77	0.99982
24	0.53834	42	0.91403	60	0.99412	78	0.99986
25	0.5687	43	0.92392	61	0.99509	79	0.99989
26	0.59824	44	0.93289	62	0.99591	80	0.99991
27	0.62686	45	0.94098	63	0.9966		

Tabelle 4.1

Ab $s = 23$ ist es also vorteilhaft, auf das Eintreten von E zu wetten. Dies ist sehr überraschend. Wer das Problem zum erstenmal hört, ist eher geneigt, auf $s = 365 : 2$, also 183 zu tippen.
Wir wollen untersuchen, warum hier die Intuition versagt. Das Problem wird offenbar mit einem anderen verwechselt: In einem Zimmer sind außer mir noch s Personen anwesend. Wie groß ist die Wahrscheinlichkeit, daß mindestens eine Person meinen Geburtstag hat?

Eine beliebig herausgegriffene Person hat nicht meinen Geburtstag mit der Wahrscheinlichkeit $\frac{364}{365}$. Keine der s Personen hat meinen Geburtstag mit der Wahrscheinlichkeit $(\frac{364}{365})^s$. Mindestens eine Person hat meinen Geburtstag mit der Wahrscheinlichkeit

$g(s) = 1 - (\frac{364}{365})^s$.

Aus $g(s) \geqq \frac{1}{2}$ folgt $s \geqq \frac{\lg 2}{\lg 365 - \lg 364} = 252{,}65$

Ab $s = 253$ ist $g(s) > \frac{1}{2}$. Genauer ist $g(253) = 0{,}50048$. Wenn außer mir 253 Personen anwesend sind, dann gibt es 253 Gelegenheiten für meinen Geburtstag. Sind nur 23 Personen anwesend, so sind dies $\binom{23}{2} = 253$ Paare. Dies sind 253 Gelegenheiten für gleiche Geburtstage. Damit dürfte das Geburtstagsproblem intuitiv erklärt sein.

Aufgaben:

6. In einer Urne liegen 4 weiße und 5 schwarze Kugeln. Es werden 3 Kugeln mit einem Griff gezogen. Wie groß ist die Wahrscheinlichkeit, mindestens eine schwarze Kugel zu ziehen?
7. Fünf Würfel werden geworfen. Wie groß ist die Wahrscheinlichkeit
   a) mindestens eine Dreierzahl,
   b) mindestens 2 gleiche Augenzahlen zu erzielen?
8. Ein Schütze hat die Treffsicherheit $\frac{1}{2}$. Wie oft muß er auf das Ziel schießen, um es mindestens mit 99%iger Sicherheit zu treffen?
9. Die 4 Glücksräder der Fig. 4.14 werden unabhängig voneinander gedreht. Wie groß ist die Wahrscheinlichkeit, mindestens eine „1" zu erzielen?

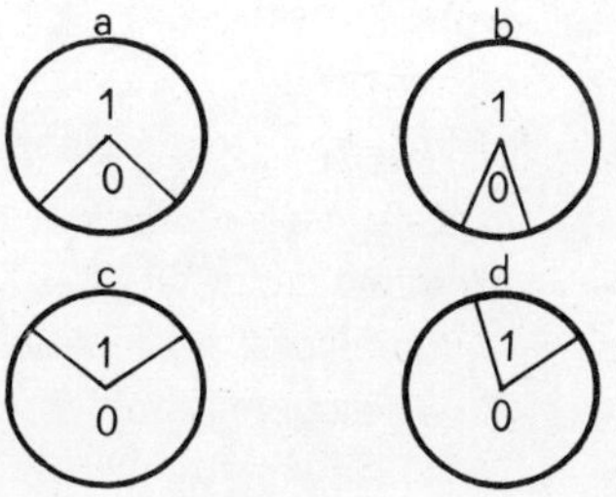

Fig. 4.14

10. Die Wahrscheinlichkeit, daß eine Ölbohrung fündig wird, sei $\frac{1}{10}$.
    a) Mit welcher Wahrscheinlichkeit haben 10 Bohrungen mindestens einen Erfolg?
    b) Bei wieviel Bohrungen mindestens ist die Erfolgswahrscheinlichkeit größer als $\frac{1}{2}$?
11. Jede von s Personen wählt zufällig eine Zahl
    a) von 1 bis 100,
    b) von 1 bis 1000.

    Es sei $f(s)$ die Wahrscheinlichkeit, daß mindestens zwei Personen dieselbe Zahl gewählt haben. Zeige, daß gilt:

    a) $f(s) = 1 - \frac{100!}{100^s(100-s)!}$ b) $f(s) = 1 - \frac{1000!}{1000^s(1000-s)!}$

    Berechne in a) $f(12)$ und $f(20)$ und in b) $f(37)$.

    Es ist: $\lg 100! = 157 \cdot 9\,700$ $\lg 1000! = 2\,567 \cdot 6\,046$
    $\lg 88! = 134 \cdot 2\,683$ $\lg 963! = 2\,456 \cdot 8\,975$
    $\lg 80! = 118 \cdot 8\,547$

12. Es tauchen m unbemannte Hochaufklärer auf. Auf diese werden n Abwehrraketen abgeschossen, $n \geqq m$. Jede Rakete trifft ihr Ziel mit der Wahrscheinlichkeit p. Wir betrachten zwei Strategien:

I. Auf jedes Ziel werden $\frac{n}{m}$ Raketen gerichtet.

II. Jede Rakete wählt sich unabhängig von den anderen jedes der m Ziele mit derselben Wahrscheinlichkeit $\frac{1}{m}$.

Die Wahrscheinlichkeit, einen bestimmten Aufklärer zu treffen, ist dann für die Strategie I: $\quad P_{\mathrm{I}} = 1-(1-p)^{\frac{n}{m}}$

und für die Strategie II: $\quad P_{\mathrm{II}} = 1-(1-\frac{p}{m})^n$.

Zeige dies. Berechne p_{I} und p_{II} für $m = 10$, $n = 30$, $p = \frac{1}{10}$ und $p = \frac{1}{2}$.

13. Ein Versuch mit der Erfolgswahrscheinlichkeit $\frac{n-1}{n}$ wird n-mal wiederholt ($n = 2, 3, 4, \ldots$). Wie groß ist die Wahrscheinlichkeit $f(n)$ für lauter Erfolge? Berechne $f(n)$ für $n = 1, 2, 3, 4, 10, 100, 1000$.

14. In einer Bevölkerung ist einer von 100 farbenblind. Wie viele Personen muß man untersuchen, um mit mindestens 95%iger Sicherheit mindestens eine farbenblinde Person zu finden?

▶ 15. Die Fig. 4.15 zeigt drei zarte Pflanzen x, y, z. Jede dieser Pflanzen erkrankt durch äußere Einflüsse mit der Wahrscheinlichkeit $\frac{1}{2}$. Eine kranke Pflanze infiziert ihren Nachbarn mit der Wahrscheinlichkeit $\frac{1}{5}$. Wie groß ist die Wahrscheinlichkeit, daß die mittlere Pflanze y erkrankt?
(Hinweis: Zeichne einen Baum.)

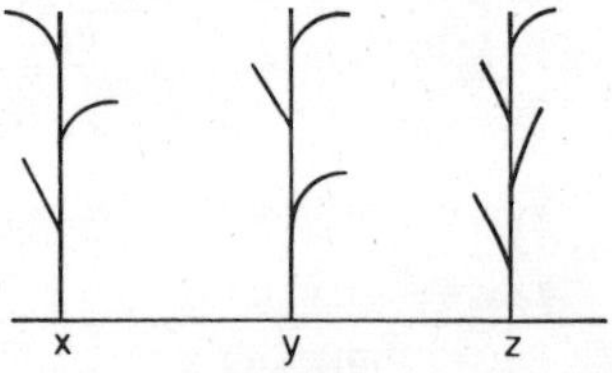

Fig. 4.15

▶ 16. a) Kain wirft einen L-Würfel und Abel sieht das Ergebnis. Dann sagt Abel voraus, ob sein eigener Wurf ein höheres, gleiches oder geringeres Ergebnis liefern wird. Welche Regel sollte Abel befolgen, damit die Wahrscheinlichkeit für eine richtige Voraussage maximal wird, und wie groß ist diese Wahrscheinlichkeit?
b) Löse die Aufgabe für einen n-seitigen L-Würfel und gerades n.
c) Löse die Aufgabe für einen n-seitigen L-Würfel und ungerades n.
d) Was erhält man für $n \longrightarrow \infty$?

▶ 17. Ein L-Käfer startet in S und wandert auf dem Streckenzug der Fig. 4.16. Für eine Strecke braucht er eine Minute. Wenn er den Punkt E in 4 oder weniger Minuten erreicht, so gewinnt Abel. Sonst gewinnt Kain. Wer hat die besseren Gewinnaussichten?
Bemerkung: Ein L-Käfer wählt jede von einer Ecke ausgehende Strecke mit derselben Wahrscheinlichkeit.

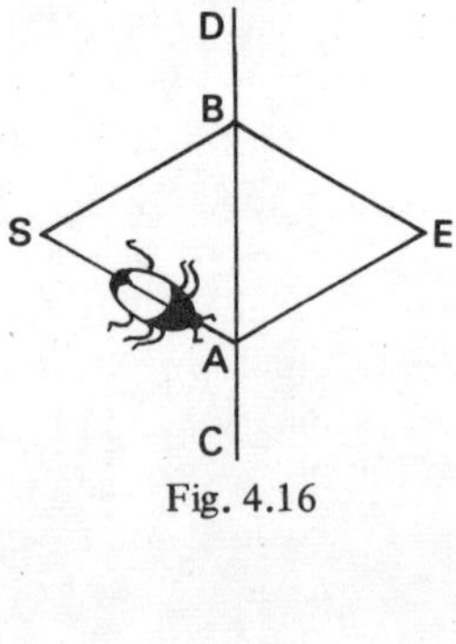

Fig. 4.16

18. Das Glücksrad der Fig. 4.17 wird zweimal gedreht.

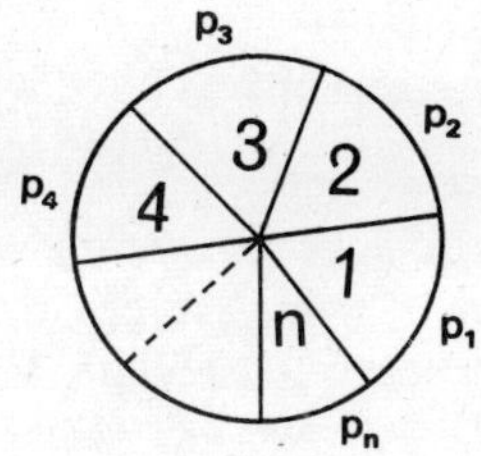

Fig. 4.17

a) Wie groß ist die Wahrscheinlichkeit Q, daß beidesmal dieselbe Zahl erscheint?

b) Zeige, daß Q am kleinsten ist, wenn $p_1 = p_2 = \ldots = p_n = \frac{1}{n}$ ist.

Hinweis: Setze $p_i = \frac{1}{n} + a_i$ für $i = 1, 2, \ldots, n$.
Zeige, daß dann $a_1 + a_2 + \ldots + a_n = 0$ ist.
Ersetze in Q alle p_i durch $\frac{1}{n} + a_i$ und vereinfache.

5. Statistische Anwendungen

5.1. Was ist Statistik?

In diesem Buch werden Wahrscheinlichkeit und Statistik nicht getrennt abgehandelt. Statistische Fragen werden aufgegriffen, sobald das notwendige Rüstzeug zur Verfügung steht. Wir erläutern den Unterschied zwischen Wahrscheinlichkeit und Statistik am einfachen Beispiel des Münzenwurfs.

Die Fig. 5.1 zeigt ein Glücksrad. In der Wahrscheinlichkeitstheorie gibt man sich die Wahrscheinlichkeiten p und q der Ausfälle 1 und 0 vor, und man berechnet daraus die Wahrscheinlichkeiten von Ereignissen, die beim wiederholten Drehen des Glücksrads eintreten können, z.B. die Wahrscheinlichkeit, in 20 Drehungen mindestens 15 Erfolge zu erzielen.

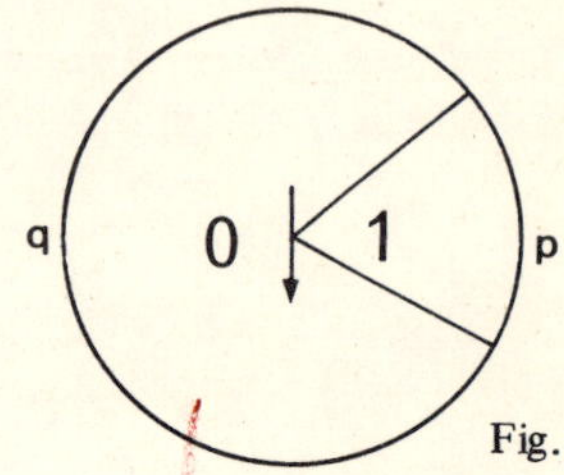

Fig. 5.1

Mit anderen Worten:

In der Wahrscheinlichkeitstheorie werden aus gegebenen Wahrscheinlichkeiten andere Wahrscheinlichkeiten berechnet.

In der Statistik versucht man aus Beobachtungsdaten die Eigenschaften des Zufallsgeräts zu erschließen, welches die Daten erzeugt hat.

Die Fig. 5.2 zeigt einen unbekannten Zufallsmechanismus, der eine (0;1)-Folge der Länge 12 erzeugt hat. Diese sogenannte „schwarze Kiste" wird von einem unbekannten Glücksrad vom Typ der Fig. 5.1 gesteuert. Auf Grund der Beobachtung 110011101011 soll man Rückschlüsse auf die Beschaffenheit des im Innern der Kiste verborgenen Glücksrads machen. Mit anderen Worten:

In der Statistik werden aus Beobachtungen Wahrscheinlichkeiten geschätzt.

In diesem Buch werden wir folgende statistische Fragen über das verborgene Glücksrad anpacken:

1. Ist p gleich einem vermuteten Wert p_0?
Z.B. bei einer Münze vermutet man $p_0 = \frac{1}{2}$ und man möchte diese Vermutung prüfen (Testen einer Hypothese).
2. Manchmal kommen für p nur zwei bekannte Werte p_1 oder p_2 in Betracht. Welcher Wert ist der richtige? (Alternativproblem)
3. Liegt p im Intervall $[a, b]$?
4. Welchen Wert hat p? (Problem der Parameterschätzung.)

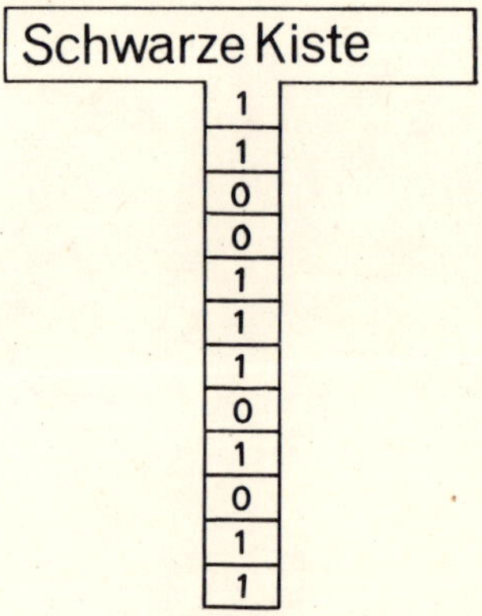

Fig. 5.2

5.2. Testen von Hypothesen

1. Beispiel:
Kann ein neugeborenes Küken Körner erkennen, oder lernt es dies erst durch Erfahrung?

Um diese Frage zu entscheiden, wird folgendes Experiment geplant: Sobald das Küken aus dem Ei schlüpft, werden ihm falsche Körner aus Papier vorgesetzt. Die Hälfte sind kleine Kreise, die andere Hälfte Dreiecke von gleicher Fläche. Vor dem Experiment ist das Küken ein unbekannter biologischer Zufallsmechanismus. Welches Glücksrad steuert sein Verhalten?

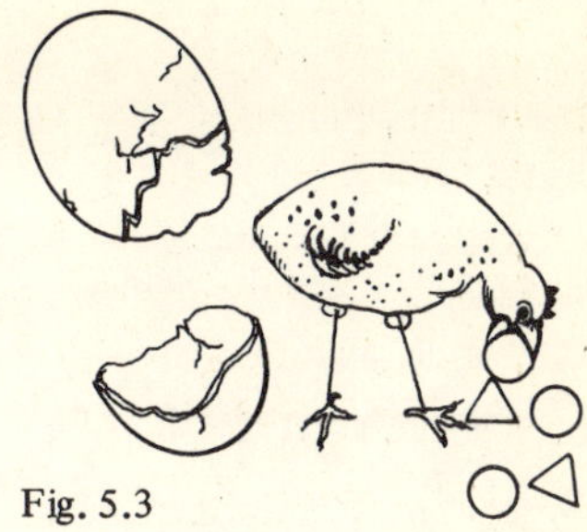

Fig. 5.3

Wir spielen zwei Hypothesen gegeneinander aus:

H_0 (die *Nullhypothese*): Das Verhalten des Kükens wird durch ein Laplace-Rad gesteuert (Fig. 5.4). Es hat noch nicht gelernt, daß Körner rund sind; d.h. $p = \frac{1}{2}$.

H_1 (die *Gegenhypothese*): Das Verhalten des Kükens wird durch das Glücksrad in Fig. 5.5 gesteuert. Es bevorzugt runde Objekte, obwohl es noch nie Körner gekostet hat; d.h. $p > \frac{1}{2}$.

Die Möglichkeit $p < \frac{1}{2}$ ziehen wir nicht in Betracht, da sie uns nicht plausibel erscheint.

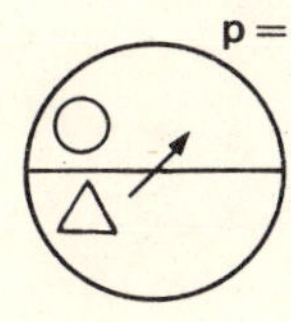

Fig. 5.4

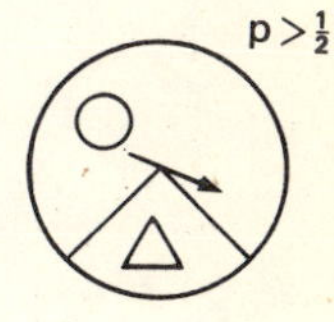

Fig. 5.5

Es soll auf Grund einer Beobachtung zwischen H_0 und H_1 entschieden werden. Eine Fehlentscheidung läßt sich dabei nicht mit Sicherheit vermeiden. Denn jede Beobachtung kann unter beiden Hypothesen stattfinden. Die Nullhypothese behauptet in der Regel die Abwesenheit eines Effekts, den ich eigentlich nachweisen will.

Unter einem *Test* versteht man eine Vorschrift, die angibt, ob man sich aufgrund eines Zufallsversuchs für oder gegen H_0 entscheiden soll. Beim Küken kann man etwa so vorgehen:

Man beobachtet es 16mal picken. Es picke Xmal auf einen Kreis. Große Werte von X werfen einen Verdacht auf H_0. Daher will man folgende *Entscheidungsregel* verwenden: (d.h. H_0 falsch)

Verwerfe H_0, falls $X \geqq 12$ ist.

Nehme H_0 an, falls $X < 12$ ist.

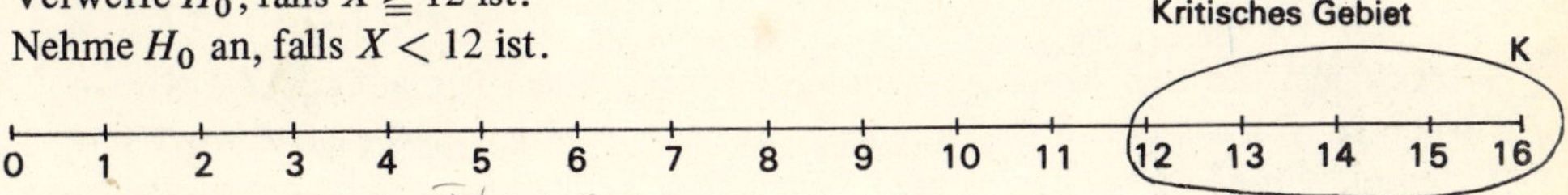

Fig. 5.6

Die möglichen Werte von X sind in der Fig. 5.6 dargestellt. H_0 wird verworfen, wenn das Beobachtungsergebnis X in das *kritische Gebiet* $K = \{12, 13, 14, 15, 16\}$ hineinfällt. Mit dieser Entscheidungsregel sind zwei Fehlerarten möglich:

1 *Ein Fehler erster Art: H_0 ist wahr und wird verworfen.*

2 *Ein Fehler zweiter Art: H_0 ist falsch und wird angenommen.*

Die Wahrscheinlichkeit α, einen Fehler erster Art zu begehen, nennt man *Irrtumswahrscheinlichkeit* oder *Signifikanzniveau*. Man nennt $1 - \alpha$ die *statistische Sicherheit*. Es ist üblich, das kritische Gebiet so zu wählen, daß $\alpha = 0{,}05$, $\alpha = 0{,}01$ oder

Zuerst wird α vorgegeben => kritisches Gebiet

X-mal pickt es auf einen Kreis, insgesamt 16-mal.

$\alpha = 0{,}005$ wird, je nachdem, wie schwerwiegend die Entscheidung ist, die man aufgrund der Beobachtung fällen will. Es sei z.B. $\alpha = 0{,}05$. Fällt die Beobachtung in K hinein, so spricht man von *signifikanter Abweichung*, und man sagt auch, die Abweichung sei auf dem *5%-Niveau gesichert*.
Die Wahrscheinlichkeit β, einen Fehler zweiter Art zu machen, hängt von der Gegenhypothese $p \neq p_0$ ab. // Stichprobenraum
In unserem Beispiel gibt es $2^{16} = 65\,536$ mögliche Pickfolgen der Länge 16. Falls H_0 wahr ist, haben sie alle dieselbe Wahrscheinlichkeit. Wir zählen die Pickfolgen mit 0, 1, 2, 3, 4 Dreiecken:

$$\binom{16}{0} + \binom{16}{1} + \binom{16}{2} + \binom{16}{3} + \binom{16}{4} = 1 + 16 + 120 + 560 + 1820 = 2\,517$$

Diese Pickfolgen fallen in K hinein. Daher ist bei obiger Entscheidungsregel

$$\alpha = P(K) = \frac{2\,517}{65\,536} = 0{,}0384 = 3{,}84\%.$$

In knapp 4% aller Fälle wird H_0 zu Unrecht verworfen.

Bei der Durchführung des Experiments hat das Küken nur 10mal gepickt. Dann verging ihm die Lust. Hier ist das Pickprotokoll:

○○○△○○○△○○

Was soll man hier tun?

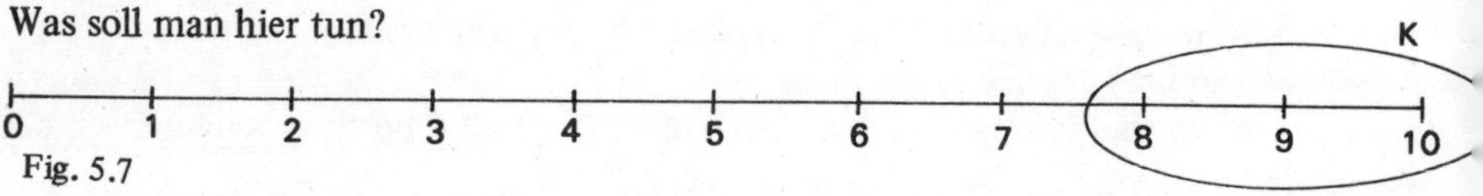

Fig. 5.7

Die Fig. 5.7 zeigt die möglichen Werte von X. Wir grenzen das kritische Gebiet K so ab, daß der beobachtete Fall sowie alle noch extremeren Fälle in K hineinfallen.
Es gibt $2^{10} = 1\,024$ verschiedene Pickfolgen der Länge 10, die gleichwahrscheinlich sind, falls H_0 wahr ist. Wir zählen die Pickfolgen mit 0, 1, 2 Dreiecken:

$$\binom{10}{0} + \binom{10}{1} + \binom{10}{2} = 1 + 10 + 45 = 56$$

Daher ist $P(K) = \frac{56}{1\,024} = 0{,}055$. *

Das Ergebnis ist signifikant auf dem 5,5%-Niveau, aber nicht auf dem 5%-Niveau. Wenn der Forscher ein 5%-Niveau verwendet, so darf er hier H_0 nicht verwerfen, sondern er muß weiter beobachten. Nach einer Weile pickt das Huhn weitere 10mal mit dem Gesamtergebnis:

○○○△○○○△○○○○○△○○△△○○

Das Ergebnis fällt in das kritische Gebiet $K = \{15, 16, 17, 18, 19, 20\}$.
Unter der Voraussetzung, daß H_0 wahr ist, beträgt seine Wahrscheinlichkeit

$$P(K) = \frac{1}{2^{20}}\left[\binom{20}{0} + \binom{20}{1} + \binom{20}{2} + \binom{20}{3} + \binom{20}{4} + \binom{20}{5}\right] = \frac{21\,860}{1\,048\,576} = 2{,}069\%.$$

Diesmal können wir H_0 mit der Irrtumswahrscheinlichkeit $\alpha = 2\%$ verwerfen.
Beim Testen von H_0 werden wir immer so vorgehen: Wir machen eine Beobachtung t. Dann werden t und alle noch extremeren Werte in das kritische Gebiet K getan.

* Wahrscheinlichkeit, daß 0,1,2 Dreiecke vorkommen.

Danach berechnen wir (unter der Voraussetzung, daß H_0 wahr ist) $\alpha = P(K)$.
Man kann dann H_0 mit der Irrtumswahrscheinlichkeit α verwerfen. Die Zahl α mißt die Glaubwürdigkeit von H_0.
Jeder kann sich sein eigenes Signifikanzniveau wählen. Entscheidet er sich für das 5%-Niveau und ist $\alpha \leqq 5\%$, dann muß er H_0 verwerfen. Ist $\alpha > 5\%$, so wird man H_0 in der Regel nicht verwerfen. Allerdings ist ein α-Wert zwischen 5% und 10% noch „verdächtig".

2. Beispiel: Sind Ratten farbenblind?
Ziehen Ratten eine der beiden Farben rot, grün vor? Um diese Frage zu entscheiden, wird folgender Versuch geplant: Ratten werden durch einen Gang geschickt, der sich in zwei Gänge verzweigt, die grün bzw. rot angestrichen sind. Je nach dem Ausgang dieses Experiments entscheidet man sich für eine der beiden Hypothesen:

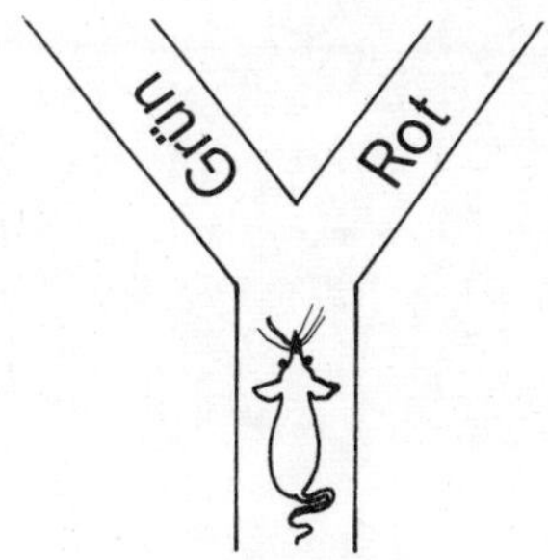

Fig. 5.8

H_0: Ratten werden von dem Glücksrad in der Fig. 5.9 gesteuert. Sie sind indifferent gegen die beiden Farben. Vielleicht sind sie sogar farbenblind: $p = \frac{1}{2}$.
H_1: Ratten werden von einem der beiden Glücksräder in der Fig. 5.10 gesteuert. D.h. sie ziehen eine der beiden Farben vor:
$p \neq \frac{1}{2}$, d.h. $p > \frac{1}{2}$ oder $p < \frac{1}{2}$.

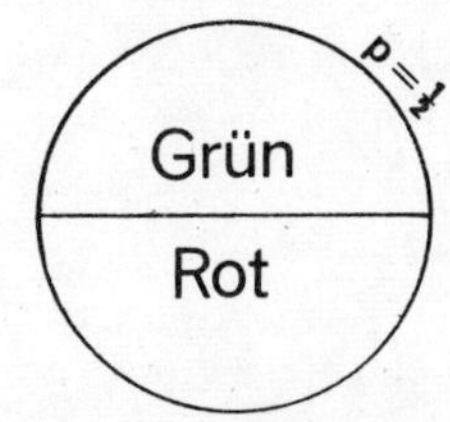

Fig. 5.9

Man beachte bei H_1 den Unterschied zum vorigen Beispiel. Dort haben wir $p = \frac{1}{2}$ gegen $p > \frac{1}{2}$ getestet. Dies war ein *einseitiger Test*. Jetzt testen wir $p = \frac{1}{2}$ gegen $p \neq \frac{1}{2}$, d.h. $p > \frac{1}{2}$ oder $p < \frac{1}{2}$. Dies ist ein *zweiseitiger Test*. Es stehen 10 Versuchsratten zur Verfügung. Davon mögen X den grünen Gang wählen. Diesmal werden sowohl große als auch kleine Werte von X gegen H_0 sprechen. Es werde z.B. $X = 8$ beobachtet. Dann wird man als kritisches Gebiet $K = \{0, 1, 2, 8, 9, 10\}$ wählen (Fig. 5.11). Denn $X \leqq 2$ ist genauso extrem wie $X \geqq 8$. Unter den 2^{10} möglichen Fällen gibt es $2[\binom{10}{0} + \binom{10}{1} + \binom{10}{2}] = 112$ extreme Fälle, die in das kritische Gebiet K fallen. Die extremen Fälle haben zusammen die Wahrscheinlichkeit
$\alpha = \frac{112}{1\,024} = \frac{7}{64} = 0{,}11$.

Fig. 5.10

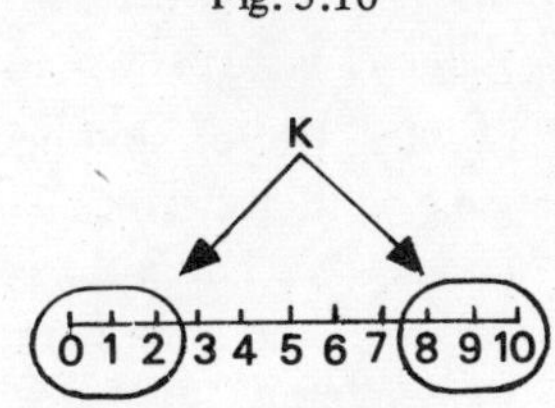

Fig. 5.11

Die Evidenz gegen H_0 ist schwach und reicht zu ihrer Verwerfung nicht aus.

Aufgaben:

1. Im 2. Beispiel wählen 16 von 20 Ratten den grünen Gang. Mit welcher statistischen Sicherheit $1-\alpha$ kann H_0 verworfen werden?
2. Ich habe eine Münze in der Hand, die ich prüfen möchte. Wird diese Münze von dem Glücksrad der Fig. 5.12 gesteuert, oder von einem der beiden Glücksräder der Fig. 5.13?
   Kurz: $H_0 : p = \frac{1}{2}$; $H_1 : p \neq \frac{1}{2}$.
   a) Ich werfe die Münze 12mal mit dem Ergebnis 010010010000.
   b) 12 Würfe ergeben 000010000100.
   c) 9 Würfe ergeben 000010000.
   d) 10 Würfe ergeben 0001000000.
   Gib jedesmal die Irrtumswahrscheinlichkeit an, wenn H_0 verworfen wird.

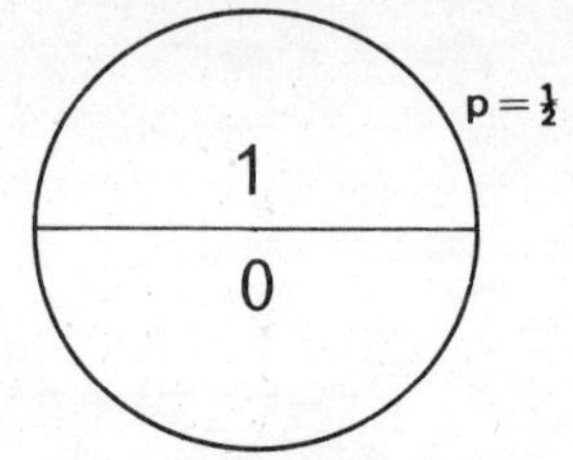

Fig. 5.12

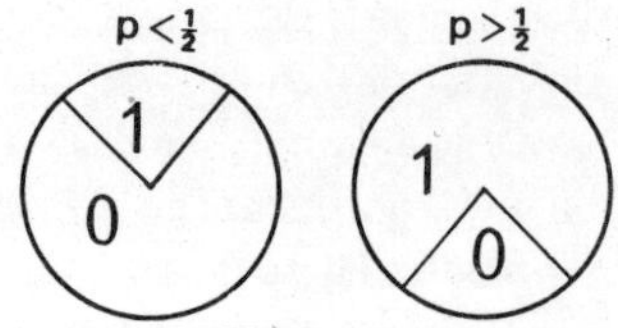

Fig. 5.13

3. *Sind Ratten lichtscheu*? Ratten werden durch einen Gang geschickt, der sich in zwei Gänge verzweigt. Der rechte Gang ist beleuchtet und der linke ist dunkel (Fig. 5.14).
   a) Von 16 Ratten wählen 12 (13) den dunklen Gang.
   b) Von 18 Ratten wählen 13 (14) den dunklen Gang.
   Formuliere H_0 und H_1. Berechne jedesmal α beim Verwerfen von H_0.

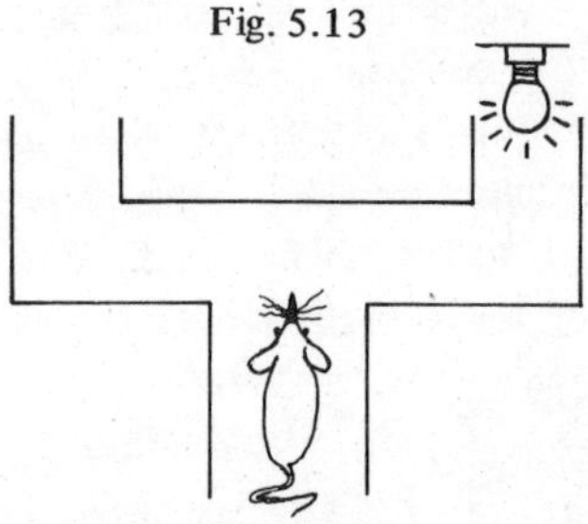

Fig. 5.14

4. *Sind Ratten neugierig*? Eine Ratte wird zweimal hintereinander durch den Gang der Fig. 5.15 geschickt. Die möglichen Ausgänge dieses Experiments sind LL, LR, RL, RR. Statt LL oder RR schreiben wir 0 und statt RL oder LR 1. Wir wollen prüfen, ob Ratten neugierig sind.
   H_0: Ratten werden bei beiden Durchgängen von dem Glücksrad der Fig. 5.16 gesteuert. In diesem Fall hat der Ausgang 1 die Wahrscheinlichkeit $\frac{1}{2}$.
   H_1: Die Ratten sind neugierig. Beim ersten Durchgang werden sie vom Glücksrad der Fig. 5.16 gesteuert. Nachdem sie jedoch den einen Gang erforscht haben, tendieren sie, beim 2. Durchlauf den anderen Gang zu wählen. In diesem Fall ist die Wahrscheinlichkeit von 1 größer als $\frac{1}{2}$.
   a) 10 Ratten werden getestet mit dem Ergebnis 1110011101.

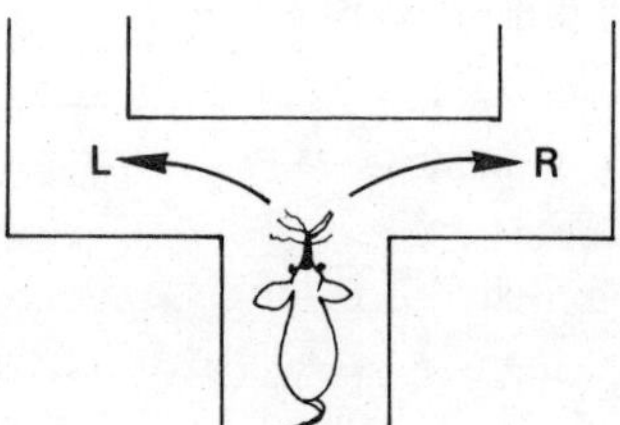

Fig. 5.15

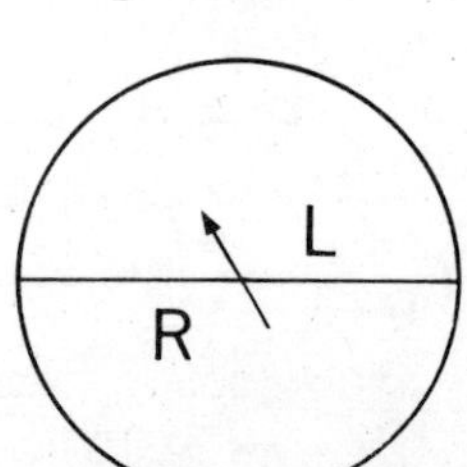

Fig. 5.16

b) 14 Ratten werden getestet mit dem Ergebnis 11101110111011. Wie groß ist jedesmal α beim Verwerfen von H_0?

5. *Testen eines neuen Heilmittels*. Virosis ist eine seltene aber sehr gefährliche Krankheit. Die einzige Hoffnung ist das Heilmittel A, das aber nur mit Wahrscheinlichkeit $\frac{1}{2}$ rettet. Ein neues Heilmittel B wurde entwickelt und an 13 freiwilligen Patienten erprobt mit dem Ergebnis 1101011111011 (1 $\longrightarrow$ überlebt, 0 $\longrightarrow$ gestorben). Würden Sie hier ein- oder zweiseitig testen? Ist das Ergebnis signifikant auf dem 5%-Niveau?

6. *Wer hat Recht*? Vier Brüder hatten gleichzeitig den Führerschein erworben. Nach einem Jahr waren sie in 5 Unfälle verwickelt. Davon entfielen 4 auf den jüngsten Bruder Karl. Darauf kommt es zu folgendem Dialog zwischen Karl und seinem Vater:
Vater: Karl, du darfst den Wagen nicht mehr benutzen, du bist zu leichtsinnig!
Karl: Ich bin so gut wie meine Brüder. Ich hatte nur Pech. Wir sind 4 Urnen und die 5 Unfälle sind Kugeln. Diese 5 Kugeln wurden vom Zufall auf die 4 Urnen verteilt, und auf meine Urne entfielen 4 Kugeln (Fig. 5.17).

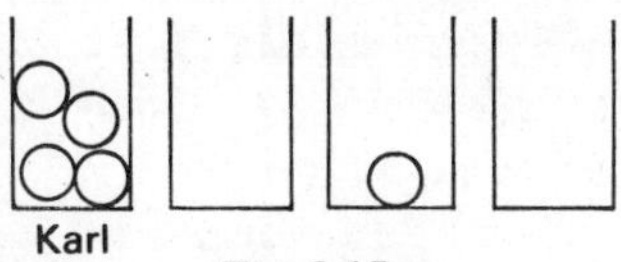

Fig. 5.17

Vater: Das ist sehr unwahrscheinlich!
Karl: Rechnen wir nach. Wenn die Wahrscheinlichkeit für ein so extremes Ergebnis $< 2\%$ ist, dann will ich mich schuldig bekennen.
Vater: Und ich will dich freisprechen, wenn die Wahrscheinlichkeit dafür $> 6\%$ ist.
(Der Vater rechnet: 5 Kugeln kann man auf 4 Urnen auf 4^5 Arten verteilen. Extreme Verteilungen mit 4 oder 5 Kugeln in der ersten Urne gibt es 16 (prüfe nach!). Die Wahrscheinlichkeit dafür ist $\frac{16}{4^5} = \frac{1}{64} = 1{,}56\% < 2\%$.)
Also bekennst du dich schuldig.
Karl: In dieser Rechnung ist ein Vorteil gegen mich eingebaut. Was mir passierte, hätte jedem der 3 anderen genauso gut passieren können. Du mußt das Ereignis betrachten, daß 4 oder 5 Kugeln in irgendeine der 4 Urnen fallen. Dafür gibt es 4 mal mehr günstige Fälle. Die Wahrscheinlichkeit dafür ist $\frac{1}{16} = 6{,}125\%$.
Also bin ich freigesprochen.

7. *Geschick oder Glück*? 6 Fischer fingen zusammen 8 Fische. Auf Peter entfielen 4 Fische. Peter sprach von Geschick, die übrigen 5 von Glück. Angenommen, Peter hat von einem Zufallsereignis profitiert. Bestimme die Wahrscheinlichkeit, daß
a) ein bestimmter der 6 Fischer 4 der 8 Fische fängt?
b) irgendein Fischer 4 der 8 Fische fängt?

8. *Ist es Geschick oder ist es Glück*? Geschmacksprüfungen sind von großer Bedeutung für die Nahrungsmittelindustrie, sowie beim Großeinkauf von Lebensmitteln, z.B. für Kantinen. Diese Aufgabe soll mit einigen dabei auftretenden Problemen vertraut machen.
Die besten Weine Anchuriens reifen an den Hängen zweier benachbarter Berge mit den klangvollen Namen Igelberg (I) und Oelberg (0). Im Geschmack gelten sie als

ununterscheidbar. Aber Herr Amba behauptet, daß er die Weine unterscheiden kann. Diese Behauptung soll geprüft werden. Wir wollen zwischen den folgenden Hypothesen entscheiden:

H_0: Amba rät nur.

H_1: Amba kann Wein von I und 0 mit Sicherheit identifizieren.

Wir werden verschiedene Prüfverfahren durchspielen. Amba wird das jeweilige Prüfverfahren mitgeteilt.

Wir erinnern nochmals: α ist die Wahrscheinlichkeit, durch bloßes Raten eine fehlerfreie Identifizierung zu erzielen.

a) Es werden ihm zwei Gläser vorgesetzt, das eine mit I-Wein und das andere mit O-Wein. Er identifiziert beide Gläser richtig. Bestimme α.

b) Es werden ihm 4 Paare von Gläsern vorgesetzt. Jedes Paar enthält ein Glas von I und eines von O. Er identifiziert alle 4 Paare richtig. Bestimme α.

c) Herr Amba weigert sich, mehr als 8 Gläser zu kosten. Um den Test bei gleicher Gläserzahl schärfer zu machen, werden ihm 4 Gläser I-Wein und 4 Gläser O-Wein nicht paarweise sondern in zufälliger Reihenfolge vorgesetzt. Er identifiziert alle 8 Gläser richtig. Bestimme α.

d) Der Test läßt sich noch verschärfen. Die 8 Gläser werden gefüllt durch Werfen einer L-Münze mit den Seiten 1 und 0. Berechne α, wenn Amba alle 8 Gläser richtig identifiziert.

e) Der Test in d) ist unfair. Sollte die Münze 8mal 0 oder 8mal 1 fallen, dann verliert Amba den Vorteil des Vergleichs. Daher werden ihm mindestens 2 Gläser jeder Sorte zugebilligt. Berechne α bei richtiger Identifizierung.

f) Es werden ihm je 3 Gläser jeder Sorte in zufälliger Reihenfolge vorgesetzt, und er identifiziert alle richtig. Berechne α.

g) Amba sagt: Ich kann die Weinsorten unterscheiden, aber nicht identifizieren. Es werden ihm je 4 Gläser jeder Sorte vorgesetzt und er trennt beide Sorten richtig, ohne sagen zu müssen, welche Sorte I ist. Berechne α.

h) Amba sagt: Ich kann die Weine nicht mit 100%iger Sicherheit identifizieren. Aber ich habe öfter Recht als Unrecht.

Es werden ihm je 4 (5, 6) Gläser jeder Sorte in zufälliger Reihenfolge vorgesetzt, und er identifiziert alle richtig bis auf zwei. Wie groß ist die Wahrscheinlichkeit α, durch bloßes Raten ein so gutes oder noch besseres Ergebnis zu erzielen? Ist das beobachtete Ergebnis signifikant auf dem 5%-Niveau?

5.3. Das statistische Alternativproblem

An Hand einfacher Beispiele soll eine der durchsichtigsten Grundaufgaben der Statistik besprochen werden. Das Problem wird im 2. Band allgemeiner behandelt.

1. *Beispiel: Welche Urne ist das?*

a) Die Fig. 5.18 zeigt eine „weiße Urne" mit zwei weißen und einer schwarzen Kugel und eine „schwarze Urne" mit zwei schwarzen und einer weißen Kugel.

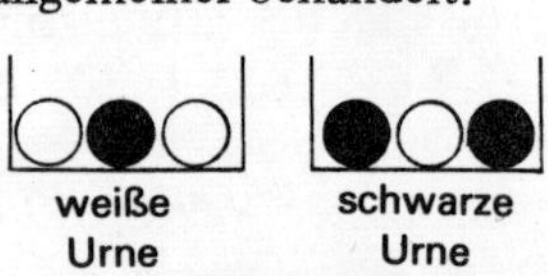

Fig. 5.18

Eine der beiden Urnen wird zufällig ausgewählt und ihre Farbe soll durch Ziehen mit Zurücklegen identifiziert werden. Man soll also zwischen den folgenden Hypothesen entscheiden:
H_1: die Urne ist weiß,
H_2: die Urne ist schwarz.
Zwölf Ziehungen liefern das Ergebnis:
$\omega =$ wwwswwsswwsw
Wegen der vielen weißen Kugeln spricht der Ausfall zugunsten von H_1. Tatsächlich wissen wir nur, daß der Zufallsversuch längs eines der beiden Pfade in der Fig. 5.19 ablief.

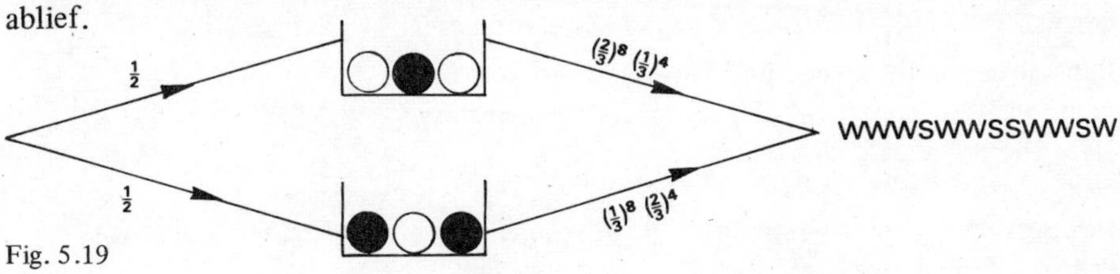

Fig. 5.19

Diese Pfade haben die Wahrscheinlichkeiten:

$$P_1 = \frac{1}{2}\left(\frac{2}{3}\right)^8\left(\frac{1}{3}\right)^4 = \frac{2^7}{3^{12}}, \quad P_2 = \frac{1}{2}\left(\frac{1}{3}\right)^8\left(\frac{2}{3}\right)^4 = \frac{2^3}{3^{12}}, \quad P_1 : P_2 = 16:1.$$

Man sagt daher, es steht 16 : 1 zugunsten von H_1. Aufgrund der Beobachtungsdaten werden wir also H_1 und H_2 die Wahrscheinlichkeiten $\frac{16}{17}$ bzw. $\frac{1}{17}$ zuordnen.

b) Von 8 weißen und einer schwarzen Urne wird eine Urne zufällig ausgewählt. Eine Folge von Ziehungen ergibt:

$\omega =$ sswwssswswss

Genau ein solches Ergebnis erwartet man beim Ziehen aus der schwarzen Urne. Der Fig. 5.20 entnehmen wir:

$$P_1 = \frac{8}{9}\left(\frac{1}{3}\right)^8\left(\frac{2}{3}\right)^4 = \frac{2^7}{3^{14}}, \quad P_2 = \frac{1}{9}\left(\frac{2}{3}\right)^8\left(\frac{1}{3}\right)^4 = \frac{2^8}{3^{14}}, \quad P_2 : P_1 = 2:1.$$

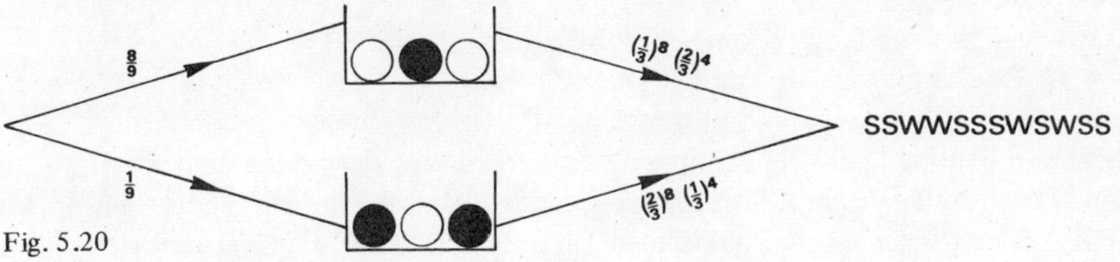

Fig. 5.20

Es steht also nur 2:1 zugunsten der schwarzen Urne.

2. *Beispiel: Der Waldsche Sequentialtest.*
Im vorigen Beispiel kann man mit beliebig kleiner Irrtumswahrscheinlichkeit die Art der gewählten Urne bestimmen. Man braucht nur hinreichend viele Ziehungen zu machen. In der Praxis geht das in der Regel nicht. Denn Ziehungen können kostspielig sein. Man denke etwa an die Qualitätskontrolle in der Industrie. Von einer Warensendung möchte man den Anteil der Ausschußstücke ermitteln. Die Prüfung eines

Werkstückes kostet Geld. Manchmal ist die Prüfung destruktiv, z.B. bei der Prüfung von Munition. Prüft man ein neues Heilmittel, dann kann es um Menschenleben gehen. In solchen Fällen wird man die Objekte der Reihe nach (sequentiell) prüfen und sofort aufhören, wenn die gewünschte statistische Sicherheit erreicht ist. Eine besonders elegante Lösung des Problems stammt von dem amerikanischen Statistiker A. Wald (1902-1950).

Die Fig. 5.21 zeigt zwei schwarze Kisten. Beide erzeugen (0;1)-Folgen. Die eine produziert Einsen mit der Wahrscheinlichkeit $p_1 = \frac{1}{4}$, die andere mit der Wahrscheinlichkeit $p_2 = \frac{3}{4}$. Eine Kiste wird zufällig ausgewählt. Sie erzeuge Einsen mit der unbekannten Wahrscheinlichkeit p. Es soll zwischen zwei Hypothesen entschieden werden:

$H_1 : p = p_1, \quad H_2 : p = p_2.$

Der Betrieb der schwarzen Kisten sei sehr teuer. Daher will man aufhören, sobald es 81: 1 für eine der beiden Hypothesen steht.

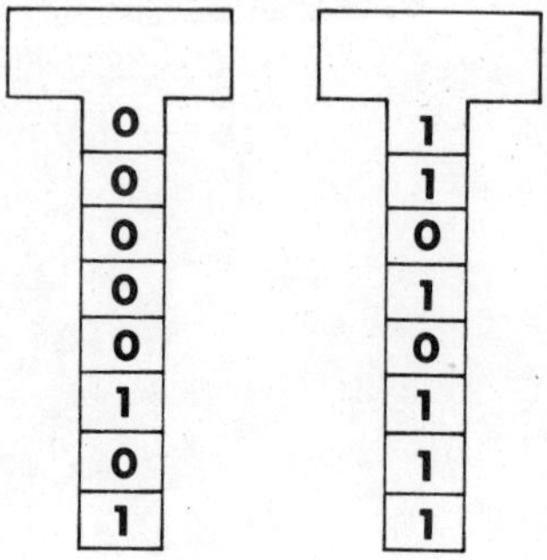

Fig. 5.21

Die ausgewählte Kiste habe x Einsen und y Nullen erzeugt. Die Wahrscheinlichkeit dafür ist unter

$$H_1: \quad q_1 = (\tfrac{1}{4})^x (\tfrac{3}{4})^y$$

und unter H_2: $$q_2 = (\tfrac{3}{4})^x (\tfrac{1}{4})^y;$$

$$\frac{q_1}{q_2} = 3^{y-x}.$$

Man wird also mit der Prüfung fortfahren, solange $\frac{1}{81} < 3^{y-x} < 81$ ist, d.h.

$3^{-4} < 3^{y-x} < 3^4,$

$-4 < y - x < 4.$

Sobald $y - x = 4$ oder $y - x = -4$ wird, bricht man die Produktion ab. Im ersten Fall entscheidet man sich für H_1, im zweiten Fall für H_2.

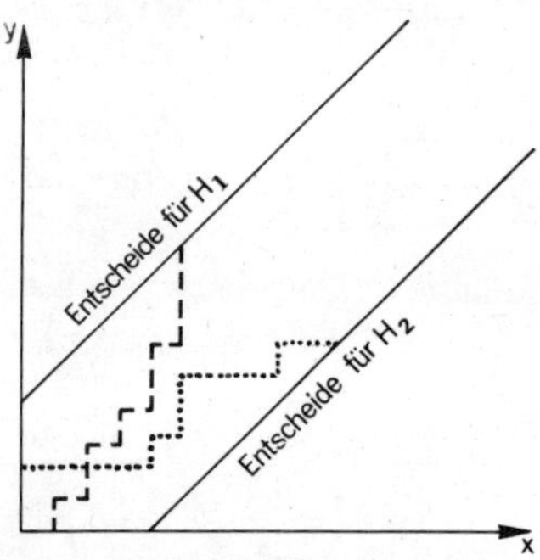

Fig. 5.22

Man kann den Fortgang der Prüfung als eine Irrfahrt in der Ebene deuten (Fig. 5.22). Man startet im Ursprung. Für jede 1 geht man einen Schritt nach rechts und für jede 0 einen Schritt nach oben. Sobald man bei der Irrfahrt auf die Gerade $y = x + 4$ bzw. $y = x - 4$ stößt, entscheidet man sich für H_1 bzw. H_2. Die Fig. 5.22 zeigt die Pfade 10100101001000 und 0011110100111011.

Aufgaben:

9. In der Fig. 5.18 wird eine Urne zufällig ausgewählt. Eine Folge von Ziehungen aus der Urne ergibt a) ssss b) sssss c) 20mal s und 10mal w.
Wie verhalten sich die Wahrscheinlichkeiten für H_1 und H_2 aufgrund dieser Beobachtung?

10. Aus 4 weißen und einer schwarzen Urne wird eine Urne zufällig ausgewählt, und Ziehungen aus der Urne ergeben a) w b) ww c) wwww d) ws e) ssss. Wie verhalten sich die Wahrscheinlichkeiten für H_1 und H_2 nach dieser Beobachtung?

11. Ein unehrlicher Glücksspieler hat einen falschen Würfel, der die Augenzahlen 1 und 6 mit der Wahrscheinlichkeit $\frac{1}{3}$ und jede andere Augenzahl mit der Wahrscheinlichkeit $\frac{1}{12}$ zeigt. Er steckt ihn in die Tasche mit zwei guten Würfeln. Später zieht er einen Würfel zufällig und wirft ihn mehrmals mit dem Ergebnis a) 6 b) 61 c) 246315651 d) 641631 e) 1661.
Die zu prüfenden Hypothesen seien:
H_1: Der Würfel ist falsch. H_2: Der Würfel ist gut.
Wie verhalten sich die Wahrscheinlichkeiten für H_1 und H_2?

5.4. Der exakte Test von Fisher

Bei großen Zahlen sprechen die Daten oft eine so deutliche Sprache, daß man ohne Rechnung signifikante Abweichungen beurteilen kann.
Ein Beispiel dazu: Im Jahre 1954 wurde in den USA in einem Großversuch der Salk-Impfstoff gegen Polio (Kinderlähmung) erprobt. Es wurden 401 974 Kinder geimpft, die eine Hälfte – die *Versuchsgruppe* – mit Salk-Impfstoff, die andere Hälfte – die *Kontrollgruppe* – mit Salzwasser. Die Tabelle 5.1 zeigt das Resultat.

	Polio	kein Polio	Summe
Versuchsgruppe	33	200 712	200 745
Kontrollgruppe	115	201 114	201 229
Summe	148	401 826	401 974

Tabelle 5.1

Eine solche Tafel heißt *Vierfeldertafel*. Ohne Rechnung kann hier beurteilt werden, daß Impfen die Erkrankungsgefahr wesentlich vermindert. Bei kleinen Zahlen muß man jedoch sehr vorsichtig sein. Ohne Rechnung ist eine zuverlässige Deutung der Zahlen nicht mehr möglich. Dies zeigt das nächste Beispiel:
Eine gefährliche Krankheit wurde bisher mit dem Mittel B behandelt. Es wird ein neues Mittel A entwickelt, das erprobt werden soll. Von 15 Patienten erhalten 8 das neue Mittel A und 7 das alte Mittel B. Der Versuch erfolgt doppelblind, d.h. weder der Arzt noch der Patient weiß, welches Mittel er bekommen hat. So wird die psychologische Beeinflussung ausgeschaltet. Die Tabelle 5.2 zeigt das Ergebnis. Auf den ersten Blick erscheint das neue Mittel A viel wirksamer als das alte Mittel B. Die mit A behandelten Patienten haben die Sterblichkeit 25%. Dagegen haben die mit B behandelten Patienten die Sterblichkeit 57%. Aber der Schein trügt hier. Testen

	sterben	überleben	Summe
Mittel A	2	6	8
Mittel B	4	3	7
Summe	6	9	15

Tabelle 5.2

wir einmal die Hypothese, daß A nicht besser ist als B. Unter dieser Hypothese ist das Schicksal eines Patienten vorausbestimmt, ganz gleich, welches Mittel er einnimmt.
Von den 15 Patienten wären 6 auf jeden Fall gestorben. Bei der Auswahl der 8 Versuchspatienten haben wir zufällig nur 2 dieser 6 „Todgeweihten" gezogen. Wie groß ist die Wahrscheinlichkeit α, zwei oder weniger Todgeweihte zu ziehen?
Die Fig. 5.23 zeigt die beobachtete Tabelle sowie die beiden noch extremeren Tabellen. Die Wahrscheinlichkeit, daß eine dieser Tabellen eintrifft (bei vorgegebenen Zeilen- und Spaltensummen), beträgt:

2	6
4	3

1	7
5	2

0	8
6	1

Fig. 5.23

$$\alpha = \frac{\binom{6}{0}\cdot\binom{9}{8}}{\binom{15}{8}} + \frac{\binom{6}{1}\cdot\binom{9}{7}}{\binom{15}{8}} + \frac{\binom{6}{2}\cdot\binom{9}{6}}{\binom{15}{8}} = \frac{1\,485}{6\,435} = \frac{3}{13} \approx 0{,}23$$

Die Wahrscheinlichkeit für ein so extremes Ergebnis ist fast $\frac{1}{4}$. Das beobachtete Ergebnis besagt also gar nichts. Die Zahlen sind einfach zu klein, um das neue Mittel zu beurteilen.
Das letzte Beispiel ist konstruiert. Dagegen entstammen die beiden nächsten Beispiele der Praxis. Das erste ist der Zeitschrift *Science*, Bd. 140 (1963), S. 1414-1415, entnommen, das andere dem Buch *Crime and Destiny* von J. Lange.

Stress härtet ab. Von 23 Affen werden 11 *Versuchsaffen* ausgelost. Diese Affen müssen 24 Stunden lang fleißig arbeiten (einen Hebel fest drücken). Sobald sie nachlassen, werden sie mit einem Stromstoß bestraft. Die übrigen 12 *Kontrollaffen* brauchen gar nichts zu tun. Danach werden alle 23 Affen mit dem Polio I Virus geimpft.
Man wird vermuten, daß es den Versuchsaffen schlechter ergehen wird, denn sie sind durch eine lange Tortur geschwächt. Die Tabelle 5.3 zeigt das überraschende Ergebnis.

	überlebt	gestorben	Summe
Versuchsaffen	7	4	11
Kontrollaffen	1	11	12
Summe	8	15	23

Tabelle 5.3

Wir wägen zwei Hypothesen gegeneinander ab:
H_0: Tortur ist ohne Wirkung;
H_1: Tortur macht widerstandsfähig.
Aufgrund des Zahlenmaterials vermutet man, daß H_1 richtig ist. Wir nehmen das Gegenteil, also H_0 als richtig an. Von den 23 Affen wären 15 gestorben und 8 hätten überlebt, unabhängig von der Tortur. Beim Auslosen der 11 Versuchsaffen haben wir zufällig sehr viele Überlebende gezogen. Ist die Wahrscheinlichkeit, so viele oder gar noch mehr Überlebende zu ziehen, sehr klein, z.B. $< 0{,}05$, oder sogar $< 0{,}01$,

dann wird man H_0 ablehnen. Wie groß ist die Wahrscheinlichkeit α, 7 oder alle 8 Überlebenden zu ziehen?
Es gibt $\binom{23}{11} = 1\,352\,078$ mögliche Ziehungen. Ziehungen mit 7 oder 8 Überlebenden gibt es:
$\binom{8}{7} \cdot \binom{15}{4} + \binom{8}{8} \cdot \binom{15}{3} = 11\,375$
Die Wahrscheinlichkeit dafür beträgt:

$$\alpha = \frac{11\,375}{1\,352\,078} < 0{,}01$$

Das Ergebnis ist signifikant auf dem 1%-Niveau. Daher wird man H_0 ablehnen.

Angeboren oder anerzogen? Es gibt zwei Sorten von Zwillingen. Die eineiigen Zwillinge sind identische Kopien voneinander. Sie haben dasselbe genetische Material. Dagegen haben zweieiige Zwillinge nicht mehr gemeinsames genetisches Material als gewöhnliche Geschwister.
Ist Kriminalität durch Umwelteinflüsse bedingt oder durch genetische Faktoren? Von 13 Kriminellen, die eineiige Zwillinge waren, hatten 10 Zwillingsbrüder oder -schwestern, die ebenfalls verurteilt waren, während in 3 Fällen der Zwillingspartner anscheinend nicht kriminell war. Von 17 Kriminellen, die zweieiige Zwillinge (gleichen Geschlechts) waren, hatten 2 verurteilte Zwillingspartner, während die anderen 15 nicht als Kriminelle bekannt waren. Eineiige Zwillinge und zweieiige Zwillinge gleichen Geschlechts stehen unter gleichen Umwelteinflüssen. Wenn sie verschiedenes soziales Verhalten aufweisen, dann muß dies genetisch bedingt sein.
Die Tabelle 5.4 faßt das Zahlenmaterial nochmals zusammen.

	Zwillingspartner ist		
	verurteilt	nicht verurteilt	Summe
eineiig	10	3	13
zweieiig	2	15	17
Summe	12	18	30

Tabelle 5.4

Wir prüfen die Nullhypothese H_0, daß eineiige und zweieiige Zwillinge gleiches Verhalten zeigen. Hat das beobachtete Zahlenmaterial eine sehr kleine Wahrscheinlichkeit unter H_0, dann wird diese Hypothese verworfen.
Eine Urne enthält 30 Kugeln. Davon sind 12 schwarz (kriminell) und 18 weiß (unbescholten). Es werden 13 Kugeln gezogen. Wie groß ist die Wahrscheinlichkeit α, 10, 11 oder 12 schwarze Kugeln zu ziehen?
Die Anzahl der möglichen Fälle ist $|\Omega| = \binom{30}{13} = 119\,759\,850$.
Die Anzahl der günstigen Fälle beträgt:

$$|K| = \binom{12}{10}\binom{18}{3} + \binom{12}{11}\binom{18}{2} + \binom{12}{12}\binom{18}{1} = 55\,710$$

$$\alpha = P(K) = \frac{|K|}{|\Omega|} = \frac{619}{1\,330\,665} = \frac{1}{2\,150}$$

Wir können H_0 mit großer Sicherheit verwerfen. Auf die schwierige Deutung des Zahlenmaterials wollen wir hier nicht eingehen. Der Leser überlege sich selbst andere nicht genetische Deutungen des Zahlenmaterials.
Bei diesem Beispiel muß man schon viel rechnen. Sind die Zahlen etwas größer, dann ist die Rechnung nicht mehr zu bewältigen. Wir werden später mit schlagkräftigeren Methoden die Vierfeldertafeln wieder aufnehmen.

6. Zufallsziffern

6.1. Eigenschaften der Zufallsziffern

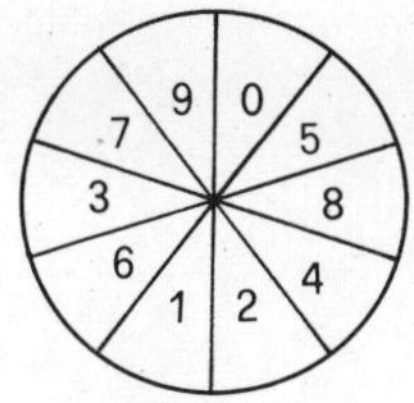

Fig. 6.1

Die Fig. 6.1 zeigt ein dezimales Laplace-Rad. Im Jahre 1947 wurde ein solches Rad 10^6 mal gedreht mit dem Ergebnis:

	10097	32533	76520	13586	34673	54876
(1)	80959	09117	39292	74945	37542	04805
	64894	74296	24805	24037	20636	10402
	00822	91665	...			

Diese Ziffernfolge ist 1955 als Buch erschienen mit dem Titel *A Million Random Digits* (The Free Press, New York). Einen Auszug findet der Leser am Ende des Buches (s. Tabelle I, S. 154-155).
Man nennt solche Ziffern dezimale *Zufallsziffern*. Auf ihre vielseitige Verwendung wird noch eingegangen. Zunächst sollen ihre Eigenschaften untersucht werden.
a) Jede Ziffer hat die Wahrscheinlichkeit 0,1. Daher sollte jede Ziffer ungefähr mit der relativen Häufigkeit 0,1 erscheinen.
b) Man kann die Ziffern in Paaren lesen: 10 09 73 25 33 . . . . Es gibt 100 mögliche Paare und jedes Paar hat die Wahrscheinlichkeit 0,01. Dies sollte auch die relative Häufigkeit eines beliebigen Paares sein.
c) Zerlegen wir die Ziffern in Viererblöcke: 1009 7325 3376 . . .
Jeder der 10 000 möglichen Blöcke hat die Wahrscheinlichkeit 0,0001. 250 000 Viererblöcke werden also rund 25 Blöcke der Form 1972 enthalten. Ganz allgemein, irgendein Ziffernblock der Länge n hat die Wahrscheinlichkeit 10^{-n}.
d) Eine gerade Ziffer hat die Wahrscheinlichkeit 0,5. Daher kann man mit der Tafel das Münzenwerfen nachahmen. Man ersetzt jede gerade Ziffer durch 0 und jede ungerade Ziffer durch 1. Die Folge (1) geht dann über in:
10011 10111 10100 11100 10011 10010 00111 . . .
e) Auch das Würfeln kann man nachahmen. Dazu ignoriert man alle Ziffern außer 1, 2, 3, 4, 5, 6. Da diese Ziffern gleichwahrscheinlich sind, muß jede in der dezimierten Folge mit der relativen Häufigkeit $\frac{1}{6}$ erscheinen. Z.B. ergibt die Folge (1):
13253 36521 35634 63546 51132 24453
54245 64442 62452 43263 61422 21665 . . .

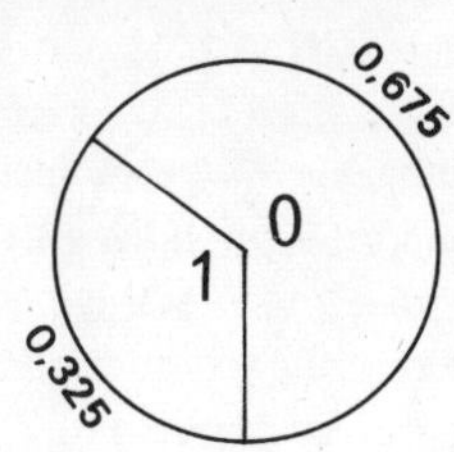

Fig. 6.2

f) Mit Zufallsziffern läßt sich jedes Glücksrad nachahmen. Um das Rad in Fig. 6.2 nachzuahmen, wird die Tafel dreistellig gelesen. Jeder Block < 325 wird durch 1 ersetzt und jeder andere Block durch 0. Die Folge (1) geht dann über in:
10100 10000 00001 00010 00000 10100 1110 . . .

6.2. Testen von Zufallsziffern

Es gibt keine ganz zuverlässige Methode zur Herstellung von Zufallsziffern. Daher müssen die Ziffern nach der Herstellung geprüft werden. Es genügt nicht, daß die

Häufigkeiten der einzelnen Ziffern stimmen. Es müssen auch die Häufigkeiten aller Ziffernblöcke stimmen. Eine scharfe Prüfung ist der sogenannte *Poker-Test*. Die Zufallsziffern sind in Fünferblöcke eingeteilt. Es gibt 10^5 mögliche Blöcke und jeder hat die Wahrscheinlichkeit 10^{-5}. Diese möglichen Fünferblöcke werden in 7 Klassen eingeteilt, die Wahrscheinlichkeiten dieser Klassen werden berechnet und mit der relativen Häufigkeit ihres Auftretens verglichen. In der Tabelle 6.1 sind die Klassen beschrieben.

1. Es gibt $10 \cdot 9 \cdot 8 \cdot 7 \cdot 6 = 30\,240$ Blöcke der Form *abcde*.
2. Es gibt $\binom{5}{2} \cdot 10 \cdot 9 \cdot 8 \cdot 7 = 50\,400$ Blöcke der Form *aabcd*.
3. Es gibt $\binom{5}{2}\binom{3}{2}\frac{1}{2!} \cdot 10 \cdot 9 \cdot 8 = 10\,800$ Blöcke der Form *aabbc*.
4. Es gibt $\binom{5}{3} \cdot 10 \cdot 9 \cdot 8 = 7\,200$ Blöcke der Form *aaabc*.
5. Es gibt $\binom{5}{3} \cdot 10 \cdot 9 = 900$ Blöcke der Form *aaabb*.
6. Ferner gibt es 450 Blöcke der Form *aaaab* und 10 Blöcke der Form *aaaaa*.

Kontrolle: $30240 + 50400 + 10800 + 7200 + 900 + 450 + 10 = 100\,000$.

Nr.	Klassen-zeichen	Beschreibung der Klasse	Zwei Beispiele	Wahrscheinlichkeit der Klasse
1	*abcde*	alle Ziffern verschieden	34961, 12345	0,3024
2	*aabcd*	ein Paar gleicher Ziffern	29512, 00345	0,5040
3	*aabbc*	zwei Paare gleicher Ziffern	44533, 12321	0,1080
4	*aaabc*	drei gleiche Ziffern	60366, 74333	0,0720
5	*aaabb*	drei u. zwei gl. Ziffern	23223, 00111	0,0090
6	*aaaab*	vier gleiche Ziffern	29222, 40000	0,0045
7	*aaaaa*	fünf gleiche Ziffern	55555, 00000	0,0001

Tabelle 6.1

Aufgaben:

1. Zähle in der Folge (1) die Blöcke der Form *abcde* und *aabcd*, und vergleiche ihre relativen Häufigkeiten mit ihren Wahrscheinlichkeiten.
2. Zähle in der Tabelle I auf S. 154 die Blöcke der Form *abcde*, *aabcd*, *aabbc*, und vergleiche ihre relativen Häufigkeiten mit ihren Wahrscheinlichkeiten.
3. Wie viele Ziffernblöcke mit 5 aufeinanderfolgenden Ziffern gibt es? (Beispiel: 35647)
4. Man betrachte Viererblöcke von Zufallsziffern. Wie viele Blöcke der Form *abcd*, *aabc*, *aabb*, *aaab*, *aaaa* gibt es?
5. Es werden zwei dezimale Zufallsziffern erzeugt. Wie groß sind die Wahrscheinlichkeiten der folgenden Ereignisse:

a) Das Produkt der beiden Ziffern ist 0?
b) Die Summe der beiden Ziffern ist 6?
c) Beide Ziffern sind kleiner als 4?
d) Nur eine Ziffer ist kleiner als 4?
e) Die erste Ziffer ist größer als die zweite?
f) Mindestens eine der beiden Ziffern ist größer als 7?

6. *Der Maximum-Test*. Man betrachte Dreierblöcke dezimaler Zufallsziffern. Wenn die mittlere Ziffer größer ist als die beiden anderen, so haben wir ein Maximum. Z.B. bei 583 haben wir ein Maximum, bei 588 dagegen keines. Wie groß ist die Wahrscheinlichkeit für ein Maximum?
Bemerkung: Das Ergebnis wird beim Testen von Zufallsziffern verwendet. Man zerlegt die Zufallsziffern in Dreierblöcke und vergleicht den Anteil der Maxima mit ihrer Wahrscheinlichkeit.
7. Wieviel Zufallsziffern muß man erzeugen, damit die Wahrscheinlichkeit von mindestens einer 7 mindestens 0,9 ist?
[8.] Es wird ein Fünferblock dezimaler Zufallsziffern erzeugt. Wie groß ist die Wahrscheinlichkeit, daß seine Ziffern
a) streng monoton steigen (Beispiel: 24679),
b) streng monoton steigen oder fallen (Beispiele: 36789, 84321),
c) monoton steigen (Beispiele: 22599, 34788, 12359),
d) monoton steigen oder fallen (Beispiele: 34449, 76652, 13789)?

6.3. Zufallsauswahl

In der Statistik ist es oft notwendig, aus einer Menge mit N Elementen, der sogenannten Population, eine Stichprobe mit n Elementen zu entnehmen. Man möchte von der Stichprobe Rückschlüsse auf die Population ziehen. Dies ist nur möglich, wenn die Stichprobe ein Miniaturbild der Population ist. Die interessierenden Merkmale dürfen in der Stichprobe nicht stärker oder schwächer vertreten sein als in der Population. Leider sind Populationen in der Regel schlecht durchmischt. Sie enthalten lokale unregelmäßige Häufungen von Merkmalen. Man kann nur dann zuverlässig von der Stichprobe auf die Population schließen, wenn es sich um eine *Zufallsstichprobe* handelt. Bei einer Zufallsstichprobe hat jedes Element der Population dieselbe Wahrscheinlichkeit $\frac{n}{N}$, in die Stichprobe zu gelangen. Eine Zufallsstichprobe wird gezogen, indem man die Elemente der Population durchnumeriert und n Nummern mit Zufallsziffern auslost.

1. Beispiel:
Aus den Zahlen 1, 2, 3, . . . , 49 soll eine Stichprobe von 6 Zahlen ausgelost werden (Lotto). Man liest die Tafel mit Zufallsziffern zweistellig: 74, 94, 53, 75, 42, 04, 80, 56, 48, 94, 74, 29, 62, 48, 05, 24, ... Streicht man die Ziffernpaare 00, 50, 51, 52, . . . , 99 sowie Wiederholungen, so ergibt sich 42, 4, 48, 29, 5, 24.
Es gehen dabei mehr als die Hälfte der Ziffernblöcke ungenützt verloren. Dies kann leicht vermieden werden. Bei Zahlen über 50 wird 50 subtrahiert. Dann gehen nur die Blöcke 00, 50 sowie Wiederholungen verloren. Die obige Zahlenfolge liefert jetzt 24, 44, 3, 25, 42, 4.

2. Beispiel:
Eine Schule hat 743 Schüler. Es sollen 20 Schüler zufällig ausgewählt werden. Die Schüler werden mit 1, 2, 3, . . . , 743 durchnumeriert. Dann liest man die Tafel dreistellig und streicht die Dreierblöcke 000, 744, 745, . . . , 999 sowie Wiederholungen.

Die Ziffernfolge (1) ergibt z.B. 100, 253, 376, 520, 135, 467, 354, 590, 739, 292, 453, 204, 648, 429, 624, 240, 372, 063, 610, 402.

6.4. Die Monte-Carlo-Methode

Die meisten Vorgänge der realen Welt werden vom Zufall gesteuert. Bei einem solchen Vorgang kann man nicht mit Sicherheit voraussagen, wie er ablaufen wird. Man möchte aber wissen, mit welcher Wahrscheinlichkeit $p(\omega)$ ein bestimmter möglicher Ablauf ω eintritt. Reale Vorgänge sind in der Regel so kompliziert, daß eine rechnerische Behandlung über unsere Kräfte geht. Man ist dann gezwungen, den Vorgang mit Zufallsgeräten nachzuspielen. Wird der Vorgang 1000mal nachgespielt und tritt dabei ω z.B. 200mal ein, so weiß man, daß $p(\omega) \approx 0{,}2$ ist. Nachspielen eines Zufallsprozesses heißt *Simulation*. Dabei braucht man keine mechanischen Zufallsgeräte. Man braucht nur eine Tafel mit Zufallsziffern, die selbst ein universales Zufallsgerät ist.
Simulation mit Hilfe von Zufallsziffern heißt Monte-Carlo-Methode.

Einige Beispiele sollen die Methode erläutern.
1. Beispiel:
Zehn Jäger, lauter perfekte Schützen, lauern vor einem Fels auf Enten. Bald landen auf dem Fels 10 Enten. Die Jäger können nur einmal schießen und sie können nicht ausmachen, wer auf welche Ente schießt. Daher schießen sie gleichzeitig, aber jeder wählt sein Opfer zufällig aus. Wieviel Enten überleben im Durchschnitt, wenn dieses Experiment oft wiederholt wird?

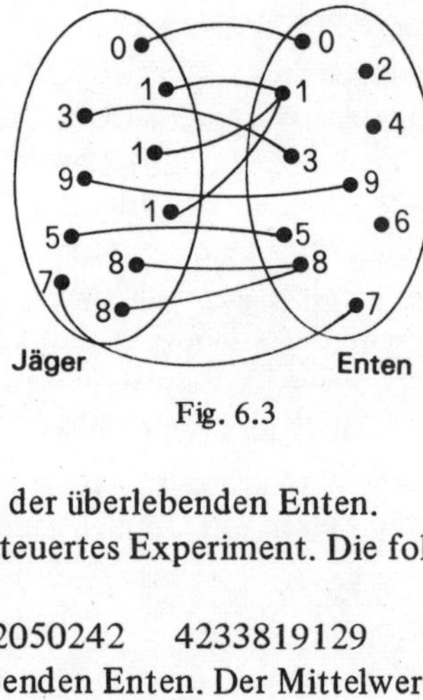

Fig. 6.3

Das Experiment läßt sich bequem nachspielen. Man entnimmt der Tafel einen Block von 10 Zufallsziffern. Die fehlenden Ziffern sind die Nummern der überlebenden Enten. Fig. 6.3 zeigt ein vom Ziffernblock 01 31915878 gesteuertes Experiment. Die folgenden 5 Blöcke sind einer Tafel entnommen:
9416956090 7506682320 4628819077 7592050242 4233819129
Sie entsprechen 5 Versuchen mit 4, 3, 2, 4, 4 überlebenden Enten. Der Mittelwert ist $17 : 5 = 3{,}4$.
Der theoretische Mittelwert kann hier leicht berechnet werden. Wir betrachten irgendeine Ente, z.B. die Ente Nr. 7. Sie wird überleben, wenn jeder der 10 Jäger eine andere Ente wählt. Die Wahrscheinlichkeit dafür ist $0{,}9^{10} \approx 0{,}35$.
Jede der 10 Enten überlebt mit der Wahrscheinlichkeit 0,35. Aufgrund der Häufigkeitsdeutung der Wahrscheinlichkeit werden im Durchschnitt 3,5 Enten überleben.

2. Beispiel: *Die „Rosinenaufgabe“.*
Ein Bäcker verkauft Rosinenbrötchen. In den Teig für 100 Brötchen gibt er 100 Rosinen und mischt gründlich. Dann wird der Teig in 100 gleiche Teile zerschnitten. Diese Teile ergeben die Brötchen. Wie viele Brötchen enthalten 0, 1, 2, 3 oder mehr

als 3 Rosinen? Wenn der Teig gut gemischt wird, dann werden sich die Rosinen fast unabhängig voneinander bewegen, und jede wird mit der gleichen Wahrscheinlichkeit $\frac{1}{100}$ in einem der 100 Brötchen enden. Sobald wir den zugrundeliegenden Zufallsmechanismus durchschauen, ist es leicht, den Vorgang mit Zufallsziffern nachzuspielen. Das große Quadrat in der Fig. 6.4 stellt den Teig dar, und die 100 kleinen Quadrate stellen die Brötchen dar. Nun werden 100 Rosinen in den Teig gemischt. Dazu entnimmt man einer Tabelle 100 Paare von Zufallsziffern:

75	29	16	83	48	93	48	45	38	94
95	97	19	43	35	09	12	84	85	65
86	29	09	09	79	90	40	53	17	71
54	34	00	34	52	26	80	89	30	35
52	03	22	52	33	37	60	76	91	72
73	17	27	22	40	21	12	41	61	64
00	28	27	50	79	57	01	34	16	58
26	90	14	55	89	64	89	72	14	10
90	48	45	34	05	20	17	83	00	57
91	47	07	56	63	85	99	95	56	40

Tabelle 6.2

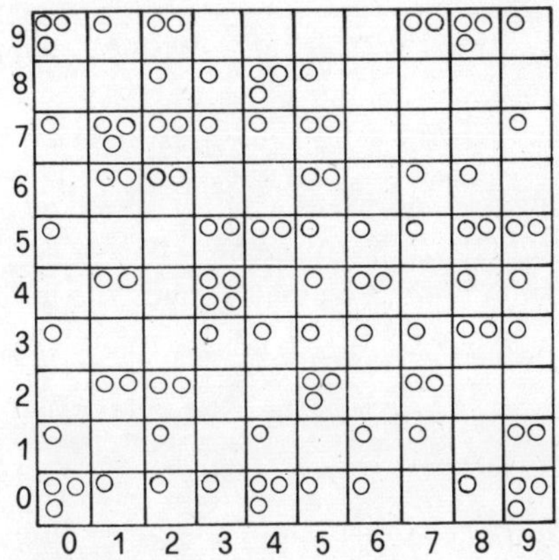

Fig. 6.4

D.h. die erste Rosine kommt in das Brötchen (7; 5), die zweite in das Brötchen (2; 9) usw. Jede Rosine hat offenbar die gleiche Wahrscheinlichkeit 0,01, in irgendeines der 100 Felder in der Fig. 6.4 zu gelangen. Dieser Figur entnimmt man folgende Verteilung:

Rosinen/Brötchen	0	1	2	3	>3
Brötchen	37	36	18	8	1

Tabelle 6.3

Bei jeder Wiederholung dieses Versuchs erhält man eine Verteilung, die um eine theoretische Verteilung schwankt.

Diese theoretische Verteilung wollen wir berechnen. Es sei Z_0 irgendeine der 100 Zellen in Fig. 6.4. Es werden 100 Rosinen nacheinander in den Teig getan. Dies ist ein Versuch aus 100 Stufen. Der Ausfall $\omega = \underbrace{111\ldots1}_{t}\ \underbrace{000\ldots0}_{100-t}$ soll bedeuten, daß die ersten t Rosinen nach Z_0 gelangen (Treffer) und die restlichen $100 - t$ nicht.

Es ist $p(\omega) = 0{,}01^t \cdot 0{,}99^{100-t} = \frac{0{,}99^{100}}{99^t}$

Das Ereignis A_t besteht aus allen Ausfällen mit t Treffern. In A_t sind $\binom{100}{t}$ gleichwahrscheinliche Ausfälle enthalten. Daher ist:

$$p_t = P(A_t) = \binom{100}{t} \frac{0{,}99^{100}}{99^t}$$

$$p_0 = 0{,}99^{100} = 0{,}366$$

$$p_1 = \frac{100}{99} p_0 = 0{,}370 \approx p_0$$

$$p_2 = \frac{1}{2} \cdot \frac{100}{99} p_0 = 0{,}185 \approx \frac{1}{2} p_0$$

$$p_3 = \frac{1}{6} \cdot \frac{100 \cdot 98}{99 \cdot 99} p_0 = 0{,}061 \approx \frac{1}{6} p_0$$

$$p_{>3} = 1 - p_0 - p_1 - p_2 = 0{,}018$$

Aufgrund der Häufigkeitsdeutung der Wahrscheinlichkeit ist p_t der Bruchteil der Brötchen mit t Rosinen.
Damit ergibt sich die folgende theoretische Verteilung:

Rosinen je Brötchen	0	1	2	3	>3
Anzahl der Brötchen	36,6	37	18,5	6,1	1,8

Tabelle 6.4

Wir haben durch Simulation eine gute Näherung für diese Verteilung bekommen.

3. Beispiel: Das Geburtstagsproblem.
In einem Saal sind 23 Personen versammelt. Wie groß ist die Wahrscheinlichkeit, daß mindestens zwei Personen am gleichen Tag geboren sind?
Wie früher gezeigt wurde, ist diese Wahrscheinlichkeit

$$1 - \frac{365 \cdot 364 \ldots 343}{365 \cdot 365 \ldots 365} \approx 0{,}50730.$$

Die Rechnung ist schwierig. Daher überlegen wir uns, wie man das Problem simulieren kann.
Man liest die Tafel dreistellig und streicht alle Ziffernblöcke außer 001, 002, 003, ..., 364, 365. Wenn man 23 Blöcke hat, prüft man nach, ob gleiche Blöcke vorkommen.

4. Beispiel:
a) Wie groß ist die Wahrscheinlichkeit p einer fixpunktfreien Permutation der 10 Elemente 0, 1, 2, ... 9?
b) Das dezimale Laplace-Rad in Fig. 6.5 wird so oft gedreht, bis man einen „vollständigen Satz“ aller 10 Ziffern hat. Wie viele Drehungen braucht man im Mittel?

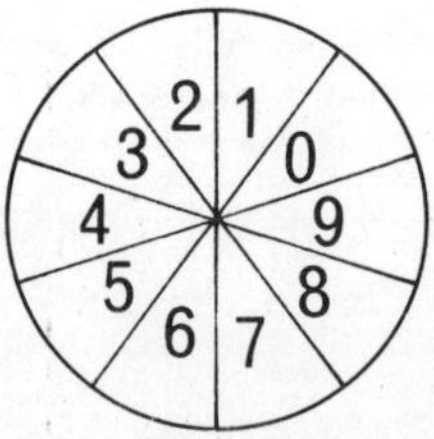

Fig. 6.5

Das erste Problem wurde bereits gelöst. Es ist

$$p = \left[\frac{1}{0!} - \frac{1}{1!} + \frac{1}{2!} - \frac{1}{3!} + \ldots - \frac{1}{10!}\right] \approx \frac{1}{e} \approx 0{,}36788.$$

Das zweite Problem wird später gelöst. Die Antwort lautet

$$10\left[1 + \frac{1}{2} + \frac{1}{3} + \ldots + \frac{1}{10}\right] \approx 29{,}29.$$

Man kann beide Probleme auf einmal simulieren. Der Tabelle 6.2 entnehmen wir den ersten vollständigen Satz von Zufallsziffern:

75291 68348 93484 53894 95971 94335 0.

Er hat die Länge 31. Das erste Erscheinen jeder Ziffer ist durch Unterstreichung gekennzeichnet. Die unterstrichenen Ziffern

7 5 2 9 1 6 8 3 4 0

bilden eine zufällige Permutation der Ziffern 0 bis 9 mit einem Fixpunkt. Die Ziffer 2 steht auf dem richtigen Platz. Auf diese Weise muß man der Tafel etwa 100 vollständige Sätze entnehmen. Ihre Durchschnittslänge sollte in der Nähe von 29 liegen. Etwa 37 der entstehenden Permutationen sollten fixpunktfrei sein.
Am Ende des Buches (S. 154-155) findet man eine Tafel mit 5 000 Zufallsziffern. Bei den folgenden Aufgaben ist diese Tafel zu verwenden.

Aufgaben:

9. a) Simuliere die Entenjagd (Beispiel 1) 20mal, und ermittle die mittlere Zahl der überlebenden Enten.
   b) Im Beispiel 1 sollen 16 Jäger auf 16 Enten schießen. Berechne die mittlere Anzahl überlebender Enten, und bestimme diese Zahl näherungsweise durch Simulation.
10. Simuliere das Rosinenproblem, und vergleiche dein Ergebnis mit der theoretischen Verteilung der Tabelle 6.4.
11. Simuliere 10 Wiederholungen für das Geburtstagsproblem.
12. Simuliere die beiden Probleme des 4. Beispiels, indem du 20 vollständige Sätze der Tafel entnimmst.

▶ 13. $M = \{0, 1, 2, \ldots 9\}$ ist eine Menge von 10 Personen. Jede Person wählt zufällig zwei der anderen als „Freunde“ aus. Eine Person, die von niemand gewählt wird, nennen wir „einsam“.
   a) Wie groß ist die mittlere Zahl der Einsamen?
   b) Wie groß ist die Wahrscheinlichkeit, daß Person Nr. 7 einsam bleibt?
   c) Wie groß ist die Wahrscheinlichkeit, daß niemand einsam bleibt?
   Die mittlere Zahl der Einsamen soll durch Simulation geschätzt werden. Sie ergibt sich dann auch aus b) durch Rechnung.

▶ 14. Mit Hilfe von Zufallsziffern sollen die oberen Enden und dann die unteren Enden der 6 Schnüre in der Fig. 6.6 paarweise verbunden werden. Wiederhole den Versuch 20mal, und schätze die Wahrscheinlichkeit, daß ein Ring entsteht. (Vgl. mit **4.1.**).

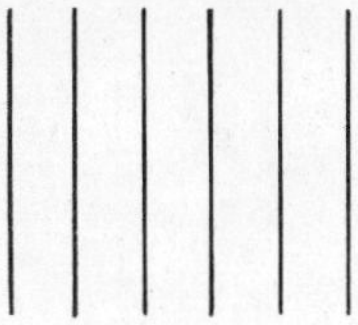

Fig. 6.6

▶ 15. Abel und Kain vereinbaren folgendes Spiel: Eine Münze wird so lange geworfen, bis in der Folge der Ausfälle entweder der Block 111 oder der Block 101 auftritt. Im ersten Fall gewinnt Kain, im zweiten Abel.
   Beispiele: Das Spiel 11000111 hat die Länge 8 und ist ein Gewinn für Kain; das Spiel 00101 hat die Länge 5 und ist ein Gewinn für Abel. Das Spiel erscheint gerecht, da $p(111) = p(101) = \frac{1}{8}$ ist.

Simuliere 50 Spiele, und schätze die Gewinnwahrscheinlichkeiten für Kain und Abel sowie die mittlere Länge eines Spiels. (Die theoretischen Werte findet man im Lösungsteil.)

▶ 16. *Nachbarn beim Lotto*. Beim Lotto wird der Menge $\{1, 2, 3, 4, \ldots, 49\}$ eine 6-Teilmenge entnommen. Simuliere diesen Zufallsversuch 20 mal. Rund die Hälfte der 6-Teilmengen wird Nachbarzahlen enthalten. (Vgl. mit 3., Aufg. 48.)

17. Bei einem Spiel wird ein Würfel 6 mal geworfen. Die Anzahl X der fehlenden Augenzahlen ist der Gewinn. Z.B. im Ausfall $\omega = 622364$ fehlen die Augenzahlen 1 und 5, also ist $X(\omega) = 2$.
    a) Simuliere das Spiel 20 mal.
    b) Schätze die Wahrscheinlichkeit des Ereignisses $X = 2$.
    c) Bestimme den mittleren Gewinn je Spiel.
    (Die Aufgabe wird in 7. ausführlich behandelt.)

7. Zufallsvariablen

7.1. Einführende Beispiele

Ausfälle von Zufallsversuchen brauchen keine Zahlen zu sein. Aber man interessiert sich in der Regel gar nicht für die Ausfälle selbst, sondern für gewisse Zahlen, welche den Ausfällen zugeordnet sind.

1. Beispiel:
Eine L-Münze mit den Seiten 0 und 1 wird 3mal geworfen. Die Anzahl der Einsen sei mein Gewinn. Die Grundmenge $\Omega = \{000, 001, \ldots, 111\}$ besteht aus 8 Ausfällen. Es sei $X(\omega)$ die Anzahl der Einsen im Ausfall ω. Z.B. $X(011) = 2$, $X(010) = 1$, $X(000) = 0$. Mein Gewinn X ist eine Funktion auf Ω. Die Fig. 7.1 zeigt ein Pfeildiagramm dieser Funktion und die Tabelle 7.1 zeigt ihre Wertetafel.
Funktionen auf Ω heißen *Zufallsvariablen* und sie werden mit großen Buchstaben wie X, Y, Z bezeichnet.

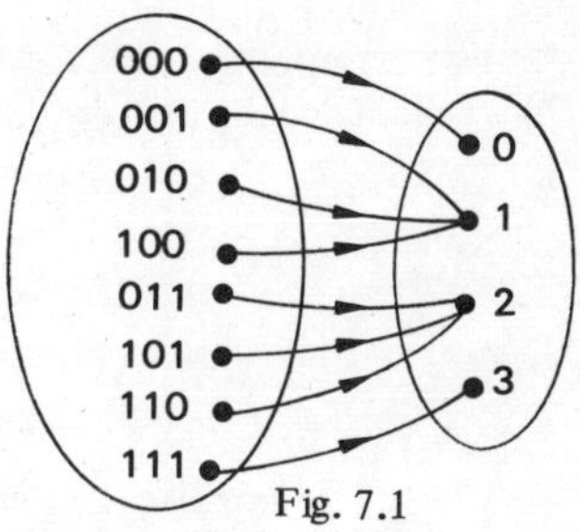

Fig. 7.1

Ausfall ω	000	001	010	100	011	101	110	111
Gewinn $X(\omega)$	0	1	1	1	2	2	2	3
Wahrscheinlichkeit $p(\omega)$	$\frac{1}{8}$	$\frac{1}{8}$	$\frac{1}{8}$	$\frac{1}{8}$	$\frac{1}{8}$	$\frac{1}{8}$	$\frac{1}{8}$	$\frac{1}{8}$

Tabelle 7.1

Für meine Zwecke ist die Grundmenge Ω zu fein. Ich interessiere mich nur für meinen Gewinn X. Deshalb gehe ich mit Vorteil zur neuen Grundmenge $\Omega' = \{0, 1, 2, 3\}$ über, welche aus den möglichen Werten von X besteht. Aber die Ausfälle in Ω' sind nicht mehr gleichwahrscheinlich, wie die Tabelle 7.2 zeigt.

Diese Tabelle heißt *Verteilung* der Zufallsvariablen X.

Gewinn x	0	1	2	3
Wahrscheinlichkeit $q(x)$	$\frac{1}{8}$	$\frac{3}{8}$	$\frac{3}{8}$	$\frac{1}{8}$

Tabelle 7.2

Die Verteilung einer Zufallsvariablen ist eine Liste ihrer Werte zusammen mit den zugehörigen Wahrscheinlichkeiten.
Es ist üblich, die Verteilung einer Zufallsvariablen durch ein Streckendiagramm (Fig. 7.2) oder durch ein *Histogramm* (Fig. 7.3) zu veranschaulichen.

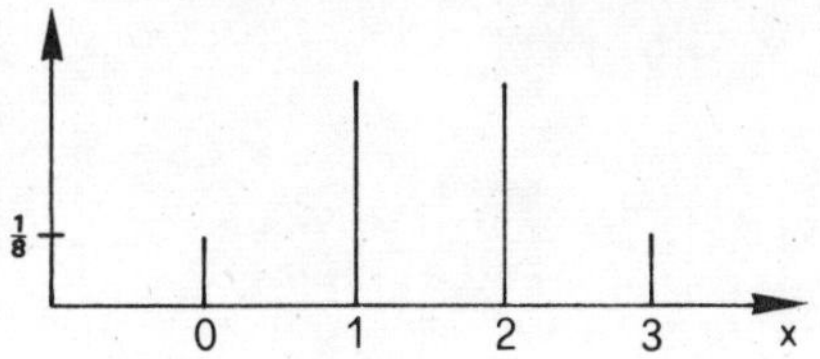

Fig. 7.2

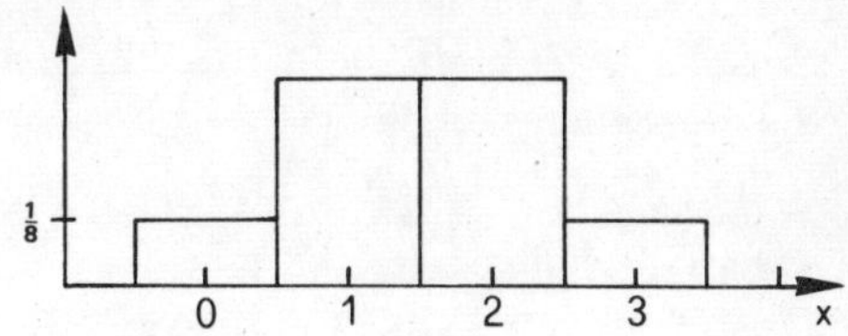

Fig. 7.3

Beim Histogramm wird über jedem Wert x ein Rechteck vom Inhalt $q(x)$ errichtet. Die Rechtecke sind gleichbreit und überlappen sich nicht. Die Verteilung definiert einen neuen vergröberten Zufallsversuch, der auf meine Interessen zugeschnitten ist. Die überflüssige Information in Ω wird vernichtet.
Von großem Interesse ist noch der Erwartungswert $E(X)$ der Zufallsvariablen X. Darunter versteht man das gewichtete Mittel der Funktion X über Ω, wobei jeder Wert mit seiner Wahrscheinlichkeit gewichtet wird. Die Tabelle 7.1 ergibt:

$$E(X) = \sum_{\omega \in \Omega} X(\omega) p(\omega)$$
$$= 0 \cdot \frac{1}{8} + 1 \cdot \frac{1}{8} + 1 \cdot \frac{1}{8} + 1 \cdot \frac{1}{8} + 2 \cdot \frac{1}{8} + 2 \cdot \frac{1}{8} + 2 \cdot \frac{1}{8} + 3 \cdot \frac{1}{8} = 1{,}5$$

Noch bequemer bekommt man $E(X)$ mit Hilfe der Verteilung:

$$E(X) = \sum_{x \in \Omega'} x \cdot q(x) = 0 \cdot \frac{1}{8} + 1 \cdot \frac{3}{8} + 2 \cdot \frac{3}{8} + 3 \cdot \frac{1}{8} = 1{,}5$$

$E(X)$ kann man intuitiv als Durchschnittsgewinn je Versuchswiederholung deuten. Darauf wird noch eingegangen.

2. Beispiel:
Aus der Urne der Fig. 7.4 werden alle 3 Kugeln nacheinander zufällig gezogen. Die Grundmenge $\Omega = \{123, 132, \ldots, 321\}$ besteht aus allen Permutationen der Menge $\{1, 2, 3\}$. Die Anzahl X der Fixpunkte sei mein Gewinn. Die Funktion X wird durch die Fig. 7.5 und die Tabelle 7.3 beschrieben.

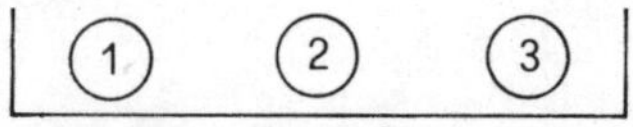

Fig. 7.4

Ausfall ω	123	132	213	231	312	321
Anzahl der Fixpunkte $X(\omega)$	3	1	1	0	0	1
Wahrscheinlichkeit $p(\omega)$	$\frac{1}{6}$	$\frac{1}{6}$	$\frac{1}{6}$	$\frac{1}{6}$	$\frac{1}{6}$	$\frac{1}{6}$

Tabelle 7.3

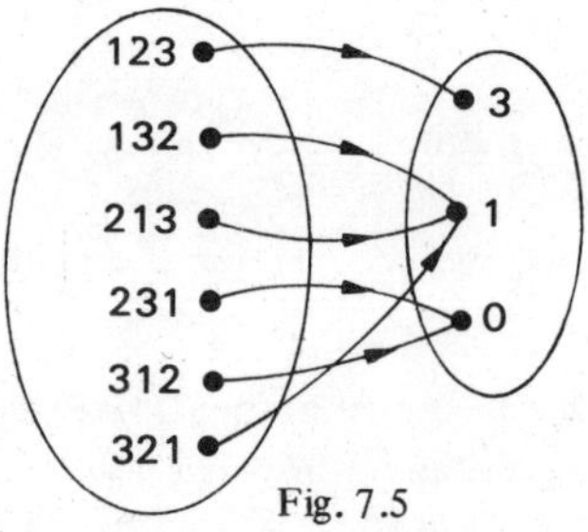

Fig. 7.5

Anzahl der Fixpunkte x	0	1	3
Wahrscheinlichkeit $q(x)$	$\frac{1}{3}$	$\frac{1}{2}$	$\frac{1}{6}$

Tabelle 7.4

Schließlich zeigt Tabelle 7.4 die Verteilung von X, aus der wir

$E(X) = 0 \cdot \frac{1}{3} + 1 \cdot \frac{1}{2} + 3 \cdot \frac{1}{6} = 1$ berechnen.

Wird das Spiel oft wiederholt, so erzielt man im Mittel einen Fixpunkt je Spiel.

Aufgabe: 1. Zeichne ein Streckendiagramm und ein Histogramm der durch die Tabelle 7.4 gegebenen Verteilung.

3. Beispiel: Aus der Urne in Fig. 7.6 wird eines der 5 Wörter zufällig gezogen. Hier ist
$\Omega = \{$DER, ZUFALL, REGIERT, DIE, WELT$\}$

Fig. 7.6

Auf Ω kann man verschiedene Zufallsvariablen (Funktionen) definieren, z.B.
W – die Länge des gewählten Wortes,
V – die Anzahl der Vokale im gewählten Wort,
X – die Anzahl der Buchstaben E im gewählten Wort.

ω	DER	ZUFALL	REGIERT	DIE	WELT
$W(\omega)$	3	6	7	3	4
$V(\omega)$	1	2	3	2	1
$X(\omega)$	1	0	2	1	1

Tabelle 7.5

Mit Hilfe der Tabelle 7.5 kann man leicht die Verteilungen von W, V, X und ihre Erwartungswerte angeben. Hier sind sie:

W:

w	$q(w)$
3	$\frac{2}{5}$
4	$\frac{1}{5}$
6	$\frac{1}{5}$

V:

v	$q(v)$
1	$\frac{2}{5}$
2	$\frac{2}{5}$
3	$\frac{1}{5}$

X:

x	$q(x)$
0	$\frac{1}{5}$
1	$\frac{3}{5}$
2	$\frac{1}{5}$

$E(W) = 4{,}6 \qquad E(V) = 1{,}8 \qquad E(X) = 1$

4. Beispiel:
Wir betrachten den zweimaligen Wurf eines L-Würfels. Fig. 7.7 zeigt die Grundmenge $\Omega = \{11, 12, \ldots, 66\}$, die aus 36 Zahlenpaaren besteht. Jeder Ausfall hat die Wahrscheinlichkeit $\frac{1}{36}$.

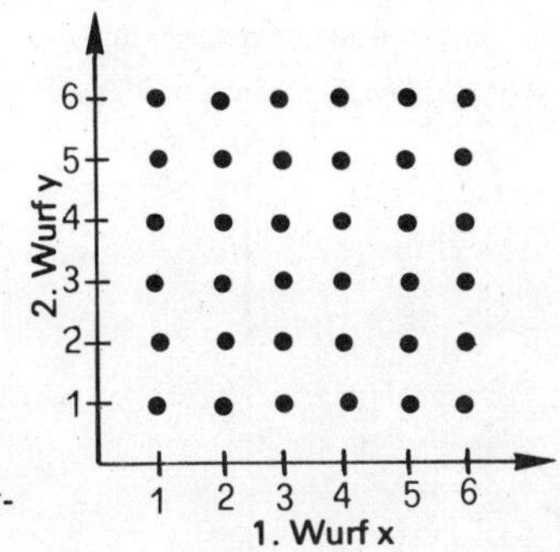

Fig. 7.7

Auf Ω kann man verschiedene Zufallsvariablen definieren. Z.B.
X: Augenzahl beim 1. Wurf,
Y: Augenzahl beim 2. Wurf,
$Z = X + Y$ Augensumme beider Würfe,
$U = |X - Y|$ Betrag des Unterschieds der beiden Augenzahlen,
$T = XY$ Produkt der Augenzahlen beider Würfe,
$V = \min(X, Y)$ die kleinere der beiden Augenzahlen,
$W = \max(X, Y)$ die größere der beiden Augenzahlen.
Den Glücksspieler interessiert vor allem Z. Diese Zufallsvariable hat die Wertemenge $\Omega' = \{2, 3, 4, \ldots 12\}$. Aus der Fig. 7.7 kann man leicht die Wahrscheinlichkeiten dieser Werte ablesen. Man hat damit die Verteilung von Z und $E(Z)$:

z	2	3	4	5	6	7	8	9	10	11	12
$q(z)$	$\frac{1}{36}$	$\frac{2}{36}$	$\frac{3}{36}$	$\frac{4}{36}$	$\frac{5}{36}$	$\frac{6}{36}$	$\frac{5}{36}$	$\frac{4}{36}$	$\frac{3}{36}$	$\frac{2}{36}$	$\frac{1}{36}$

Tabelle 7.6

$$E(Z) = 2 \cdot \frac{1}{36} + 3 \cdot \frac{2}{36} + 4 \cdot \frac{3}{36} + \ldots + 12 \cdot \frac{1}{36} = 7$$

Ereignisse in Ω (Teilmengen von Ω) werden in der Regel durch Bedingungen über Zufallsvariablen vorgegeben.
Z.B. unter $T = 12$ versteht man die Menge aller Punkte von Ω, in denen $T = X \cdot Y$ den Wert 12 annimmt. Also ist $T = 12$ eine andere Schreibweise für die Menge $A = \{26, 62, 34, 43\}$.
Statt $P(A) = \frac{4}{36} = \frac{1}{9}$ schreibt man auch $P(T = 12) = \frac{1}{9}$,
Entsprechend ist $T \leqq 4$ eine kurze und bequeme Schreibweise für das Ereignis $B = \{11, 12, 13, 14, 21, 31, 41, 22\}$, $P(B) = P(T \leqq 4) = \frac{8}{36} = \frac{2}{9}$.
Ebenso ist $V = 4$ das Ereignis $C = \{44, 45, 46, 54, 64\}$.
$P(V = 4) = P(C) = \frac{5}{36}$.

Aufgaben:

2. Aus der Urne in Fig. 7.8 wird ein Wort ω zufällig gezogen. Es sei
$W(\omega)$ die Wortlänge von ω.
$V(\omega)$ die Anzahl der Vokale in ω.
$X(\omega)$ sei 1 oder 0, je nachdem, ob ω den Buchstaben E enthält oder nicht.
$Y(\omega)$ sei 1 oder 0, je nachdem, ob ω den Buchstaben I enthält oder nicht.
Bestimme Verteilung und Erwartungswert für die Zufallsvariablen $W, V, X, Y, X \cdot Y$.

ES GIBT KEIN SPIELSYSTEM

Fig. 7.8

3. Löse die Aufgabe 1 für die Urne der Fig. 7.9.

JEDE GERADE ZAHL AB VIER IST DIE SUMME ZWEIER PRIMZAHLEN

Fig. 7.9

4. Aus der Urne in Fig. 7.10 werden zwei Zahlen gezogen. Es sei X die erste Zahl, Y die zweite Zahl, $Z = \max(X, Y)$, $S = X + Y$. Bestimme Verteilung und Erwartungswert für S und Z. Die Ziehung erfolge a) mit Zurücklegen b) ohne Zurücklegen.

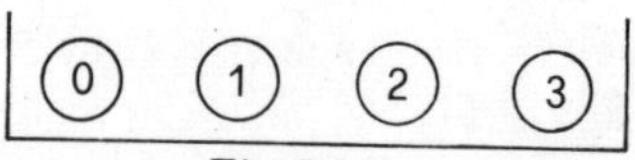

Fig. 7.10

5. Eine L-Münze wird so lange geworfen, bis eine der beiden Seiten zum zweitenmal erschienen ist. Bestimme Ω, die Verteilung der Wurfzahl X und $E(X)$.

6. *Einstufige Lotterie*. Eine Urne enthält 20 numerierte Kugeln. Zehn Kugeln sind mit einer 1, fünf mit einer 5, vier mit einer 10 und eine Kugel ist mit einer 125 markiert. Eine Kugel wird zufällig gezogen und ihre Nummer X ist der Gewinn. Berechne $E(X)$.

7. Die Fig. 7.11 zeigt eine *zweistufige Lotterie*.
1. Stufe: Eine Kugel wird aus der Urne s gezogen.
2. Stufe: Wenn beim ersten Zug eine Kugel mit der Marke a (b) gezogen wird, so wird beim zweiten Zug aus der Urne a (b) gezogen. Die beim zweiten Zug gezogene Nummer X ist der Gewinn. Zeichne einen Baum und berechne $E(X)$.

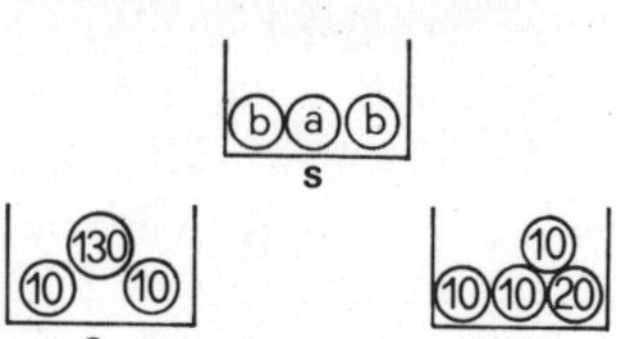

Fig. 7.11

8. In der Fig. 7.12 wird eine Kugel aus U_1 gezogen und nach U_2 gelegt. Dann wird eine Kugel aus U_2 gezogen und nach U_3 gelegt. Schließlich wird

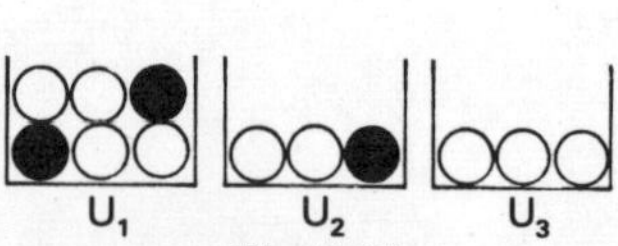

Fig. 7.12

eine Kugel aus U_3 gezogen. Ist die zuletzt gezogene Kugel schwarz, so gewinnt man 120 DM. Ist sie weiß, so gewinnt man nichts. Es sei X der Spielgewinn. Berechne $E(X)$.

▶ 9. In amerikanischen Spielkasinos und auf Jahrmärkten findet man oft das folgende Würfelspiel: Ein Spieler darf auf eine der Zahlen 1, 2, 3, 4, 5, 6 setzen. Dann werden drei Würfel geworfen. Erscheint seine Zahl 1, 2 oder 3mal, so erhält er das 1, 2, 3fache seines Einsatzes und dazu seinen Einsatz zurück. Andernfalls verliert er seinen Einsatz. Es sei X der Spielgewinn für 1 Dollar Einsatz. Berechne $E(X)$.

10. Anfangs haben Sie 9 DM. Das Glücksrad der Fig. 7.13 wird zweimal gedreht. Jedesmal wenn 1 bzw. 0 erscheint, wird Ihr Vermögen verdreifacht bzw. gedrittelt. Es sei X Ihr Vermögen am Ende. Wie groß ist $E(X)$?

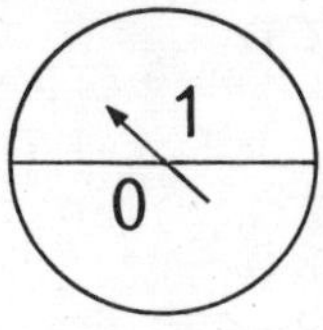

Fig. 7.13

7.2. Definitionen und Sätze

Wir fassen die Ergebnisse des vorigen Abschnitts zusammen. Ein Zufallsversuch werde durch folgende Tabelle beschrieben:

Ausfall ω	ω_1	ω_2	ω_3	...	ω_n
Wahrscheinlichkeit $p(\omega)$	p_1	p_2	p_3	...	p_n

Definition: Eine Zufallsvariable X auf Ω ist eine Regel, die jedem $\omega \in \Omega$ eine reelle Zahl $X(\omega)$ zuordnet.

Mit anderen Worten: eine Zufallsvariable ist weder zufällig noch variabel. Es ist irgendeine reelle Zahlenfunktion auf Ω. X kann man immer als Gewinn in einem Glücksspiel deuten. Wenn ω_i eintritt, erhält ein Spieler den Betrag $X(\omega_i)$, der auch negativ sein kann. Ein Gewohnheitsspieler spiele eine große Anzahl N von Spielen. Nach der Häufigkeitsdeutung der Wahrscheinlichkeiten wird der Ausfall ω_i etwa Np_i mal eintreten und den Gewinn $X(\omega_i)Np_i$ einbringen. Sein Gesamtgewinn ist ungefähr $X(\omega_1)\cdot N\cdot p_1 + X(\omega_2)\cdot N\cdot p_2 + \ldots + X(\omega_n)\cdot N\cdot p_n$,
und sein Durchschnittsgewinn je Spiel ist etwa
$X(\omega_1)p_1 + X(\omega_2)p_2 + \ldots + X(\omega_n)p_n$.
Diese intuitive Betrachtung motiviert die allgemeine

Definition: Unter dem Erwartungswert $E(X)$ der Zufallsvariablen X versteht man:
$$E(X) = X(\omega_1)p_1 + X(\omega_2)p_2 + \ldots + X(\omega_n)p_n = \sum_{i=1}^{n} X(\omega_i)p_i$$

Diese Definition wenden wir auf $aX + bY$ an, wo a, b reelle Zahlen und X, Y Zufallsvariablen sind. Man erhält:

$$E(aX+bY) = \sum_{i=1}^{n} [aX(\omega_i) + bY(\omega_i)]\,p_i = \sum_{i=1}^{n} aX(\omega_i)p_i + \sum_{i=1}^{n} bY(\omega_i)p_i$$
$$= a\sum_{i=1}^{n} X(\omega_i)p_i + b\sum_{i=1}^{n} Y(\omega_i)p_i = aE(X) + bE(Y)$$

Damit haben wir den

> *Satz*: Es seien X, Y Zufallsvariable und a, b reelle Zahlen.
> Dann gilt $E(aX + bY) = aE(X) + bE(Y)$

Dies ist ein sehr wichtiger Satz. Er besagt, daß die Operation E eine *lineare Operation* ist. Man sagt auch: E ist ein *linearer Operator* auf der Menge der Zufallsvariablen. Ganz ähnlich beweist man die folgende Verallgemeinerung:

> Es seien $X_1, X_2, \ldots, X_n$ Zufallsvariable und $a_1, a_2, \ldots, a_n$ reelle Zahlen.
> Dann gilt: $E(a_1X_1 + a_2X_2 + \ldots + a_nX_n) = a_1E(X_1) + a_2E(X_2) + \ldots + a_nE(X_n)$

Es sei X eine Zufallsvariable auf $\Omega = \{\omega_1, \omega_2, \ldots, \omega_m\}$. Die Werte $X(\omega_1)$, $X(\omega_2), \ldots, X(\omega_m)$ sind in der Regel nicht alle verschieden. Es sei $\Omega' = \{x_1, x_2, \ldots, x_n\}$ die Menge der verschiedenen Werte von X. Besonders wichtig sind die Ereignisse A_i auf denen X den Wert x_i annimmt. Das Ereignis $A_i = \{\omega \mid X(\omega) = x_i\}$ wird $X = x_i$ geschrieben.

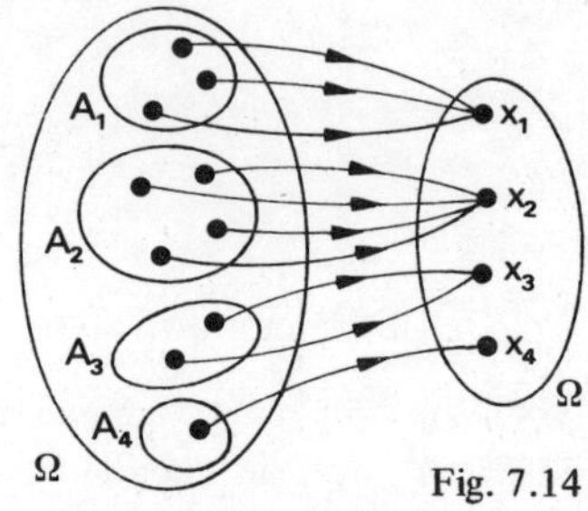

Fig. 7.14

Die Ereignisse A_i bilden eine Zerlegung von Ω:
Für $i \neq j \Rightarrow A_i \cap A_j = \phi$, $A_1 \cup A_2 \cup \ldots \cup A_n = \Omega$. Sie heißt die *von X induzierte Zerlegung* von Ω (siehe Fig. 7.14).
Setzt man $P(A_i) = q(x_i)$, so ist $q(x_i) \geqq 0$, $\sum_{i=1}^{n} q(x_i) = 1$

Die Tabelle 7.7 heißt *Wahrscheinlichkeitsverteilung von X* oder kurz die *Verteilung von X*.

x	x_1	x_2	$\ldots$	x_n
$q(x)$	$q(x_1)$	$q(x_2)$	$\ldots$	$q(x_n)$

Tabelle 7.7

Ursprünglich wurde $E(X)$ als gewichtetes Mittel von X über Ω definiert:
(1) $E(X) = \sum_{i=1}^{m} X(\omega_i)p_i$

Man kann natürlich auch über den einfacheren Stichprobenraum Ω' mitteln:
(2) $E(X) = \sum_{i=1}^{n} x_i q(x_i)$

Wenn die Verteilung von X bekannt ist, so ist (2) bequemer als (1).
Die einfache Formel $E(X + Y) = E(X) + E(Y)$ legt den Gedanken nahe, daß vielleicht auch $E(XY) = E(X)E(Y)$ gilt.
Wir prüfen diese Vermutung an einigen Beispielen.

1. Beispiel:
Fig. 7.15 zeigt ein Glücksrad mit 4 Ausfällen, auf dem zwei Zufallsvariablen definiert sind, die äußere X und die innere Y.

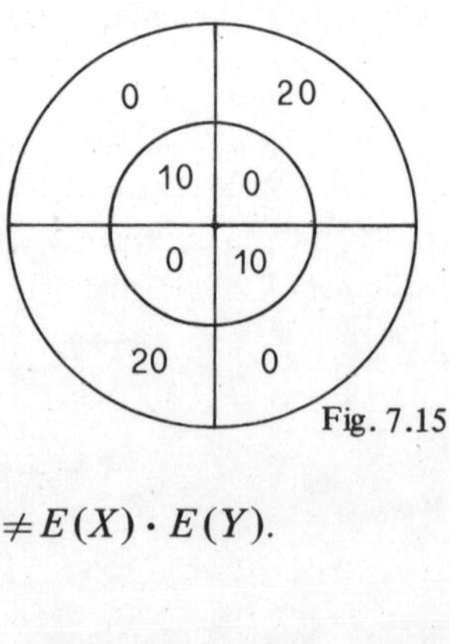

Fig. 7.15

Es ist $E(X) = \frac{1}{4} \cdot 20 + \frac{1}{4} \cdot 20 = 10$,
$E(Y) = \frac{1}{4} \cdot 10 + \frac{1}{4} \cdot 10 = 5$, $E(X) \cdot E(Y) = 50$.
Aber $X \cdot Y = 0$ und daher $E(XY) = 0$. Daher $E(XY) \neq E(X) \cdot E(Y)$.

2. Beispiel:

Mit denselben Bezeichnungen gilt für das Glücksrad der Fig. 7.16:

$$E(X) = 50 \cdot \tfrac{1}{4} + 100 \cdot \tfrac{1}{4} + 50 \cdot \tfrac{1}{4} + 100 \cdot \tfrac{1}{4} = 75$$

$$E(Y) = \tfrac{1}{4} \cdot 10 + \tfrac{1}{4} \cdot 10 + \tfrac{1}{4} \cdot 2 + \tfrac{1}{4} \cdot 2 = 6$$

$$E(XY) = 50 \cdot 2 \cdot \tfrac{1}{4} + 100 \cdot 2 \cdot \tfrac{1}{4} + 10 \cdot 50 \cdot \tfrac{1}{4} + + 10 \cdot 100 \cdot \tfrac{1}{4} = 450 = 75 \cdot 6$$

$$E(XY) = E(X)\,E(Y)$$

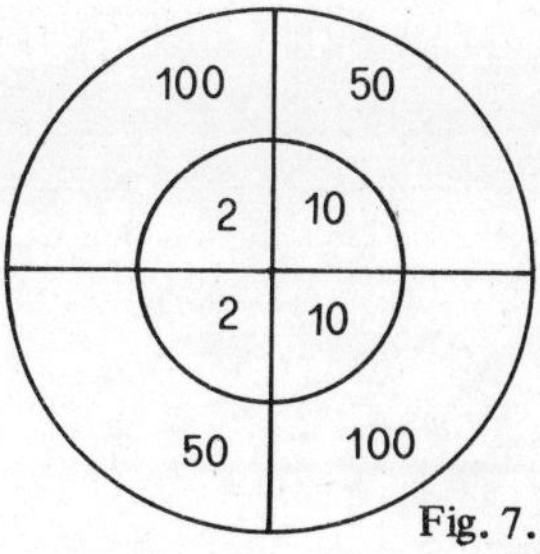

Fig. 7.16

Man sagt hier, daß X und Y „unabhängig" sind. Kennt man den Wert der einen, so hilft das nicht beim Wetten auf die andere. $Y = 2$ und $Y = 10$ sind gleichwahrscheinlich. Wird mir gesagt, daß $X = 50$ eingetreten ist, so sind die Ereignisse $Y = 2$ und $Y = 10$ immer noch gleichwahrscheinlich. Im ersten Beispiel ist es anders. Anfangs hat das Ereignis $Y = 0$ die Wahrscheinlichkeit $\frac{1}{2}$. Wenn ich erfahre, daß $X = 20$ eingetreten ist, dann hat $Y = 0$ die Wahrscheinlichkeit 1.

Definition: Die auf Ω definierten Zufallsvariablen $X_1, \ldots, X_n$ heißen unabhängig, wenn

$$P(X_1 = a_1 \cap \ldots \cap X_n = a_n) = P(X_1 = a_1) \cdot \ldots \cdot P(X_n = a_n) \quad (3)$$

gilt für alle möglichen Werte $a_1, \ldots, a_n$.

Es liege ein Versuch mit n unabhängigen Stufen vor. Hängt die Zufallsvariable X_k ($k = 1, \ldots, n$) nur vom Ausgang der k-ten Stufe ab, dann sind $X_1, \ldots, X_n$ unabhängig. In der Tat, es sei A_k das Ereignis $X_k = a_k$. Dann hängt A_k ($k = 1, \ldots, n$) nur vom Ausgang der k-ten Stufe ab. Nach dem Multiplikationssatz (vgl. 2.2.) ist

$$P(A_1 \cap \ldots \cap A_n) = P(A_1) \cdot \ldots \cdot P(A_n)$$

Dies ist aber (3).

Wir werden nur unabhängigen Zufallsvariablen der eben betrachteten Art begegnen.

Satz: Sind X und Y unabhängige Zufallsvariablen, dann gilt:

$$E(XY) = E(X) \cdot E(Y)$$

Beweis: Die Verteilungen von X und Y seien:

x_1	x_2	$\ldots$	x_m
p_1	p_2	$\ldots$	p_m

,

y_1	y_2	$\ldots$	y_n
q_1	q_2	$\ldots$	q_n

Die Zufallsvariable $Z = XY$ nimmt die $m \cdot n$ Werte $z_{ik} = x_i \cdot y_k$ an. Dabei hat $x_i \cdot y_k$ die Wahrscheinlichkeit

$p_{ik} = P(X = x_i \cap Y = y_k)$.

Wegen der Unabhängigkeit von X und Y ist

$p_{ik} = P(X = x_i) \cdot P(Y = y_k) = p_i \cdot q_k$.

Also ist

$E(XY) = \Sigma\, x_i y_k p_i q_k$,

wobei sich die Summe über alle $m \cdot n$ möglichen Paare $(i; k)$ erstreckt. Genau dieselbe Summe erhält man durch Ausmultiplizieren von

$$E(X)\,E(Y) = (x_1 p_1 + x_2 p_2 + \ldots + x_m p_m)(y_1 q_1 + y_2 q_2 + \ldots + y_n q_n)$$

Daher gilt: $E(XY) = E(X)\,E(Y)$.

Durch Induktion beweist man für n unabhängige Zufallsvariablen:

$E(X_1 X_2 \ldots X_n) = E(X_1) \cdot E(X_2) \cdot \ldots \cdot E(X_n)$

7.3. Anwendungen

1. Beispiel:

Es sei X der Gewinn bei einem Glücksspiel. Das Spiel heißt *gerecht*, *günstig* oder *ungünstig*, je nachdem $E(X) = 0$, $E(X) > 0$ oder $E(X) < 0$ ist. Oft ist es klüger, ein günstiges Spiel abzulehnen und ein ungünstiges zu spielen.

Abel hat ein Vermögen von 10^6 DM, Kain von 10^8 DM. Kain schlägt Abel folgendes Spiel vor: Eine Münze wird geworfen. Bei Wappen verliert Abel 10^6 DM und bei Zahl gewinnt er 10^7 DM. Abels Gewinn X hat den Erwartungswert

$E(X) = -10^6 \cdot \frac{1}{2} + 10^7 \cdot \frac{1}{2} = 4\,500\,000$ DM

Das Spiel ist für Abel sehr günstig. Trotzdem wird er es ablehnen, da er mit der Wahrscheinlichkeit $\frac{1}{2}$ ruiniert wird. Existenzsicherung wird jedoch höher eingeschätzt als Gewinnstreben. Aus dem gleichen Grund hat sich Abel versichern lassen, obwohl das ein ungünstiges Spiel ist. Er zahlt jährlich 1 000 DM an die Versicherung, obwohl sein Vermögen nur mit der Wahrscheinlichkeit 0,0005 durch eine Katastrophe vernichtet wird. Es sei Y bzw. Z sein Jahresverlust ohne bzw. mit Versicherung. Dann ist

$E(Y) = 10^6 \cdot 0{,}0005 = 500$ DM, $E(Z) = 1\,000$ DM.

2. Beispiel: Es gibt kein Spielsystem.

Abel glaubt, ein „Spielsystem" gefunden zu haben, das ihm einen Gewinn auf dem Glücksrad der Fig. 7.17 garantiert. Sein Gedanke ist einfach: Ich setze 1 DM ein. Gewinne ich, dann höre ich auf. Wenn nicht, dann verdopple ich den Einsatz. Gewinne ich, dann höre ich auf mit einem Gewinn von $2 - 1 = 1$ DM. Wenn nicht, dann verdopple ich abermals usw. Da die 1 einmal eintreten muß, werde ich sicher gewinnen.

Fig. 7.17

Leider ist Abel nicht unendlich reich. Er hat nur 31 DM bei sich. Die 1 wird sicher einmal eintreten, aber sie könnte zu spät kommen. Die Tabelle 7.8 zeigt Abels Gewinn bei verschiedenen möglichen Ausgängen des Spiels. Offenbar ist:

$E(X) = \frac{1}{2} + \frac{1}{4} + \frac{1}{8} + \frac{1}{16} + \frac{1}{32} + \frac{-31}{32} = 0$

Seine Gewinnerwartung ist 0. Es besteht eine hohe Wahrscheinlichkeit, wenig zu gewinnen und eine kleine Wahrscheinlichkeit, alles zu verlieren.

Ausfall	Wahrscheinlichkeit	Abels Gewinn X
1	$\frac{1}{2}$	1
01	$\frac{1}{4}$	1
001	$\frac{1}{8}$	1
0001	$\frac{1}{16}$	1
00001	$\frac{1}{32}$	1
00000	$\frac{1}{32}$	−31

Tabelle 7.8

3. Beispiel: Das Petersburger Spiel.
Eine Laplace-Münze mit den Seiten 0 und 1 wird geworfen, bis entweder eine 1 oder neun Nullen erscheinen. Für n Würfe gewinnt man 2^n DM. Die Tabelle 7.9 beschreibt das Spiel vollständig. Die Gewinnerwartung ist

$$E(X) = \frac{1}{2} \cdot 2 + \frac{1}{2^2} \cdot 2^2 + \ldots + \frac{1}{2^9} \cdot 2^9 = 10.$$

Ausfall	Wahrscheinlichkeit	Gewinn X
1	$\frac{1}{2}$	2
01	$\frac{1}{2^2}$	2^2
001	$\frac{1}{2^3}$	2^3
0001	$\frac{1}{2^4}$	2^4
⋮	⋮	⋮
000000001	$\frac{1}{2^9}$	2^9
000000000	$\frac{1}{2^9}$.	2^9

Tabelle 7.9

Aufgaben:
11. Was passiert, wenn die Stoppzahl von 9 Würfen auf $n-1$ Würfe erhöht wird?
12. Was passiert, wenn nur eine 1 das Spiel stoppt?

Das Spiel wird im 2. Band ausführlich besprochen.

4. Beispiel: Das Erraten einer Zahl.
Dieses Beispiel ist wichtig für die Informationstheorie und wird im 2. Band nochmals aufgenommen. Abel und Kain spielen ein Spiel: In einer Urne sind 10 Kugeln mit den Nummern 1 bis 10. Kain zieht eine Kugel zufällig und Abel versucht, ihre Nummer zu erraten. Er darf nur Fragen mit Ja-Nein-Antworten stellen. Es gibt verschiedene Fragestrategien. Wir werden zwei Strategien untersuchen.
Einfältige Strategie: Abel fragt: Ist es Nummer 1, 2, 3, . . . , bis Kain „ja" sagt oder zum 9. Mal „nein". Die Anzahl X der Fragen, die Abel benötigt, ist eine Zufallsvariable mit der folgenden Verteilung:

Gezogene Nummer ω	1	2	3	4	5	6	7	8	9	10
Anzahl $X(\omega)$ der Fragen, um ω zu erraten	1	2	3	4	5	6	7	8	9	9
Wahrscheinlichkeit von ω	$\frac{1}{10}$	$\frac{1}{10}$	$\frac{1}{10}$	$\frac{1}{10}$	$\frac{1}{10}$	$\frac{1}{10}$	$\frac{1}{10}$	$\frac{1}{10}$	$\frac{1}{10}$	$\frac{1}{10}$

Tabelle 7.10

$$E(X) = \frac{1}{10}(1+2+3+4+5+6+7+8+9+9) = 5{,}4$$

Wenn das Spiel oft wiederholt wird, dann braucht Abel im Mittel 5,4 Fragen.
Raffinierte Strategie: Mit jeder Frage versucht Abel, möglichst die Hälfte der noch übrig gebliebenen Nummern auszuscheiden. Der Baum in der Fig. 7.18 zeigt alle möglichen Ausfälle dieses Spiels. Jeder der 10 Pfade durch den Baum hat dieselbe Wahrscheinlichkeit $\frac{1}{10}$.

Sechs Pfade haben die Länge 3 und 4 die Länge 4. Die Anzahl X der benötigten Fragen hat die in Tabelle 7.11 gezeigte Verteilung.
Also ist $E(X) = 3 \cdot \frac{6}{10} + 4 \cdot \frac{4}{10} = 3{,}4$. Bei dieser Strategie braucht Abel im Durchschnitt nur 3,4 Fragen.

x_i	3	4
$f(x_i)$	$\frac{6}{10}$	$\frac{4}{10}$

Tabelle 7.11

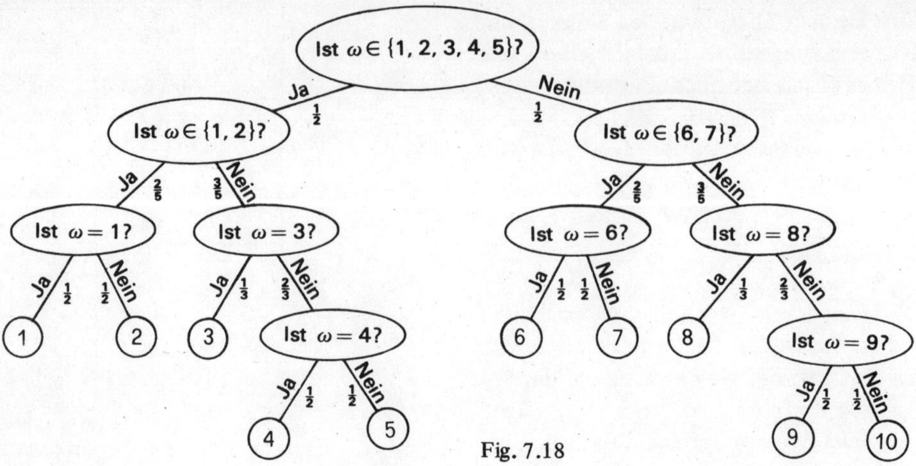

Fig. 7.18

Wir ändern das Spiel leicht ab. Die Urne soll 1024 Kugeln mit den Nummern 1 bis 10 enthalten. Die folgende Tabelle zeigt die Häufigkeiten und Wahrscheinlichkeiten der einzelnen Nummern.

Nummer ω auf der Kugel	1	2	3	4	5	6	7	8	9	10
Häufigkeit der Nummer ω	512	256	128	64	32	16	8	4	2	2
Wahrscheinlichkeit, Nummer ω zu ziehen	$\frac{1}{2}$	$\frac{1}{4}$	$\frac{1}{8}$	$\frac{1}{16}$	$\frac{1}{32}$	$\frac{1}{64}$	$\frac{1}{128}$	$\frac{1}{256}$	$\frac{1}{512}$	$\frac{1}{512}$

Tabelle 7.12

Jetzt ist die einfältige Strategie die beste. Denn mit jeder Frage wird die Hälfte der noch übrigbleibenden Kugeln ausgeschieden.

$$E(X) = \frac{1}{2}\cdot 1 + \frac{1}{4}\cdot 2 + \frac{1}{8}\cdot 3 + \frac{1}{16}\cdot 4 + \frac{1}{32}\cdot 5 + \frac{1}{64}\cdot 6 + \frac{1}{128}\cdot 7 +$$
$$+ \frac{1}{256}\cdot 8 + \frac{1}{512}\cdot 9 + \frac{1}{512}\cdot 9 = 2 - \frac{1}{256} < 2$$

Man braucht im Mittel etwas weniger als 2 Fragen. Mit der raffinierten Strategie braucht man dagegen $3\,\frac{57}{256} \approx 3{,}22$ Fragen, wie der Leser nachrechnen kann.

Aufgaben:

Bei den folgenden Aufgaben sind nur Fragen mit Ja-Nein-Antworten erlaubt.

13. Kain dreht das Glücksrad der Fig. 7.19 und Abel versucht, den Ausfall zu erraten. Wieviel Fragen braucht er im Mittel bei den folgenden Fragestrategien:

    a) Ist es 2? Ist es 3?
    b) Ist es 3? Ist es 2?

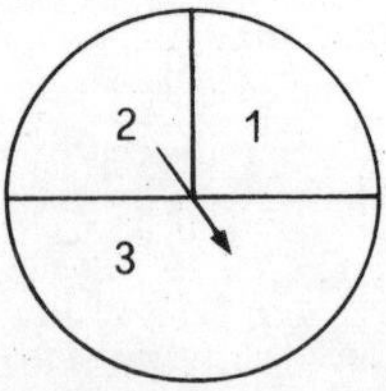

Fig. 7.19

14. Zeige, daß Abel im Mittel 1,375 Fragen braucht, um den Ausgang des Zufallsversuchs in Fig. 7.20 zu erraten.
15. Eine Urne enthält die Nummern 1, 2, 3, 4, 5, 6 mit den Häufigkeiten 1, 2, 3, 4, 5, 6. Wieviel Fragen braucht man im Mittel (bei optimaler Fragestellung), um eine zufällig gezogene Nummer zu erraten?

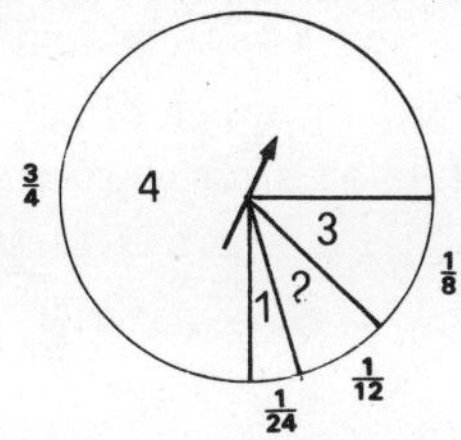

Fig. 7.20

5. Beispiel: Gruppenprüfung.

Dieses Problem tauchte im 2. Weltkrieg in den USA auf. In kurzer Zeit mußten Millionen von Rekruten ärztlich untersucht werden.
Der Anteil q einer Bevölkerung habe eine Krankheit, die durch Blutuntersuchung entdeckt werden kann. Dagegen hat der Anteil $p = 1 - q$ keine Erreger im Blut.
Wir vergleichen zwei Untersuchungsverfahren:
1. *Einzelprüfung*: Jeder wird einzeln untersucht. Man braucht einen Test pro Person.
2. *Gruppenprüfung*: Das Blut von r Personen wird vermischt und untersucht. Mit der Wahrscheinlichkeit p^r sind alle gesund und man braucht nur einen Test. Mit der Wahrscheinlichkeit $1 - p^r$ ist mindestens einer krank. In diesem Fall wird jeder in der Gruppe einzeln untersucht und man braucht insgesamt $r + 1$ Tests. Ist X_r die Anzahl der notwendigen Blutanalysen für die Gruppe von r Personen, so ist

$E(X_r) = 1 \cdot p^r + (r+1)(1-p^r) = r + 1 - rp^r$

Bei der Einzelprüfung braucht man für die Gruppe r Analysen. Man spart also durch Gruppenbildung bei r Personen $r - (r + 1 - rp^r) = rp^r - 1$ Analysen.
Pro Person ist die Ersparnis r-mal kleiner, also $p^r - \frac{1}{r}$.
Für welches r ist die Ersparnis maximal? Die Antwort hängt von p ab.
Zunächst muß $p^r > \frac{1}{r}$, $p > \frac{1}{\sqrt[r]{r}}$ sein, damit überhaupt eine Ersparnis herausspringt.
$\frac{1}{\sqrt[r]{r}}$ hat sein Minimum 0,694 bei $r = 3$. Daher muß $p > 0{,}694$ sein. Für solche p ist stets $p^3 - \frac{1}{3} > p^2 - \frac{1}{2}$. Das heißt eine Zweiergruppe ist nie optimal.

Für $0{,}694 < p < 0{,}876$ ist die optimale Gruppengröße $r_{\text{opt.}} = 3$. Es sei z.B. $p = 0{,}9$.
Die Tabelle 7.13 zeigt, daß in diesem Fall $r_{\text{opt.}} = 4$ ist mit einer Ersparnis von rund 41%.

r	2	3	4	5
$p^r - \frac{1}{r}$	0,31	0,396	0,4061	0,39

Tabelle 7.13

Ähnlich wurde folgende Tabelle berechnet:

p	0,7	0,8	0,85	0,90	0,91	0,92	0,93	0,94	0,95	0,96	0,97	0,98	0,99
$r_{\text{opt.}}$	3	3	3	4	4	4	5	5	5	6	6	8	11
Ersparnis in %	1	18	28	41	44	47	50	53	57	62	67	73	80

Tabelle 7.14

Wenn also 1% der Bevölkerung krank ist ($p = 0{,}99$), dann spart man 80%, wenn man Elfergruppen bildet. Dies war die Ersparnis bei den US-Rekruten, die auf Syphilis getestet wurden.

Aufgabe:

16. Für $p > 0{,}889$ ist $r_{\text{opt.}} \approx 0{,}5 + \frac{1}{\sqrt{1-p}}$ eine gute Näherung für den optimalen Gruppenumfang. Man prüfe dies nach.

6. Beispiel:

Eine Urne enthält 2 weiße und 3 schwarze Kugeln. Die Kugeln werden nacheinander und ohne Zurücklegen gezogen. Für jede weiße Kugel erhält der Spieler 1 DM und für jede schwarze Kugel muß er 1 DM zahlen. Das Spiel ist offenbar ungünstig, da der Spieler bei jedem Spiel 1 DM verliert.

Fig. 7.21

Wir nehmen an, daß der Spieler das Vorrecht hat, das Spiel jederzeit abzubrechen. Welches ist die beste Spielstrategie und wie groß ist der Erwartungswert des Gewinns X?

Der Baum der Fig. 7.22 zeigt die Spielverläufe und die günstigsten Spielabbrüche. Die Verteilung von X kann man am Baum ablesen.

Prüfe die Tabelle 7.15 nach.

Gewinn x	1	0	-1
Wahrscheinlichkeit $q(x)$	$\frac{2}{5}$	$\frac{2}{5}$	$\frac{1}{5}$

Tabelle 7.15

$E(X) = 1 \cdot \frac{2}{5} + 0 \cdot \frac{2}{5} + (-1) \cdot \frac{1}{5} = \frac{1}{5}$

Das Spiel ist günstig! Man gewinnt im Mittel 20 Pfennig je Spiel.

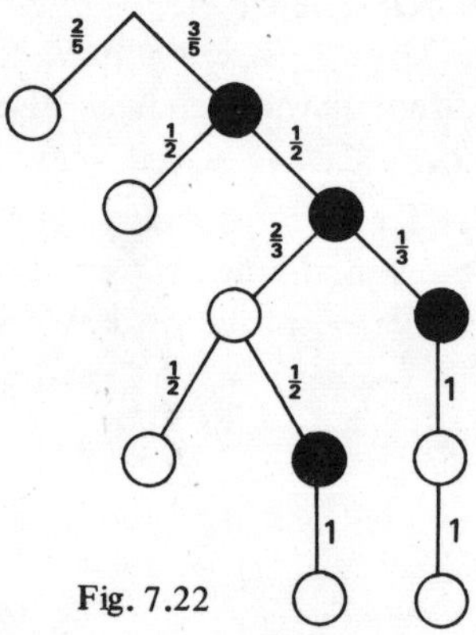

Fig. 7.22

Aufgaben:

17. Löse das Beispiel 6 für Ziehen ohne Zurücklegen.
18. Eine Urne enthält 1 weiße und 2 schwarze Kugeln. Die Kugeln werden nacheinander ohne Zurücklegen gezogen. Der Spieler darf jederzeit das Spiel abbrechen. Wie groß ist die Gewinnerwartung bei optimalem Spiel?
19. a) Die Figur 7.23 zeigt eine Urne mit 5 Nummern. Ein Spieler darf sich eine Teilmenge dieser Nummern zufällig auswählen. Das Produkt der ausgewählten Nummern ist sein Gewinn. Wieviel Nummern muß er ziehen, damit der Erwartungswert seines Gewinns maximal wird?
b) Löse die Aufgabe a) für die Fig. 7.24.

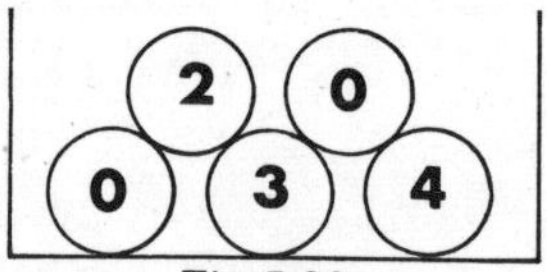

Fig. 7.23

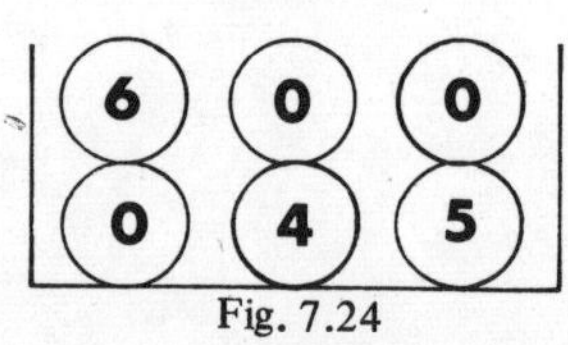

Fig. 7.24

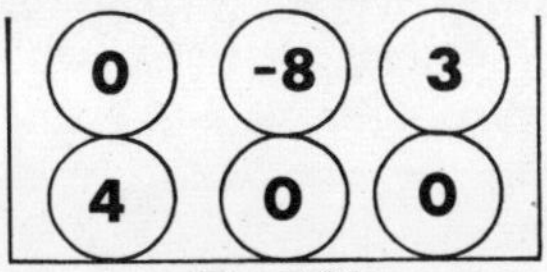

Fig. 7.25

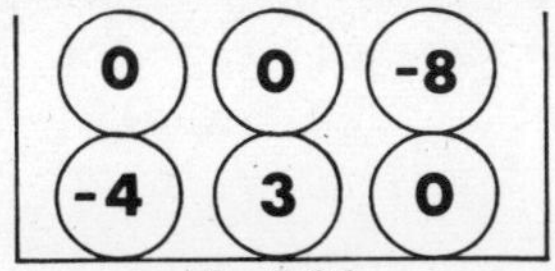

Fig. 7.26

Fig. 7.27

c) Für die Figuren 7.25, 7.26, 7.27 soll die Aufgabe a) möglichst ohne Rechnung gelöst werden.

7.4. Der Indikator eines Ereignisses

Indikatoren wurden bereits in **0.** erwähnt. Von nun an werden sie oft verwendet. Daher wiederholen wir ihre Definition und ihre wichtigsten Eigenschaften.
Es sei A ein Ereignis in Ω. Wir betrachten die Funktion, die in jedem Punkt von A den Wert 1 und in jedem Punkt von $\bar{A}$ den Wert 0 annimmt (Fig. 7.28). Sie heißt *Indikator von A* und wird mit I_A bezeichnet. Es gilt also:

$$I_A(\omega) = \begin{cases} 1, \text{ falls } \omega \in A \\ 0, \text{ falls } \omega \in \bar{A} \end{cases}$$

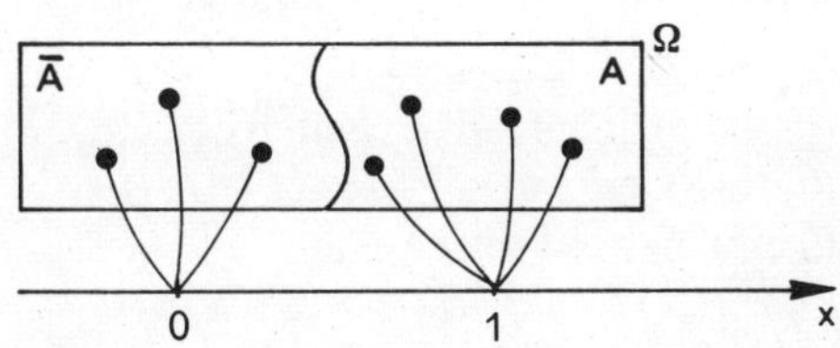

Fig. 7.28

I_A zeigt das Eintreten des Ereignisses A an, daher der Name. Indikatoren und Ereignisse entsprechen einander eineindeutig.
Die Tabelle 7.16 zeigt die Verteilung von I_A.
Daher ist $E(I_A) = 1 \cdot P(A) + 0 \cdot P(\bar{A})$

mögliche Werte von I_A	0	1
Wahrscheinlichkeiten dieser Werte	$P(\bar{A})$	$P(A)$

Tabelle 7.16

(1) $$E(I_A) = P(A)$$

Satz: Der Erwartungswert eines Indikators ist gleich der Wahrscheinlichkeit des Ereignisses, das er anzeigt.

Eine weitere wichtige Eigenschaft eines Indikators ist:

(2) $$I_A^2 = I_A \quad .$$

Diese Beziehung folgt aus $1^2 = 1$ und $0^2 = 0$.
Auf dem ganzen Raum Ω ist I_Ω stets gleich 1 und I_ϕ stets gleich 0. Daher wird statt I_Ω bzw. I_ϕ gewöhnlich 1 bzw. 0 geschrieben.
Das Ereignis $A = \{\omega \mid I_A(\omega) = 1\}$ wird kurz durch $I_A = 1$ bezeichnet.

Es gibt nützliche Beziehungen zwischen Mengenoperationen und algebraischen Operationen mit den entsprechenden Indikatoren. Die grundlegenden Beziehungen sind:

(3) $I_{\bar{A}} = 1 - I_A$

(4) $I_{A_1 \cap A_2 \cap \ldots \cap A_n} = I_{A_1} \cdot I_{A_2} \ldots I_{A_n}$

(5) $I_{A_1 \cup A_2 \cup \ldots \cup A_n} = 1 - (1 - I_{A_1})(1 - I_{A_2}) \ldots (1 - I_{A_n})$

Beweis von (3): $1 - I_A(\omega)$ ist genau dann 1, wenn $\omega \notin A$.

Beweis von (4): Die rechte Seite ist genau dann 1, wenn alle Faktoren 1 sind, d.h. wenn ω in allen Mengen A_i liegt.

Beweis von (5): Liegt ω in mindestens einer der Mengen, z.B. $\omega \in A_i$, dann ist $1 - I_{A_i}(\omega) = 0$ und die rechte Seite ist 1. Liegt ω in keiner der Mengen A_i, dann sind alle Klammern gleich 1 und die rechte Seite ist 0.

Ein Sonderfall von (5) ist:

$I_{A \cup B} = 1 - (1 - I_A)(1 - I_B)$

Ausmultiplikation ergibt unter Beachtung von (4):

$I_{A \cup B} = I_A + I_B - I_{A \cap B}$

Nimmt man auf beiden Seiten den Erwartungswert E und beachtet (1), so ergibt sich:

$P(A \cup B) = P(A) + P(B) - P(A \cap B)$

Ebenso beweist man:

$$P(A \cup B \cup C) = P(A) + P(B) + P(C) - P(A \cap B) - P(A \cap C) - P(B \cap C) + P(A \cap B \cap C)$$

Ganz allgemein: Aus (5) folgt durch Ausmultiplikation:

$$I_{A_1 \cup A_2 \cup \ldots \cup A_n} = \sum_{i=1}^{n} I_{A_i} - \sum_{i<j} I_{A_i \cap A_j} + \sum_{i<j<k} I_{A_i \cap A_j \cap A_k} - \ldots + (-1)^{n+1} \cdot I_{A_1 \cap A_2 \cap \ldots \cap A_n}$$

Daraus folgt durch Bilden des Erwartungswertes

$$(6)\quad P(A_1 \cup A_2 \cup \ldots \cup A_n) = \sum_i P(A_i) - \sum_{i<j} P(A_i \cap A_j) + \sum_{i<j<k} P(A_i \cap A_j \cap A_k) - \ldots (-1)^{n+1} P(A_1 \cap \ldots \cap A_n)$$

1. Beispiel:

n Kugeln werden zufällig auf 3 Urnen verteilt. Es sei X die Anzahl der leeren Urnen. Wir wollen $E(X)$ bestimmen. Zu diesem Zweck definieren wir drei Indikatoren wie folgt:

$$X_i = \begin{cases} 1 & \text{wenn die } i\text{-te Urne leer ist.} \\ 0 & \text{andernfalls.} \end{cases}$$

D.h. X_i zeigt an, ob die i-te Urne leer ist. Dann ist $X = X_1 + X_2 + X_3$.

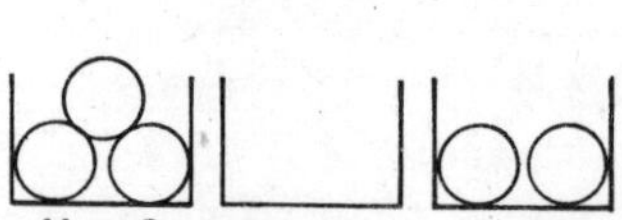

Fig. 7.29

Ferner ist $E(X_i) = P(X_i = 1) = (\frac{2}{3})^n$ für $i = 1, 2, 3$.

Wegen der Linearität von E ist daher

$E(X) = E(X_1) + E(X_2) + E(X_3) = 3 \cdot (\frac{2}{3})^n = \frac{2^n}{3^{n-1}}$.

2. Beispiel:

n L-Mäuse werden durch das Labyrinth der Fig. 7.30 in die Käfige a_1, a_2, a_3, a_4 geschickt. Wie groß ist die Wahrscheinlichkeit, daß mindestens ein Käfig leer bleibt?

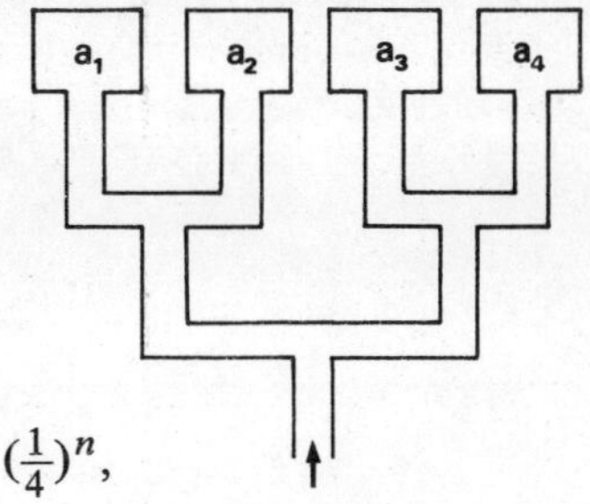

Fig. 7.30

Wir definieren für $i = 1, 2, 3, 4$ die Ereignisse
A_i = Käfig a_i bleibt leer. Dann ist
$P(A_i) = (\frac{3}{4})^n$, $P(A_i \cap A_j) = (\frac{2}{4})^n$, $P(A_i \cap A_j \cap A_k) = (\frac{1}{4})^n$,
$P(A_1 \cap A_2 \cap A_3 \cap A_4) = 0$.
Nach (6) ergibt sich:
$P(A_1 \cup A_2 \cup A_3 \cup A_4) = 4 \cdot (\frac{3}{4})^n - 6 \cdot (\frac{2}{4})^n + 4 \cdot (\frac{1}{4})^n$
oder mit 4 gekürzt:

$$f(n) = P(A_1 \cup A_2 \cup A_3 \cup A_4) = \frac{3^n - 3 \cdot 2^{n-1} + 1}{4^{n-1}}$$

Aufgaben:

20. Berechne $f(n)$ für $n = 1, 2, 3, 4, 5, 6$.
21. Sechs perfekte Schützen schießen auf sechs Enten. Jeder Schütze wählt sich sein Ziel zufällig aus. Es sei X die Anzahl der überlebenden Enten.
    a) Bestimme $E(X)$.
    b) Bestimme die Verteilung von X.

(Hinweis: Man lese nochmals **6.2**. Vergleiche auch mit der Aufgabe 16 in **6.**)

7.5. Zuverlässigkeit[1]

Wir zeigen die Anwendung von Indikatoren in der Zuverlässigkeitstheorie. Ein Industrieprodukt (Auto, Fernseher, Rakete) besteht aus vielen Teilen. Das ganze Produkt nennt man ein *System* und die Teile heißen auch *Komponenten* des Systems. Eine Komponente kann sich in zwei Zuständen befinden: sie arbeitet → 1, sie arbeitet nicht → 0. Der Komponente Nr. k ordnen wir den Indikator I_k zu, welcher den Zustand der Komponente anzeigt.
Auch das ganze System arbeitet oder arbeitet nicht. Der Zustand des Systems werde durch den Indikator I angezeigt.

Definition: Die *Zuverlässigkeit* einer Komponente (eines Systems) ist die Wahrscheinlichkeit, daß die Komponente (das System) arbeitet.

Unser Ziel ist es, die Zuverlässigkeit eines Systems aus der Zuverlässigkeit seiner Komponenten zu berechnen. Der k-te Teil hat die Zuverlässigkeit
$E(I_k) = p_k, \qquad q_k = 1 - p_k$.
Das ganze System hat die Zuverlässigkeit $E(I) = P$.
Wir nehmen an, daß die Zustände der einzelnen Teile von unabhängigen Glücks-

[1] Dieser Abschnitt kann beim ersten Lesen überschlagen werden, da sein Inhalt im folgenden nicht verwendet wird.

rädern bestimmt werden. Dann sind die Indikatoren $I_i, I_k, I_l, \ldots$ dieser Teile unabhängige Zufallsvariable und es gilt:
$E(I_i I_k I_l \ldots) = E(I_i)E(I_k)E(I_l) \ldots = p_i p_k p_l \ldots$

1. Beispiel:
Die einfachsten Systeme sind *Reihensysteme*.

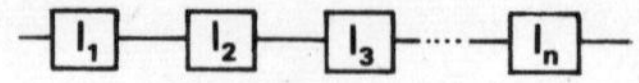

Fig. 7.31

Definition: Ein Reihensystem arbeitet genau dann, wenn jeder Teil arbeitet.

Ein typisches Beispiel ist eine Kette. Eine Kette ist so stark wie ihr schwächstes Glied.
Die Fig. 7.31 zeigt n in Reihe geschaltete Teile. Es ist $I = I_1 \cdot I_2 \ldots \cdot I_n$.
Durch Anwendung der Operation E erhält man $P = p_1 \cdot p_2 \ldots \cdot p_n$.
Haben alle Komponenten die gleiche Zuverlässigkeit p, so ist $P = p^n$.

2. Beispiel:
Wir betrachten *Parallelsysteme*.

Definition: Ein Parallelsystem arbeitet genau dann, wenn mindestens ein Teil arbeitet.
Die Fig. 7.32 zeigt zwei parallel geschaltete Teile.
Es ist offenbar:

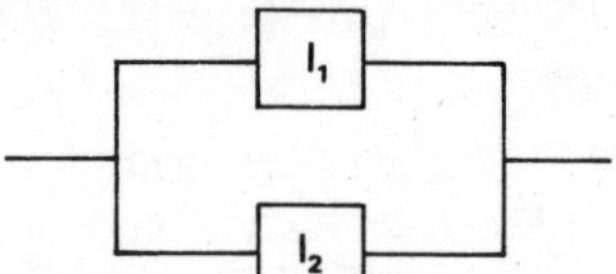

Fig. 7.32

(1) $I = 1 - (1 - I_1)(1 - I_2)$
Wenn wenigstens ein Teil in Ordnung ist, dann ist eine Klammer 0 und $I = 1$. Sind beide Teile defekt, so sind beide Klammern 1 und $I = 0$. Durch Ausmultiplizieren auf der rechten Seite von (1) folgt:
(2) $I = I_1 + I_2 - I_1 I_2$
Anwendung des E-Operators auf (2) liefert: $P = p_1 + p_2 - p_1 p_2$.
Mit I_1 und I_2 sind auch $1 - I_1$ und $1 - I_2$ unabhängig. Daher kann man schon vor dem Ausmultiplizieren den Operator E auf (1) anwenden:
$P = 1 - (1 - p_1)(1 - p_2) = 1 - q_1 q_2$
Bei n parallel geschalteten Teilen (Fig. 7.33) ist
$I = 1 - (1 - I_1)(1 - I_2) \ldots (1 - I_n)$
$P = 1 - (1 - p_1)(1 - p_2) \ldots (1 - p_n)$
$= 1 - q_1 \cdot q_2 \ldots \cdot q_n$.

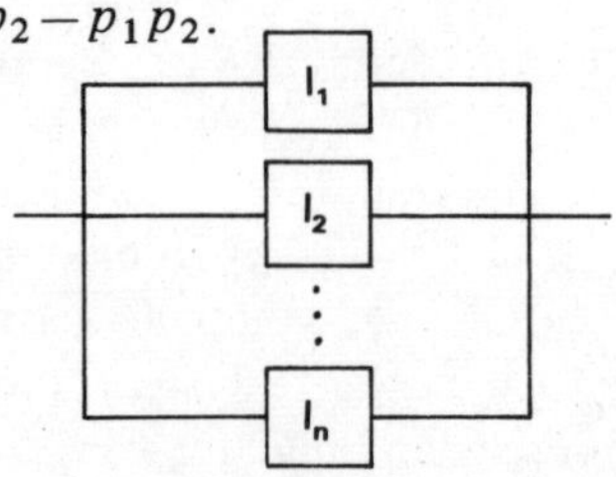

Fig. 7.33

Bei n Teilen gleicher Zuverlässigkeit p ist
$P = 1 - (1 - p)^n = 1 - q^n$.

3. Beispiel:
Für das System der Fig. 7.34 ist:
$I = 1 - (1 - I_1 I_2)\ (1 - I_3 I_4)$
$P = 1 - (1 - p_1 p_2)\ (1 - p_3 p_4)$

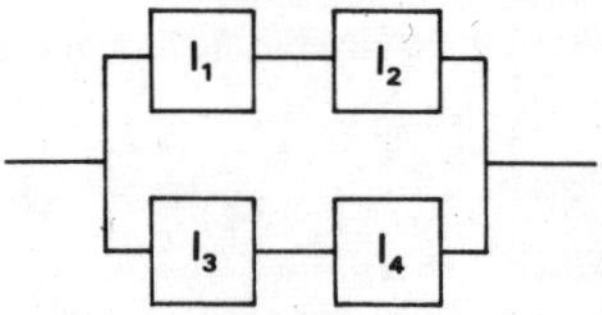

Fig. 7.34

4. Beispiel:
Für das System in der Fig. 7.35 ist:
$I = [1 - (1 - I_1)(1 - I_2)]\ [1 - (1 - I_3)(1 - I_4)]$
$P = [1 - (1 - p_1)(1 - p_2)]\ [1 - (1 - p_3)(1 - p_4)]$
$= (1 - q_1 q_2)(1 - q_3 q_4)$

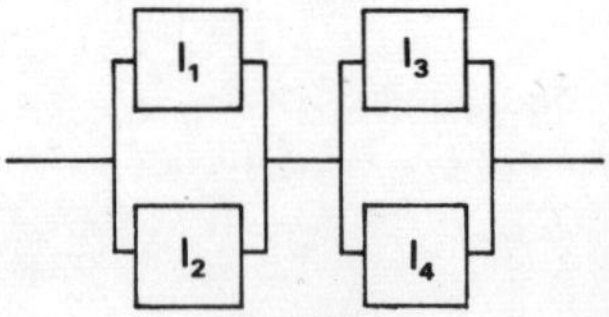

Fig. 7.35

5. Beispiel:

Man will die Zuverlässigkeit des Systems der Fig. 7.36 erhöhen. Es werden zwei Methoden erwogen:

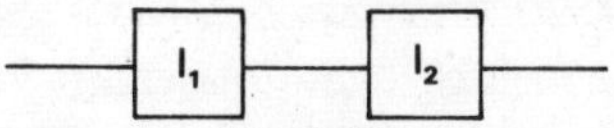

Fig. 7.36

a) Dem System wird ein identisches System als Reserve parallelgeschaltet (Fig. 7.37).

b) Zu jedem Teil wird ein identischer Teil als Reserve parallelgeschaltet (Fig. 7.38).

Welche Methode ist besser?

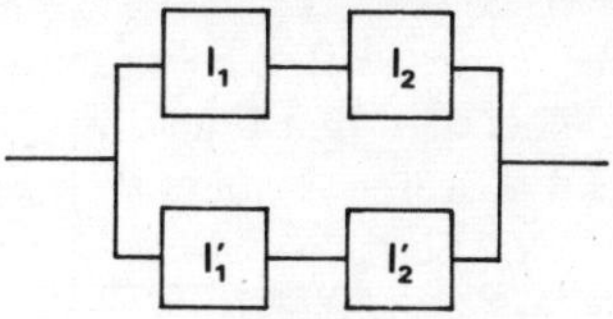

Fig. 7.37

Lösung: a) $I_a = 1 - (1 - I_1 I_2)(1 - I'_1 I'_2)$

$P_a = 1 - (1 - p_1 p_2)^2 = 2p_1 p_2 - p_1^2 p_2^2$

$= p_1 p_2 (2 - p_1 p_2)$

b) $I_b = [1 - (1 - I_1)(1 - I'_1)]$

$\cdot [1 - (1 - I_2)(1 - I'_2)]$

$P_b = [1 - (1 - p_1)^2][-1 - (1 - p_2)^2]$

$= (2p_1 - p_1^2)(2p_2 - p_2^2)$

$= p_1 p_2 (2 - p_1)(2 - p_2)$

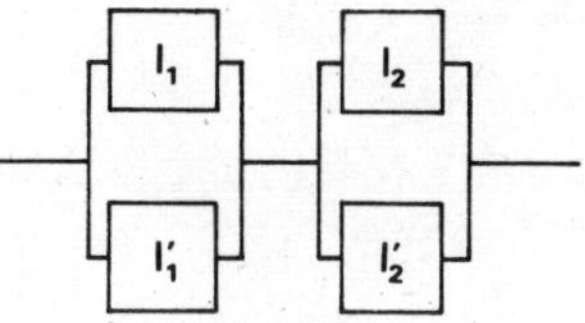

Fig. 7.38

$P_b - P_a = 2p_1 p_2 (1 - p_1)(1 - p_2) > 0$

falls $p_1 \neq 1$, $p_2 \neq 1$

Man kann zeigen, daß Verdoppelung der Teile immer besser ist als Verdoppelung des Systems.

6. Beispiel:

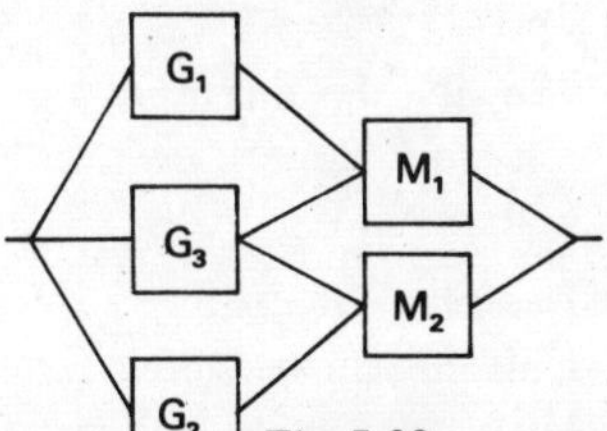

Fig. 7.39

In Fig. 7.39 wird die Maschine M_1 von dem Generator G_1 getrieben und die Maschine M_2 von dem Generator G_2. Der Generator G_3 ist zur Reserve da. Wenn einer oder beide Generatoren ausfallen, dann kann er deren Arbeit übernehmen. Das System ist funktionsfähig, wenn wenigstens eine Maschine arbeitet. Wir ordnen dem Generator G_i den Indikator X_i zu. $E(X_i) = p_i$. Der Maschine M_i wird der Indikator Y_i zugeordnet. $E(Y_i) = r_i$.

Der Indikator des Systems ist:

$I = 1 - (1 - X_1 Y_1)(1 - X_2 Y_2)(1 - X_3 Y_1)(1 - X_3 Y_2)$

Hier besteht leider Abhängigkeit zwischen den Klammern. Daher können wir nicht vor dem Ausmultiplizieren den Operator E anwenden. Beim Ausklammern ist $X_i^2 = X_i$, $Y_i^2 = Y_i$ zu beachten.

$I = X_1 Y_1 + X_2 Y_2 + X_3 Y_1 + X_3 Y_2 - X_1 X_3 Y_1 - X_2 X_3 Y_2 - X_3 Y_1 Y_2 - X_1 X_2 Y_1 Y_2 +$
$+ X_1 X_2 Y_1 Y_2$

Jetzt kann der Operator E angewandt werden. Es ergibt sich:

$P = p_1 r_1 + p_2 r_2 + p_3 r_1 + p_3 r_2 - p_1 p_3 r_1 - p_2 p_3 r_2 - p_3 r_1 r_2 -$
$- p_1 p_2 r_1 r_2 + p_1 p_2 p_3 r_1 r_2$

oder umgeformt:

$P = (1 - p_3)[p_1 r_1 (1 - p_2 r_3) + p_2 r_2] + p_3 (r_1 + r_2 - r_1 r_2)$

Z.B. $p_1 = p_2 = p_3 = 0{,}95$, $r_1 = r_2 = 0{,}99$ ergibt $P \approx 0{,}999728$.

7. Beispiel: Wieviel Motoren sind am sichersten?

Jeder Flugzeugmotor versage bei einem Flug unabhängig von den anderen mit der Wahrscheinlichkeit $q = 1 - p$. Ein Flugzeug kann sich in der Luft halten, wenn mindestens die Hälfte der Motoren arbeitet. Sind Flugzeuge mit 2 oder mit 4 Motoren zuverlässiger?

Lösung: Es sei X die Anzahl der arbeitenden Motoren. Ein Flugzeug mit zwei Motoren übersteht den Flug mit Wahrscheinlichkeit $P(X \geqq 1) = 1 - q^2$.

Bei 4 Motoren ist diese Wahrscheinlichkeit:

$P(X \geqq 2) = 1 - q^4 - 4q^3(1-q) = 1 - 4q^3 + 3q^4$

Die Differenz der beiden Zuverlässigkeiten ist:

$d(q) = 1 - q^3 + 3q^4 - 1 + q^2 = 3q^4 - 4q^3 + q^2 = q^2(3q-1)(q-1)$

Für $q = 0$, $q = \frac{1}{3}$, $q = 1$ sind beide Flugzeuge gleich zuverlässig.

$0 < q < \frac{1}{3} \Rightarrow d(q) > 0 \Rightarrow$ 4 Motoren sind besser.

$\frac{1}{3} < q < 1 \Rightarrow d(q) > 0 \Rightarrow$ 2 Motoren sind besser.

Aufgaben:

22. Jeder Teil habe dieselbe Zuverlässigkeit
a) $p = 0{,}9$, b) $p = 0{,}1$.
Wie viele Teile muß man mindestens parallel schalten, damit die Zuverlässigkeit des Parallelsystems in Fig. 7.40 $\geqq 0{,}9999$ wird?

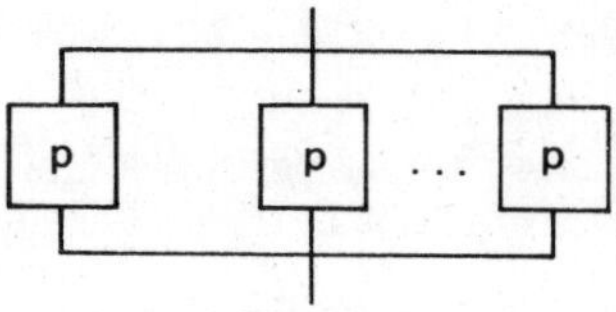

Fig. 7.40

23. Das Flugzeug in Fig. 7.41 kann sich in der Luft halten, wenn der Hauptmotor in der Mitte oder beide Nebenmotoren arbeiten. Der Hauptmotor hat die Zuverlässigkeit $p_1 = \frac{199}{200}$, die Nebenmotore nur je $p_2 = \frac{9}{10}$. Wie groß ist die Wahrscheinlichkeit, daß das Flugzeug abstürzt?

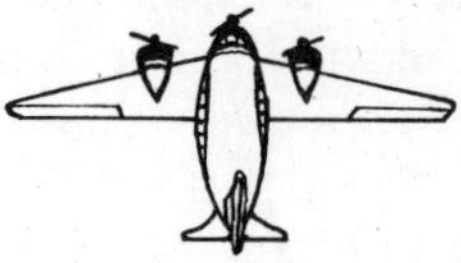
Fig. 7.41

24. Das Flugzeug in Fig. 7.42 hat 4 Motore mit der gleichen Zuverlässigkeit $p = 0{,}9$. Das Flugzeug kann sich in der Luft halten durch
a) irgend zwei Motore,
b) je einen Motor links und rechts,
c) irgend zwei symmetrisch gelegene Motore.
Wie groß ist die Wahrscheinlichkeit, daß es abstürzt?

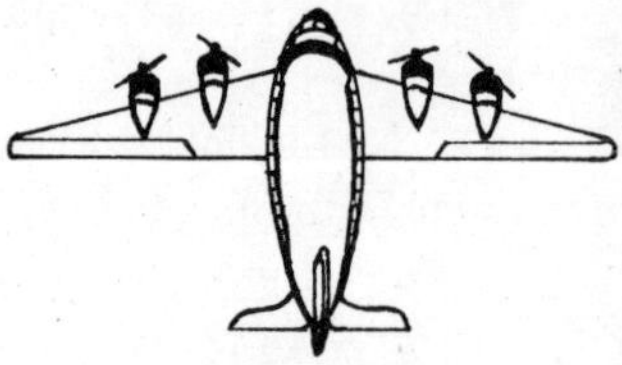
Fig. 7.42

25. Eine Maschine stellt Fäden her. Die Wahrscheinlichkeit, daß ein 10 m langes Stück fehlerfrei ist, beträgt $p = 0{,}81$. Wie groß ist die Wahrscheinlichkeit, daß ein
a) 40 m langes Stück,
b) 5 m langes Stück fehlerfrei ist?

26. Jeder Teil des Systems in Fig. 7.43 hat dieselbe Zuverlässigkeit p. Es sei $Z(p)$ die Zuverlässigkeit des Systems. Für welche Werte von p ist
a) $Z(p) = p$, b) $Z(p) < p$, c) $Z(p) > p$?

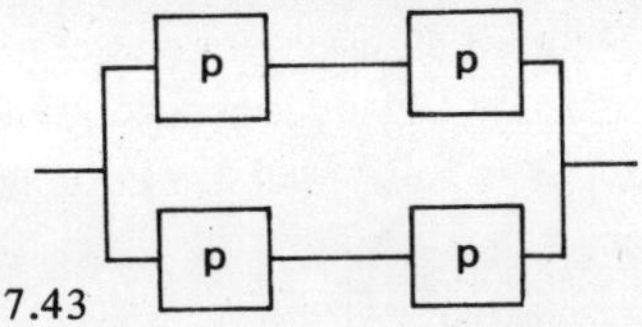

Fig. 7.43

27. Die Figuren 7.44 bis 7.48 zeigen Systeme. Drücke jeweils den Indikator I des Systems durch die Indikatoren der Teile aus und bestimme $P = E(I)$ in Abhängigkeit von $p_i = E(I_i)$. Vom letzten System soll nur I bestimmt werden.

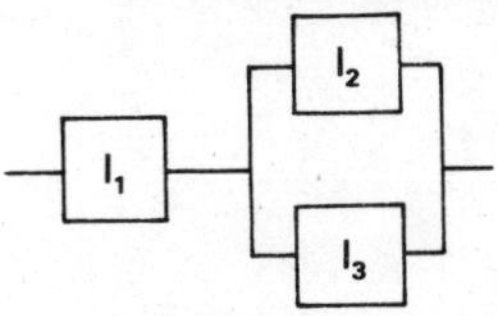

Fig. 7.44

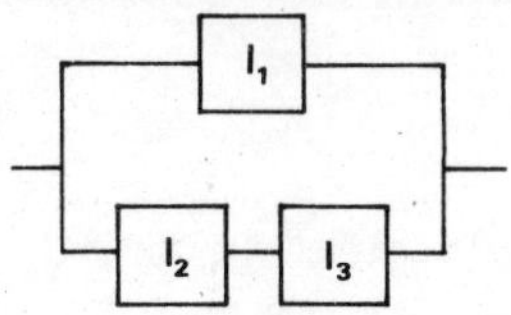

Fig. 7.45

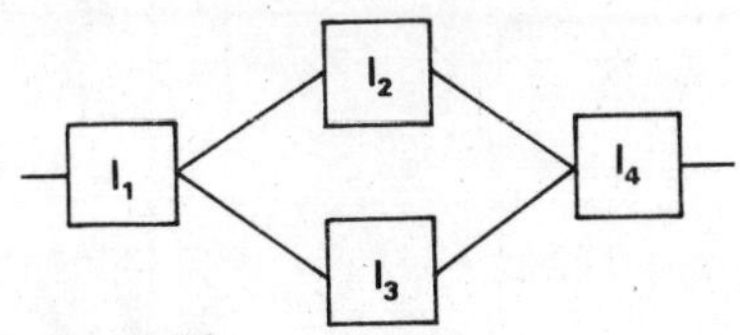

Fig. 7.46

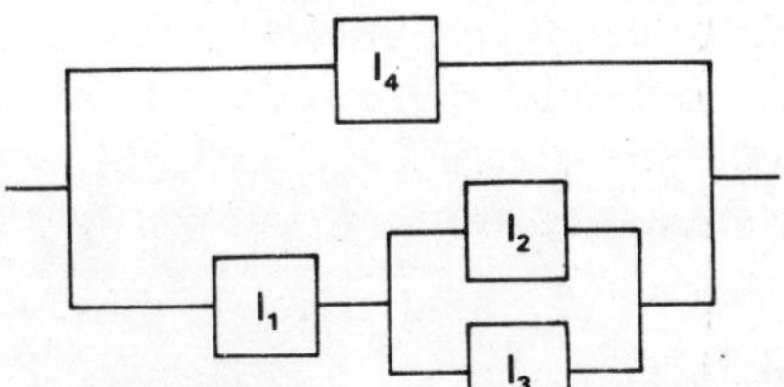

Fig. 7.47

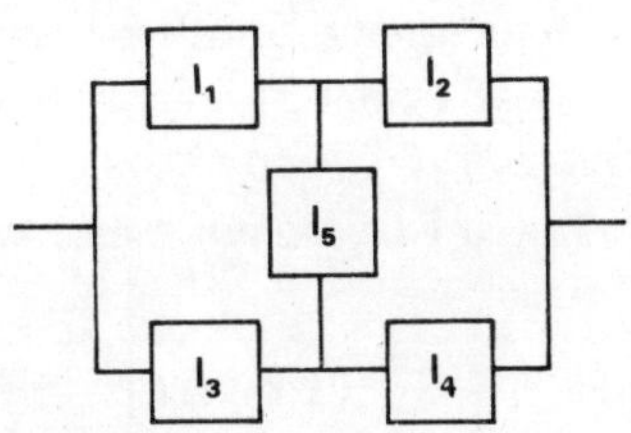

Fig. 7.48

7.6. Die Varianz

Es sei X eine Zufallsvariable mit der Verteilung:

x	x_1	x_2	...	x_n
$q(x)$	$q(x_1)$	$q(x_2)$	...	$q(x_n)$

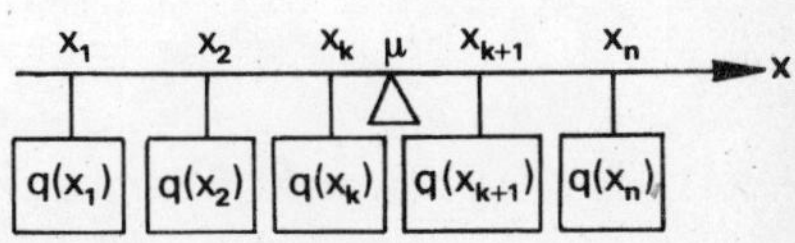

Fig. 7.49

Man kann die Verteilung immer als Massenverteilung deuten. Die Gesamtmasse 1 wird auf die Punkte x_i verteilt. Dabei wird dem Punkt x_i die Masse $q(x_i)$ zugewiesen (Fig. 7.49).

Die Verteilung sagt uns manchmal mehr als wir wissen wollen. Um besser zu verstehen, muß man oft Information wegwerfen. Wir möchten gern die ganze Verteilung auf eine Zahl komprimieren. Der Schwerpunkt μ der Massenverteilung erscheint besonders attraktiv. Nach dem Hebelgesetz müssen die links- und rechtsdrehenden Momente gleich sein:

$$(\mu - x_1)q(x_1) + (\mu - x_2)q(x_2) + \ldots + (\mu - x_k)q(x_k)$$
$$= (x_{k+1} - \mu)q(x_{k+1}) + \ldots + (x_n - \mu)q(x_n)$$

Durch Auflösung nach μ und Berücksichtigung von $\sum_{i=1}^{n} q(x_i) = 1$ folgt:

$$\mu = x_1 \cdot q(x_1) + x_2 q(x_2) + \ldots + x_n q(x_n)$$
$$\mu = E(X)$$

Durch die Kompression geht viel Information verloren. Zwei ganz verschieden aussehende Verteilungen können denselben Wert $\mu = E(X)$ haben. Betrachten wir z.B. die folgenden Verteilungen von X und Y:

x	-1	0	1
$q(x)$	$\frac{1}{4}$	$\frac{1}{2}$	$\frac{1}{4}$

y	-4	-2	0	2	4
$r(y)$	$\frac{1}{4}$	$\frac{1}{5}$	$\frac{1}{10}$	$\frac{1}{5}$	$\frac{1}{4}$

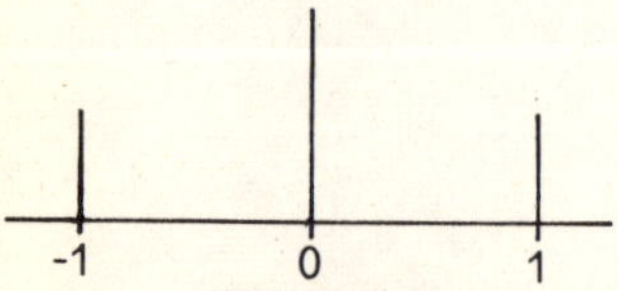

Fig. 7.50

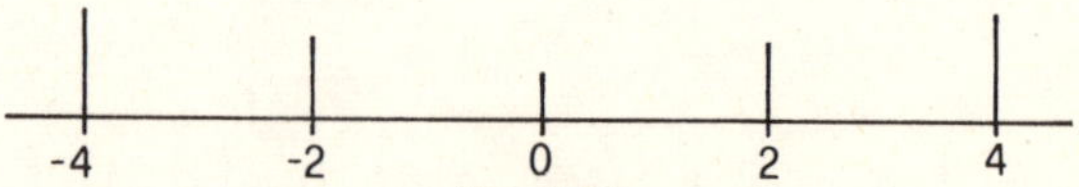

Fig. 7.51

Beide Verteilungen haben den Erwartungswert 0, obwohl ihre Histogramme ganz verschieden aussehen (Fig. 7.50 und 7.51). Der Erwartungswert sagt uns nur, wo das „Zentrum" der Verteilung liegt. Aber er sagt nicht darüber aus, wie stark die Verteilung um ihr Zentrum konzentriert ist. Wir brauchen noch ein Maß für die Abweichung einer Zufallsvariablen von ihrem Erwartungswert μ. Seit Gauß verwendet man dazu den Erwartungswert von $(X-\mu)^2$. Man nennt ihn *Varianz* $V(X) = \sigma^2$, und $\sigma = \sqrt{V(X)}$ nennt man *Streuung* oder *Standardabweichung*. Es gilt also die *Definition*:

$$(1) \qquad \sigma^2 = V(X) = E(X-\mu)^2 = \sum_i (x_i-\mu)^2 q(x_i)$$

Aus der Linearität des Operators E und $E(c) = c$
folgt $E(X-\mu)^2 = E(X^2 - 2\mu X + \mu^2) = E(X^2) - 2\mu E(X) + \mu^2$
Wegen $E(X) = \mu$ folgt daraus der wichtige *Satz*:

$$(2) \qquad \sigma^2 = V(X) = E(X^2) - \mu^2$$

1. Beispiel:
Wir berechnen die Streuungen der oben angegebenen Zufallsvariablen X, Y:

$E(X^2) = (-1)^2 \cdot \frac{1}{4} + 0^2 \cdot \frac{1}{2} + 1^2 \cdot \frac{1}{4} = 0{,}5$

$E(Y^2) = (-4)^2 \cdot \frac{1}{4} + (-2)^2 \cdot \frac{1}{5} + 2^2 \cdot \frac{1}{5} + 4^2 \cdot \frac{1}{4} = 9{,}6$

$V(X) = E(X^2) - [E(X)]^2 = 0{,}5$ $\qquad$ $V(Y) = E(Y^2) - [E(Y)]^2 = 9{,}6$

$\sigma(X) = \sqrt{0{,}5}$ $\qquad$ $\sigma(Y) = \sqrt{9{,}6}$

2. Beispiel:
Es sei X der Gewinn auf dem Glücksrad der Fig. 7.52.
Dann ist:

$\mu = E(X) = 2 \cdot \frac{1}{2} + 3 \cdot \frac{1}{3} + 6 \cdot \frac{1}{6} = 3$

$E(X^2) = 4 \cdot \frac{1}{2} + 9 \cdot \frac{1}{3} + 36 \cdot \frac{1}{6} = 11$

$V(X) = 11 - 3^2 = 2$

$\sigma = \sqrt{2}$

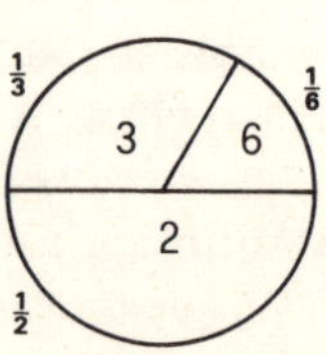

Fig. 7.52

X ist eine Funktion

3. Beispiel:

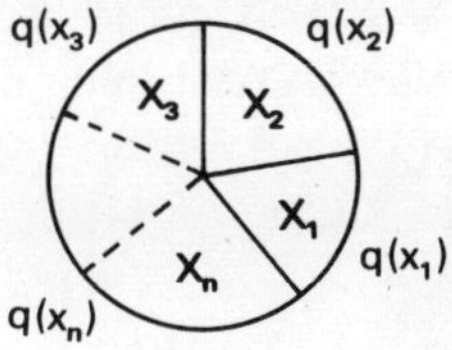

Fig. 7.53

Sie sollen den Ausgang beim Glücksrad der Fig. 7.53 voraussagen. Das Quadrat Ihres Fehlers ist Ihr Verlust. Für welche Voraussage t ist der Erwartungswert Ihres Verlustes am kleinsten?

Der Verlust $(X-t)^2$ hat den Erwartungswert

$$E(X-t)^2 = E(X^2 - 2tX + t^2) = t^2 - 2t\mu + E(X^2)$$
$$= t^2 - 2t\mu + \mu^2 + E(X^2) - \mu^2 = (t-\mu)^2 + \sigma^2$$

Die Verlusterwartung nimmt für $t = \mu$ ihren kleinsten Wert σ^2 an.

Aus der Definition (1) von $V(X)$ folgt leicht:

$$V(a) = 0$$

(3) $V(X+a) = V(X)$

(4) $V(aX) = a^2 V(X)$

Im allgemeinen ist aber $V(X+Y) \neq V(X) + V(Y)$. Z.B. ist nach (4):
$V(X+X) = V(2X) = 4V(X) \neq V(X) + V(X)$.

Wenn sich jedoch X und Y auf verschiedene unabhängige Versuche beziehen, dann gilt:

(5) $V(X+Y) = V(X) + V(Y)$

Beweis: Sind X und Y unabhängig, dann ist nach 7.2. $E(XY) = E(X)E(Y)$.
Nach (3) ist $V(X-\mu) = V(X)$. Daher kann man ohne Beschränkung der Allgemeinheit annehmen, daß $E(X) = E(Y) = 0$ ist. Dann gilt:

$$V(X+Y) = E(X+Y)^2 = E(X^2 + 2XY + Y^2) = E(X^2) + 2E(X)E(Y) + E(Y^2)$$
$$= V(X) + V(Y)$$

Durch wiederholte Anwendung von (5) ergibt sich für unabhängige Zufallsvariablen $X_1, X_2, \ldots X_n$:

(6) $V(X_1 + X_2 + \ldots + X_n) = V(X_1) + V(X_2) + \ldots + V(X_n)$

4. Beispiel:

Es sei I ein Indikator mit der Verteilung:

x	0	1
$q(x)$	q	p

, $p + q = 1$

Wegen $I^2 = I$ ist $E(I^2) = E(I) = 0 \cdot q + 1 \cdot p = p$

$$V(I) = E(I^2) - [E(I)]^2 = p - p^2 = p(1-p) = pq$$

(7) $V(I) = pq$

5. Beispiel:

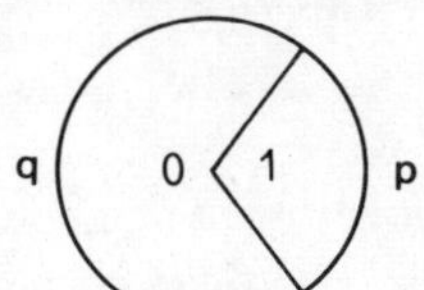

Fig. 7.54

Eine Münze mit den Seiten 0 und 1 (Fig. 7.54) wird n-mal unabhängig geworfen. Der Stichprobenraum Ω besteht aus 2^n Ausfällen. Jeder Ausfall ω ist eine Folge von Nullen und Einsen von der Länge n. Auf Ω definieren wir n Indikatoren $X_1, X_2, \ldots X_n$ wie folgt:

$X_i(\omega)$ = die i-te Ziffer in ω (s. Fig. 7.55). Also

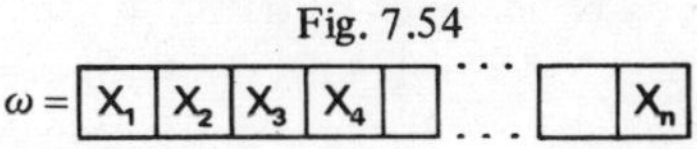

$$X_i = \begin{cases} 1, & \text{falls der } i\text{-te Wurf eine 1 ist} \\ 0, & \text{falls der } i\text{-te Wurf eine 0 ist} \end{cases}$$

Diese Indikatoren sind unabhängige Zufallsvariablen mit der gleichen Verteilung. Daher ist nach (7):

$E(X_i) = p, \qquad V(X_i) = pq$

Bei diesem Versuch interessiert in der Regel nur die Anzahl S_n der Erfolge (Einsen):

$S_n = X_1 + X_2 + X_3 + \ldots + X_n$

$E(S_n) = E(X_1) + E(X_2) + \ldots + E(X_n) = p + p + \ldots + p = np$

$\sigma^2 = V(S_n) = V(X_1) + V(X_2) + \ldots + V(X_n) = pq + pq + \ldots + pq = npq$

$$\boxed{E(S_n) = np, \quad V(S_n) = npq, \quad \sigma = \sqrt{npq}}$$

Dieses Ergebnis ist für den Rest des Buches von allergrößter Wichtigkeit.

6. Beispiel: Der Run-Test für binäre Zufallsziffern.

Das Glücksrad der Fig. 7.55 wurde 20mal gedreht mit dem Ergebnis: 00 11 0000 1 0 11 00000 1 00

Diese Ziffernfolge besteht aus 9 Blöcken gleicher Ziffern. Einen Block gleicher Ziffern nennt man im Englischen einen „Run". Wir haben also vier Einser-Runs und fünf Runs aus lauter Nullen.

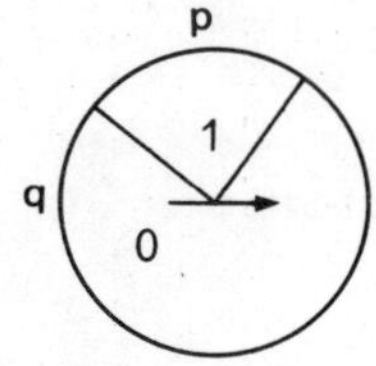

Fig. 7.55

Ein Schüler wurde herausgefordert, 50 Würfe einer L-Münze nachzuahmen, ohne Verwendung eines Zufallsgeräts. Er strengte sich sehr an und kam mit folgendem Ergebnis: 10101101001011000101100101011000101010011001010100.

Auf den ersten Blick sieht die Folge gut aus. Sie enthält 23 Einsen und 27 Nullen. Genau 25 Einsen wäre ja auch „verdächtig". Trotzdem ist der Schüler ein schlechter „Fälscher". Seine Folge enthält zu viele Runs, nämlich 36 Stück.

Mit dem Glücksrad der Fig. 7.55 werden n Ziffern $X_1, X_2, \ldots, X_n$ erzeugt. Es sei R die Anzahl der Runs in der Ziffernfolge $X_1, X_2, \ldots, X_n$. Wir wollen $E(R)$ berechnen. Dazu definieren wir $n-1$ Indikatoren Y_i wie folgt:

$$Y_i = \begin{cases} 1, \text{ falls } X_{i-1} \neq X_i \\ 0, \text{ falls } X_{i-1} = X_i \end{cases} \qquad i = 2, 3, 4, \ldots, n$$

Dann ist $E(Y_i) = P(Y_i = 1) = P(\{01, 10\}) = qp + pq = 2pq$.

Die Anzahl der Runs beträgt: $R = 1 + Y_2 + Y_3 + \ldots + Y_n$.

Also ist $E(R) = 1 + (n-1)\,2pq$.

Für $n = 50$ und $p = q = \frac{1}{2}$ ergibt sich $E(R) = 25{,}5$.

Die Zufallsvariable R hat die Streuung $\sigma = 3{,}5$ (siehe die folgende Aufgabe 34). Die beobachtete Run-Zahl 36 übertrifft also den Erwartungswert um $3 \cdot \sigma$. Eine so große Abweichung vom Erwartungswert kommt nur ganz selten vor.

7. Beispiel:

Im Erdgeschoß eines n-stöckigen Gebäudes betreten m Personen den Fahrstuhl. Jede Person steige mit der Wahrscheinlichkeit $\frac{1}{n}$ in jedem der n Stockwerke aus. Der Fahrstuhl halte X-mal. Berechne $E(X)$.

Es sei $X_i = \begin{cases} 1, \text{ falls der Knopf Nr. } i \text{ gedrückt wird} \\ 0, \text{ falls der Knopf Nr. } i \text{ nicht gedrückt wird} \end{cases}$

(Siehe Fig. 7.56) Dann ist $X = X_1 + X_2 + \ldots + X_n$

Ferner ist $E(X_i) = P(X_i = 1) = 1 - (1 - \frac{1}{n})^m = p$.

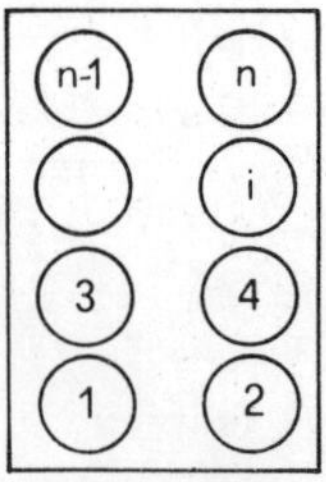

Fig. 7.56

Erläuterung: Der Knopf Nr. i wird von niemandem gedrückt mit der Wahrscheinlichkeit $(1-\frac{1}{n})^m$.
Mindestens eine Person drückt auf den Knopf Nr. i mit der Wahrscheinlichkeit $p = 1-(1-\frac{1}{n})^m$.
Also ist $E(X) = np = n\,[1-(1-\frac{1}{n})^m]$.

Aufgaben:

28. Es sei X die Augenzahl beim Werfen eines Würfels. Berechne $V(X)$.

29. Eine L-Münze mit den Seiten 0 und 1 wird so lange geworfen, bis eine „1“ oder drei Nullen erscheinen. Es sei X die Anzahl der Würfe. Berechne $V(X)$ und σ.

30. Eine Zufallsvariable X hat die folgende Verteilung:

x	1	2	3	...	n
$q(x)$	$\frac{1}{n}$	$\frac{1}{n}$	$\frac{1}{n}$	...	$\frac{1}{n}$

Berechne $E(X)$, $V(X)$, σ.

31. Aus der Urne in Fig. 7.57 wird ein Wort zufällig gezogen. Es sei X die Wortlänge und Y die Anzahl der Vokale im Wort. Berechne $E(X)$, $E(Y)$, $V(X)$, $V(Y)$, $\sigma(X)$, $\sigma(Y)$.

PRIMZAHLEN HABEN
GENAU ZWEI TEILER

Fig. 7.57

32. In Fig. 7.58 werden die 4 Kugeln zufällig gezogen (ohne Zurücklegen). Die Ausfälle ω dieses Zufallsversuchs sind Permutationen von $\{1, 2, 3, 4\}$.
Es sei $X(\omega)$ die Anzahl der Fixpunkte in ω, z.B. $X(1\,3\,2\,4) = 2$, $X(4\,3\,2\,1) = 0$.
Bestimme die Verteilung von X sowie $E(X)$, $V(X)$, σ.

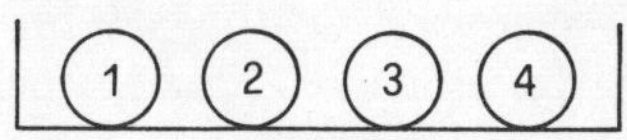

Fig. 7.58

33. Gegeben ist eine Folge von n Urnen. Die Urne Nr. i enthält eine weiße und i schwarze Kugeln ($i = 1, 2, 3, \ldots, n$). Aus jeder Urne wird eine Kugel gezogen. Es sei S_n die Anzahl der weißen Kugeln. Berechne $E(S_n)$ und $V(S_n)$.
Hinweis: Führe n Indikatoren ein.
$$X_i = \begin{cases} 1, \text{ wenn die Kugel aus der } i\text{-ten Urne weiß ist} \\ 0, \text{ sonst} \end{cases}$$
Drücke S_n durch die X_i aus.

34. Dem Statistischen Jahrbuch von Anchurien wurde die folgende Tabelle entnommen:

Anzahl der Kinder je Familie	x	0	1	2	3	4	5	6	7	8
Anteil der Familien mit x Kindern	$p(x)$	0,44	0,20	0,14	0,10	0,05	0,03	0,02	0,01	0,01

a) Eine zufällig ausgewählte Familie habe X Kinder. Berechne $E(X)$.
[b)] Ein Kind wird zufällig ausgewählt aus der Menge aller Kinder. Es sei Y die Anzahl der Kinder in seiner Familie. Berechne $E(Y)$.

▶ 35. Das System in Fig. 7.59 besteht aus n parallel geschalteten Teilen. Ein Teil kostet 8 DM. Ein Versagen des Systems führt zu einem Verlust von 8192 DM. Bestimme n so, daß der Erwartungswert der Gesamtkosten minimal wird.

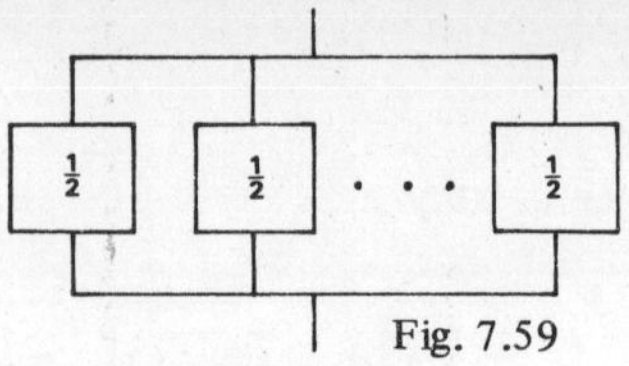

Fig. 7.59

[36.] Für die Zufallsvariable R des 6. Beispiels soll $V(R)$ berechnet werden.

a) Zeige, daß für $p = q = \frac{1}{2}$ gilt: $E(Y_i Y_k) = E(Y_i)E(Y_k) = \frac{1}{4}$ und damit:
$V(R) = V(R-1) = V(Y_2 + Y_3 + \ldots + Y_n) = V(Y_2) + V(Y_3) + \ldots + V(Y_n)$
Folgere daraus: $\sigma(R) = \frac{1}{2}\sqrt{n-1}$

b) Zeige, daß für $p \neq q$ gilt $E(Y_i Y_{i+1}) = pq$, $E(Y_i)E(Y_{i+1}) = 4p^2q^2$,
$E(Y_i Y_{i+k}) = E(Y_i)E(Y_{i+k})$ für $k > 1$.
Ferner ist nach (2) und (3):
$V(R) = V(R-1) = E(Y_2 + \ldots + Y_n)^2 - [E(Y_2 + \ldots + Y_n)]^2$
Der zweite Summand ist bekannt. Der erste Summand läßt sich durch Ausquadrieren auswerten. Zeige, daß sich schließlich ergibt:
$\sigma^2(R) = V(R) = 2pq\ [2n - 3 - 2pq(3n-5)]$

7.7. Tschebyschew-Ungleichung und Gesetze der großen Zahlen[1]

Die große Bedeutung der Streuung σ liegt darin, daß Abweichungen vom Mittelwert μ die Größenordnung σ haben. Dies wird durch die Tschebyschew-Ungleichung präzisiert, die nun bewiesen wird.

Es sei Y eine Zufallsvariable auf Ω, die keine negativen Werte annimmt, d.h.

(1) $Y \geqq 0$

Alle Punkte ω in Ω, in denen $Y(\omega) \geqq \epsilon$ ist, fassen wir zur Menge A zusammen (Fig. 7.60):

(2) $A = \{\omega \mid Y(\omega) \geqq \epsilon\}$

Das Ereignis A schreibt man kurz:

(3) $Y \geqq \epsilon$

Ist I_A der Indikator von A, so gilt auf Ω:

(4) $Y \geqq \epsilon I_A$

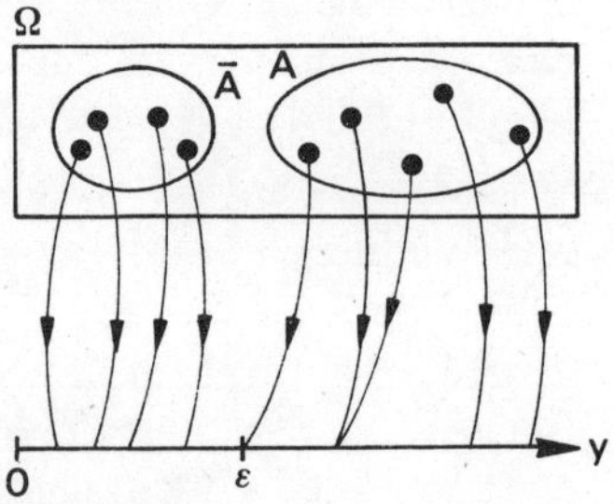

Fig. 7.60

Denn auf A reduziert sich (4) auf (3) und auf $\bar{A}$ auf (1). Durch Potenzieren mit $r \geqq 0$ folgt wegen $I_A^r = I_A$:

(5) $Y^r \geqq \epsilon^r I_A$

Anwendung des Operators E ergibt:

$$E(Y^r) \geqq E(\epsilon^r I_A) = \epsilon^r E(I_A) = \epsilon^r P(A)$$

oder $$P(A) \leqq \frac{1}{\epsilon^r} E(Y^r)$$

oder $$P(Y \geqq \epsilon) \leqq \frac{1}{\epsilon^r} E(Y^r)$$

[1] Dieser Abschnitt kann beim ersten Lesen überschlagen werden, da sein Inhalt im folgenden nicht verwendet wird.

Mit $Y = |X - \mu|$, wo $\mu = E(X)$ ist, ergibt sich:

$$(6) \quad P(|X-\mu| \geqq \epsilon) \leqq \frac{E(|X-\mu|^r)}{\epsilon^r}$$

Wir setzen darin $r = 2$ und $E(X-\mu)^2 = \sigma^2$ und erhalten:

$$(7) \quad P(|X-\mu| \geqq \epsilon) \leqq \frac{\sigma^2}{\epsilon^2}$$

Dies ist die *Tschebyschew-Ungleichung*. Wir geben noch 3 gleichwertige Versionen. Durch Übergang zum Gegenereignis $\overline{A}$ folgt aus (7):

$$(7') \quad P(|X-\mu| < \epsilon) > 1 - \frac{\sigma^2}{\epsilon^2}$$

Setzt man in (7) bzw. (7′) $\epsilon = t \cdot \sigma$, so ergibt sich (8) und (8′):

$$(8) \quad P(|X-\mu| \geqq t \cdot \sigma) \leqq \frac{1}{t^2}$$

$$(8') \quad P(|X-\mu| < t \cdot \sigma) > 1 - \frac{1}{t^2}$$

In Worten: Die Wahrscheinlichkeit, daß eine Zufallsvariable von ihrem Erwartungswert um mehr als $t \cdot \sigma$ abweicht, ist kleiner als $\frac{1}{t^2}$.

Diese Schätzung ist sehr grob. Trotzdem genügt sie, um einen berühmten Satz zu beweisen. Wir kehren zum 5. Beispiel des vorigen Abschnitts zurück. Ein Versuch mit der Erfolgswahrscheinlichkeit $p = 1 - q$ wird n-mal unabhängig wiederholt. Es sei X_i die Anzahl der Erfolge bei der i-ten Wiederholung. D.h.

$$X_i = \begin{cases} 1, \text{ falls die } i\text{-te Wiederholung ein Erfolg ist} \\ 0, \text{ falls die } i\text{-te Wiederholung ein Fehlschlag ist} \end{cases}$$

Dann ist $S_n = X_1 + X_2 + \ldots + X_n$ die Gesamtzahl der Erfolge. Es wurde gezeigt, daß $\mu(S_n) = E(S_n) = np$ und $\sigma^2(S_n) = V(S_n) = npq$.

Die relative Häufigkeit der Erfolge ist $\overline{S}_n = \frac{1}{n} S_n$.

Wegen $E(cX) = cE(X)$ und $V(cX) = c^2 V(X)$ ist

$$\mu(\overline{S}_n) = E(\overline{S}_n) = \frac{np}{n} = p,$$

$$\sigma^2(\overline{S}_n) = V(\overline{S}_n) = \frac{1}{n^2} V(S_n) = \frac{npq}{n^2} = \frac{pq}{n}.$$

Die Zufallsvariable $\overline{S}_n$ hat also den Erwartungswert p und die Streuung $\frac{pq}{n}$. Auf $\overline{S}_n$ wenden wir die Tschebyschew-Ungleichung (7′) an und erhalten:

$$1 \geqq P(|\overline{S}_n - p| < \epsilon) > 1 - \frac{pq}{\epsilon^2 n}$$

Für $n \to \infty$ strebt die rechte Seite gegen 1. Daraus folgt das *schwache Gesetz der großen Zahlen* von Jakob Bernoulli (1713):

Die Wahrscheinlichkeit, daß sich die relative Häufigkeit $\overline{S}_n$ von der zugehörigen Wahrscheinlichkeit p um weniger als ϵ unterscheidet, strebt gegen 1 für $n \to \infty$. Dabei ist ϵ eine beliebig kleine positive Zahl.

Damit ist die *Stabilität der relativen Häufigkeit* eines Ereignisses bei einer langen Versuchsreihe mathematisch bewiesen. Auf dem Gesetz der großen Zahlen beruht

die grundsätzliche Möglichkeit, Wahrscheinlichkeiten durch relative Häufigkeiten näherungsweise zu bestimmen.
Wir wollen das schwache Gesetz der großen Zahlen geometrisch deuten. Wir machen eine Folge von Münzenwürfen, jede Zeiteinheit einen Wurf. Den Anteil der Erfolge $\frac{S_n}{n}$ tragen wir in Abhängigkeit von der Zeit n ab. Es entsteht ein zufälliger Pfad ω in der Ebene. Die Fig. 7.61 zeigt den Pfad
$\omega = 101110001011101010\ldots$
Wir zeichnen eine Parallele im Abstand p von der Zeitachse und umgeben sie mit einem Parallelstreifen der Breite 2ϵ. Nehmen wir einen festen Zeitpunkt n: Ist n hinreichend groß, dann ist die Wahrscheinlichkeit nahezu 1, daß sich der Pfad zu diesem festen Zeitpunkt innerhalb des Parallelstreifens befindet. Der Satz sagt keineswegs aus, daß der Pfad in seinem ganzen weiteren Verlauf innerhalb des Streifens bleibt. Es gilt jedoch auch das *starke Gesetz der großen Zahlen* von E. Borel (1909):

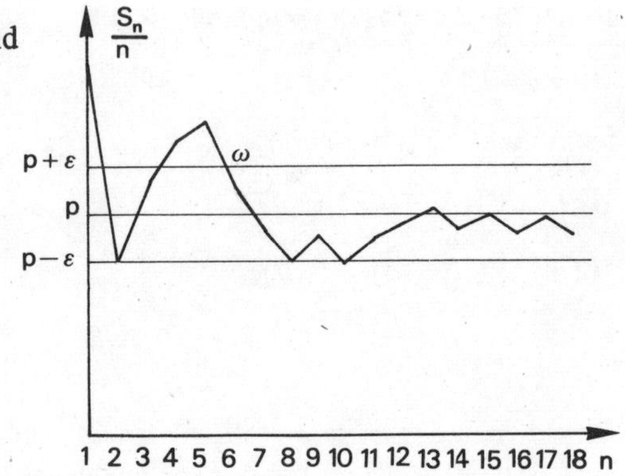

Fig. 7.61

Mit Wahrscheinlichkeit 1 ist $\lim\limits_{n\to\infty} \frac{S_n}{n} = p$

D.h., wenn n hinreichend groß ist, dann ist es fast sicher, daß der zufällige Pfad ω im Streifen ist und auch drin bleibt (fast sicher verläuft der Pfad schließlich ganz im Streifen).
Der Beweis ist sehr schwer und kann überschlagen werden. Wir setzen in (6) $r = 4$ und erhalten:

(9) $P(|X-\mu| \geqq \epsilon) \leqq \frac{1}{\epsilon^4} E(X-\mu)^4$

Es sei

$D_n = \{|\frac{S_n}{n} - p| \geqq \epsilon\}$.

Dann besagt das schwache Gesetz der großen Zahlen:

$P(D_n) \leqq \frac{pq}{\epsilon^2 n}$

$P(D_n)$ ist die Wahrscheinlichkeit, daß der Pfad ω im Zeitpunkt n nicht im Innern des Streifens ist. Diese Wahrscheinlichkeit strebt gegen 0 für $n \to \infty$. Das Ereignis $A_{nr} = D_n \cup D_{n+1} \cup D_{n+2} \cup \ldots \cup D_{n+r}$ ist das Ereignis, daß ω im Zeitraum von n bis $n+r$ mindestens einmal aus dem Streifen austritt. Wir zeigen, daß $P(A_{nr}) < \frac{d}{n-1}$ ist, also unabhängig von r beliebig klein gemacht werden kann bei hinreichend großer Wahl von n. Dies gelingt uns mit Hilfe von (9). Die einzige

Schwierigkeit des Beweises ist die Berechnung von $E(S_n - np)^4$. Man beachte in den folgenden Rechnungen, daß $X_i^r = X_i$ und
$E(X_i \cdot X_k \cdot X_l \cdot X_m) = E(X_i)E(X_k)E(X_l)E(X_m) = p^4$ ist:

$$S_n = X_1 + X_2 + \ldots + X_n$$

$$S_n^2 = \sum_i X_i^2 + \sum_{i \neq j} X_i X_j$$

$$S_n^3 = \sum_i X_i^3 + 3 \sum_{i \neq j} X_i^2 X_j + \sum_{i \neq j \neq k} X_i X_j X_k$$

$$S_n^4 = \sum_i X_i^4 + 4 \sum_{i \neq j} X_i^3 X_j + 3 \sum_{i \neq j} X_i^2 X_j^2 + 6 \sum_{i \neq j \neq k} X_i^2 X_j X_k + \sum_{i \neq j \neq k \neq l} X_i X_j X_k X_l$$

$$E(S_n) = np, \; E(S_n^2) = np + n(n-1)p^2$$

$$E(S_n^3) = np + 3n(n-1)p^2 + n(n-1)(n-2)p^3$$

$$E(S_n^4) = np + n(n-1)(n-2)(n-3)p^4 + 6n(n-1)(n-2)p^3 + 7n(n-1)p^2$$

$$E(S_n - np)^4 = E(S_n^4) - 4npE(S_n^3) + 6(np)^2 E(S_n^2) - 4(np)^3 E(S_n) + (np)^4$$

$$E(S_n - np)^4 = 3(pq)^2 n^2 + (pq - 6p^2q^2)n$$

$$(10) \quad E\left(\frac{S_n}{n} - p\right)^4 = \frac{3(pq)^2 n + (pq - 6p^2q^2)}{n^3} = \frac{an+b}{n^3} < \frac{an+bn}{n^3} = \frac{a+b}{n^2} = \frac{c}{n^2}$$

Aus (9) und (10) folgt jetzt:

$$P\left(\left|\frac{S_n}{n} - p\right| \geqq \epsilon\right) \leqq \frac{c}{\epsilon^4 n^2} = \frac{d}{n^2}$$

oder: $P(D_n) \leqq \frac{d}{n^2}$

Damit ist:

$$P(D_n \cup D_{n+1} \cup D_{n+2} \cup \ldots \cup D_{n+r})$$

$$\leqq P(D_n) + P(D_{n+1}) + P(D_{n+2}) + \ldots + P(D_{n+r})$$

$$\leqq \frac{d}{n^2} + \frac{d}{(n+1)^2} + \frac{d}{(n+2)^2} + \ldots + \frac{d}{(n+r)^2}$$

$$\leqq d\left[\frac{1}{(n-1)n} + \frac{1}{n(n+1)} + \ldots + \frac{1}{(n+r-1)(n+r)}\right]$$

$$= d\left[\frac{1}{n-1} - \frac{1}{n} + \frac{1}{n} - \frac{1}{n+1} + \ldots + \frac{1}{n+r-1} - \frac{1}{n+r}\right] = d\left[\frac{1}{n-1} - \frac{1}{n+r}\right] < \frac{d}{n-1}$$

q. e. d.

8. Die Binomialverteilung

8.1. Herleitung und Beispiele

Ein Zufallsversuch mit zwei möglichen Ausfällen heißt *Bernoulli-Versuch*. Solche Versuche sind uns schon oft begegnet. Wir nannten die Ausfälle „1" und „0" oder „Erfolg" und „Fehlschlag", und wir bezeichneten ihre Wahrscheinlichkeiten mit p und q. Man kann dabei an das Glücksrad der Fig. 8.1 denken oder an das Werfen einer Münze mit den Seiten 0 und 1. Die Münze ist im allgemeinen keine Laplace-Münze. Sie sieht eher aus wie der Reißnagel in Fig. 8.2.

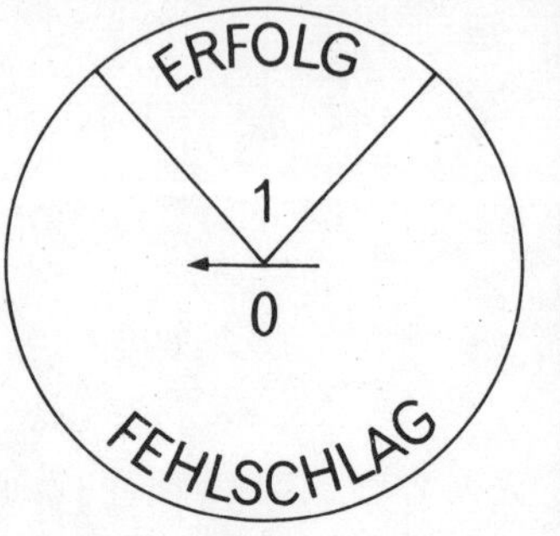

Fig. 8.1

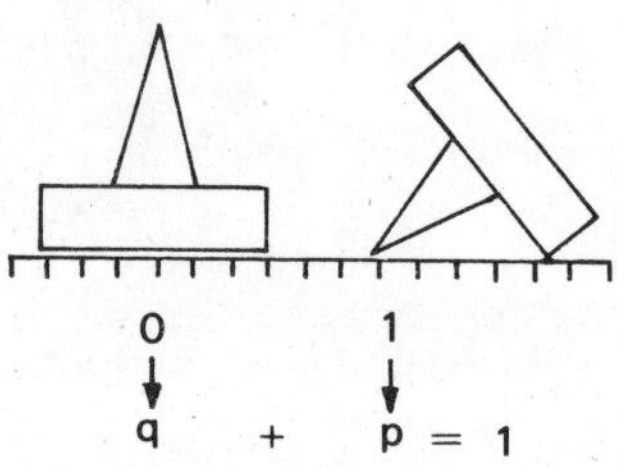

Fig. 8.2

Die Münze werde n-mal unabhängig geworfen. „Unabhängig werfen" soll heißen, daß sich dabei p nicht ändert. Der Stichprobenraum Ω des n-fachen Wurfs besteht aus allen (0,1)-Folgen der Länge n. Es sei ω eine bestimmte Folge, die x Einsen und $n-x$ Nullen enthält, z.B.

$$\omega = \underbrace{111\ldots1}_{x}\ \underbrace{000\ldots0}_{n-x}$$

Diese Folge hat die Wahrscheinlichkeit

$$p^x q^{n-x}.$$

Man interessiert sich in der Regel nur für die Anzahl S_n der Erfolge und nicht für die Reihenfolge, in der sie eintreten. Es sei X_i der Ausfall des i-ten Wurfs. X_i ist ein Indikator. Die Zufallsvariable S_n kann man als Summe von Indikatoren schreiben:

$S_n = X_1 + X_2 + \ldots + X_n$

Eine Zufallsvariable ist eine Funktion auf Ω. Die Funktion S_n ordnet jedem Ausfall ω seine Quersumme zu, also:

$S_n(\omega) =$ Quersumme des Ziffernblocks ω.

Wir wissen von früher:

$E(S_n) = np$ und $V(S_n) = npq$

Wir leiten jetzt die Verteilung von S_n her. Das Ereignis $S_n = x$ ist die Menge aller Ausfälle mit x Einsen. Es gibt $\binom{n}{x}$ solche Ausfälle und jeder hat dieselbe Wahrscheinlichkeit $p^x q^{n-x}$. Daher gilt:

$$P(S_n = x) = b(x) = \binom{n}{x} p^x q^{n-x},\quad p+q=1,\quad x \in \{0, 1, 2, \ldots, n\}$$

Die Funktion $x \to b(x)$ heißt *Binomialverteilung* mit den Parametern n und p. Eigentlich müßte man ausführlicher $b(x; n, p)$ schreiben. Der Name kommt daher, weil nach dem binomischen Lehrsatz gilt:

$$(q+p)^n = \sum_{x=0}^{n} \binom{n}{x} p^x q^{n-x} = \sum_{x=0}^{n} b(x)$$

In Beispielen ist uns die Binomialverteilung schon oft begegnet. Sie ist eine der wichtigsten Verteilungen und wird daher genau untersucht.

1. Beispiel:

Abel und Kain tragen ein TT-Turnier aus. Abel gewinnt ein Spiel gegen Kain mit der Wahrscheinlichkeit $p = 0{,}6$. Es werden $n = 1, 3, 5, 7, 9 \ldots, 2a+1$ Spiele vereinbart. Wer die Mehrheit der Spiele gewinnt, ist Sieger. Wie groß sind die Siegeschancen für den schlechteren Spieler Kain?

Lösung: Kain siegt, wenn Abel $S_n \leqq a$ Erfolge erzielt. Die Wahrscheinlichkeit dafür beträgt:

$$P(S_n \leqq a) = b(0) + b(1) + \ldots + b(a) = \sum_{x=0}^{a} \binom{n}{x} p^x q^{n-x}$$

$n = 1$: $P(S_n \leqq 0) = q = 0{,}4$

$n = 3$: $P(S_n \leqq 1) = q^3 + 3q^2p = 0{,}352$

$n = 5$: $P(S_n \leqq 2) = p^5 + 5q^4p + 10q^3p^2 = 0{,}31744$

$n = 7$: $P(S_n \leqq 3) = q^7 + 7q^6p + 21q^5p^2 + 35q^4p^3 = 0{,}290$

$n = 9$: $P(S_n \leqq 4) = q^9 + 9q^8p + 36q^7p^2 + 84q^6p^3 + 126q^5p^4 = 0{,}2665$

Dieses Beispiel zeigt die starke Zufallsabhängigkeit sportlicher Entscheidungen. Bei einem Turnier von 9 Spielen gewinnt der deutlich schlechtere Spieler in mehr als 25% aller Fälle!

2. Beispiel: Der gestörte Nachrichtenkanal

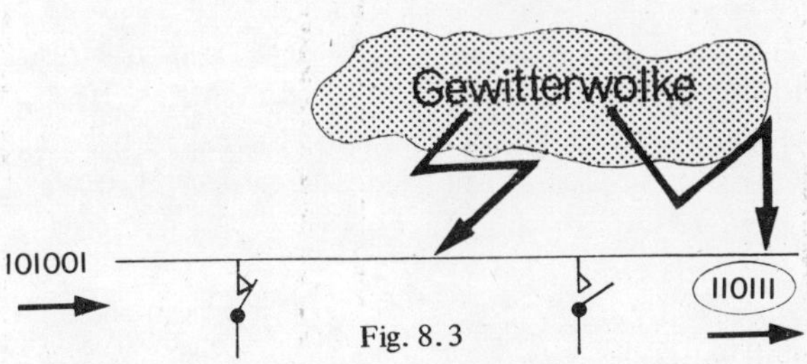

Fig. 8.3

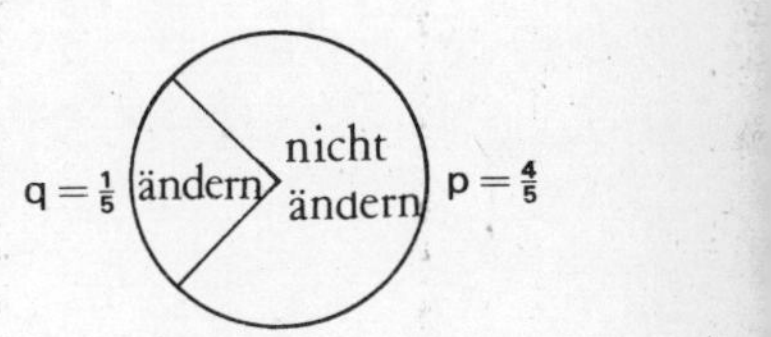

Fig. 8.4

Die Fig. 8.3 zeigt einen Nachrichtenkanal. Durch diesen Kanal werden die Zeichen 0 und 1 übertragen. Wegen der Anwesenheit von „Geräusch" (Blitzeinschläge, Öffnen und Schließen von Schaltern u. a. m.) wird manchmal eine gesendete 0 als 1 empfangen und umgekehrt. Wir nehmen an, daß das Schicksal eines jeden Zeichens von dem Glücksrad der Fig. 8.4 gesteuert wird. D.h. jedes Zeichen wird mit der Wahrscheinlichkeit $q = 0{,}2$ geändert. Ein solcher Kanal heißt *binärer symmetrischer Kanal* und er wird in der Nachrichtentechnik durch die Fig. 8.5 dargestellt. Es soll eine wichtige Nachricht übermittelt werden, die aus dem einen Zeichen 1 besteht. Um die Nachricht vor Geräusch zu schützen, wird 11111 statt 1 gesendet. Der Empfänger kann 32 verschiedene Nachrichten empfangen. Bei der Deutung der Nachricht trifft er eine Mehrheitsentscheidung. Enthält die Nachricht mehr Einsen als Nullen, so wird sie als 1 gedeutet, andernfalls als 0. Mit welcher Wahrscheinlichkeit wird die Nachricht richtig entschlüsselt?

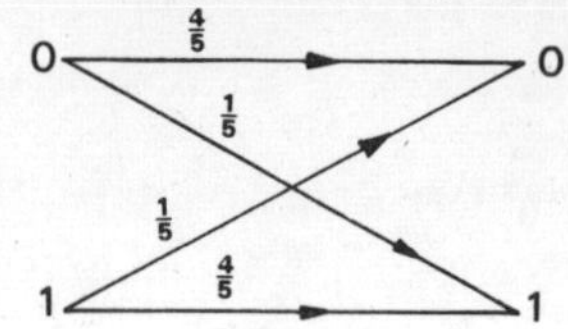

Fig. 8.5

Lösung: Die Nachricht wird falsch gelesen, wenn 3, 4 oder 5 Fehler auftreten. Die Wahrscheinlichkeit dafür ist:
$q^5 + 5q^4p + 10q^3p^2 = 0{,}05792$
Daher werden im Mittel 94,2% aller Nachrichten richtig entschlüsselt. Man kann die Sicherheit erhöhen, indem man mehr Zeichen sendet. Aber das kostet Geld. Angenommen, ein Zeichen kostet 1 DM, eine falsche Nachricht 1000 DM. Wieviel Zeichen muß man senden, um den erwarteten Verlust möglichst klein zu halten?
Diese Aufgabe erfordert viel Rechnung. Die Tabelle 8.1 zeigt das Ergebnis:

Anzahl der gesendeten Zeichen	5	7	9	11	13	15	17
Verlusterwartung in DM	62,92	40,34	24,75	22,65	20,00	19,24	19,58

Tabelle 8.1

3. Beispiel:
Die folgende Aufgabe spielt eine Rolle bei der Nachrichtenübermittlung durch einen gestörten Kanal. Wir behandeln sie wegen der wichtigen Lösungsmethode, die im 2. Band ausgiebig verwendet wird.
Jeder Bürger von Sikinien lügt mit der festen Wahrscheinlichkeit p. Ausnahmen sind nur der Präsident und der Rundfunk-Reporter, die beide vollkommen zuverlässig sind. Der Präsident hat beschlossen, wieder zu kandidieren. Die Nachricht davon gelangt durch eine Kette von n Personen zum Rundfunk-Reporter. Wie groß ist die Wahrscheinlichkeit, daß er die richtige Entscheidung durchgibt?
1. Lösung: Es sei G_n das Ereignis „eine gerade Anzahl in der Kette von n Personen lügt".
Wir suchen die Wahrscheinlichkeit P_n des Ereignisses G_n.
G_n kann in einer von zwei Arten eintreten:
a) Die erste Person sagt die Wahrheit (Ereignis W) und eine gerade Anzahl der übrigen $n-1$ Personen lügen (Ereignis G_{n-1}).
b) Die erste Person lügt (Ereignis L) und eine ungerade Anzahl der übrigen $n-1$ Personen lügen (Ereignis $\overline{G}_{n-1}$). Die Fig. 8.6 zeigt alle Pfade, die zum Eintreten des Ereignisses G_n führen.

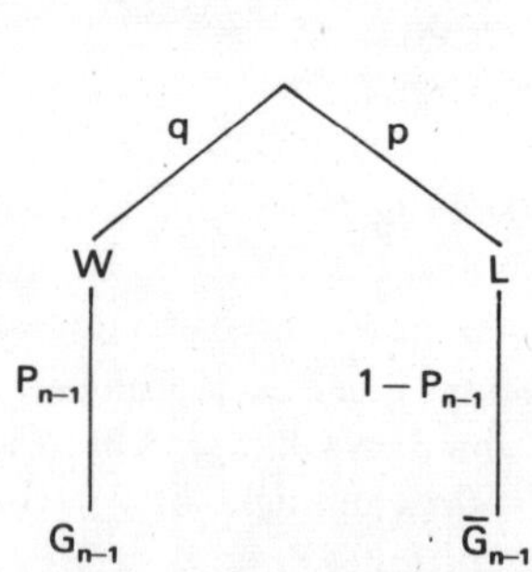

Fig. 8.6

Es gilt also:

$P_n = qP_{n-1} + p(1 - P_{n-1})$

$$(1) \quad P_n = (q - p)P_{n-1} + p$$

Ferner ist $P_0 = 1$. Damit kann man $P_1, P_2, P_3, \ldots$ berechnen. Wie man leicht nachprüft, folgt aus (1):

$P_n - \frac{1}{2} = (q - p)(P_{n-1} - \frac{1}{2})$

Daraus folgt sofort: $P_n - \frac{1}{2} = (q - p)^n (P_0 - \frac{1}{2}) = \frac{(q-p)^n}{2}$ oder

$$P_n = \frac{1 + (q-p)^n}{2}$$

2. Lösung: Eine gerade Anzahl lügt, heißt 0 lügen oder 2 lügen oder 4 lügen oder .... Die Wahrscheinlichkeit dafür ist:

$P_n = \binom{n}{0} q^n + \binom{n}{2} q^{n-2} p^2 + \binom{n}{4} q^{n-4} p^4 + \binom{n}{6} q^{n-6} p^6 + \ldots$

Nach dem binomischen Lehrsatz gilt:

$1 = (q + p)^n = \binom{n}{0} q^n + \binom{n}{1} q^{n-1} p + \binom{n}{2} q^{n-2} p^2 + \ldots$

$\quad (q - p)^n = \binom{n}{0} q^n - \binom{n}{1} q^{n-1} p + \binom{n}{2} q^{n-2} p^2 - \ldots$

Addition ergibt: $1 + (q - p)^n = 2 \cdot P_n$

$$P_n = \frac{1 + (q-p)^n}{2}$$

Sind p und q beide ungleich 1, so strebt P_n rasch gegen $\frac{1}{2}$.

4. Beispiel:

Das Heilmittel A hat die Erfolgswahrscheinlichkeit 0,9. Das neue Heilmittel B mit der unbekannten Erfolgswahrscheinlichkeit p soll getestet werden.

$H_0 : p = 0{,}90$ (das neue Mittel B ist nicht besser als A)

$H_1 : p > 0{,}90$ (B ist besser als A)

Es wird beschlossen, B an 50 Patienten zu erproben und H_0 zu verwerfen, wenn die Erfolgszahl $X > 48$ ist.

Die Wahrscheinlichkeit $L(p)$ einer Annahme von H_0 als Funktion von p heißt die *Operations-Charakteristik* des Tests. In unserem Fall ist

$L(p) = P(X \leqq 48) = 1 - P(X \geqq 49) = 1 - \binom{50}{49} p^{49} q - \binom{50}{50} p^{50}$,

$L(p) = 1 - p^{49}(50 - 49p)$.

Wir berechnen die Irrtumswahrscheinlichkeit α des Tests, d.h. die Wahrscheinlichkeit, daß H_0 wahr ist und verworfen wird. Offenbar ist

$\alpha = 1 - L(0{,}9) = 0{,}9^{49} \cdot 5{,}9 = 0{,}0338$.

Die Irrtumswahrscheinlichkeit ist also 3,4%.

Es sei nun $p = 0{,}95$. Wir berechnen die Wahrscheinlichkeit β, daß die Hypothese H_0 angenommen wird, obwohl sie in diesem Fall falsch ist:

$\beta = L(0{,}95) = 1 - 0{,}95^{49} \cdot 3{,}45 = 0{,}7205$

Aufgaben:

1. Jedes Mitglied eines 9-Mann Komitees kommt mit Wahrscheinlichkeit $\frac{1}{2}$. Wie groß ist die Wahrscheinlichkeit, daß eine $\frac{2}{3}$-Mehrheit anwesend ist?

2. Aus der Urne in Fig. 8.7 werden 6 Kugeln mit Zurücklegen gezogen. Wie groß ist die Wahrscheinlichkeit, 4 weiße und 2 schwarze Kugeln zu ziehen?

Fig. 8.7

3. In einer Urne sind w weiße und s schwarze Kugeln. Es werden n Kugeln mit Zurücklegen gezogen. Das Ziehen einer weißen Kugel gilt als Erfolg. Wie groß ist die Wahrscheinlichkeit von x Erfolgen?

4. Wie groß ist die Wahrscheinlichkeit, mit 5 Würfen eines Laplace-Würfels mindestens 2 Sechsen zu erzielen?

5. Wie groß ist die Wahrscheinlichkeit, daß in einer Familie mit
   a) 5 b) 7 c) 8 [d)] $2a + 1$ Kindern
   die Mädchen in der Mehrzahl sind?
   Nimm an, daß die Wahrscheinlichkeit einer Mädchengeburt $\frac{1}{2}$ ist?

▶ 6. Eine L-Münze wird
   a) 4mal b) 5mal c) 6mal geworfen.
   Wie groß ist die Wahrscheinlichkeit für eine ungerade Anzahl von Erfolgen? Vermutung! Versuche, die Vermutung zu beweisen, z.B. durch vollständige Induktion.

7. Wie groß ist die Wahrscheinlichkeit, bei 10 Schüssen mit der Trefferwahrscheinlichkeit $p = \frac{1}{2}$ mindestens 3 Treffer zu erzielen?

8. Jemand spielt gegen einen gleichwertigen Gegner. Was ist wahrscheinlicher:
   a) 3 von 4 oder 5 von 8 Spielen zu gewinnen?
   b) mindestens 3 von 4 oder mindestens 5 von 8 Spielen zu gewinnen?

9. Sechs L-Würfel werden geworfen. Wie groß ist die Wahrscheinlichkeit, daß genau drei Sechsen erscheinen?

[10.] Eine L-Münze wird 6mal geworfen. Wie groß ist die Wahrscheinlichkeit, daß Nullen während des Werfens niemals in der Mehrheit sind?

▶ 11. In der Tafel der Binomialverteilung kommen nur Werte $p \leqq \frac{1}{2}$ vor. Ist $p > \frac{1}{2}$, dann braucht man nur „Erfolg" und „Fehlschlag" umzubenennen. Zeige auch durch formales Rechnen, daß $b(x; n, p) = b(n - x; n, 1 - p)$.

12. Ein Glücksspieler bietet Ihnen folgendes Spiel an: Eine Laplace-Münze wird 20mal geworfen. Sie gewinnen, wenn 9, 10 oder 11mal Zahl erscheint. Ist das Spiel für Sie günstig?

13. Jemand wettet, daß er bei 12 Würfen einer L-Münze genau 6 Einsen erzielt. Wie groß ist die Gewinnwahrscheinlichkeit?

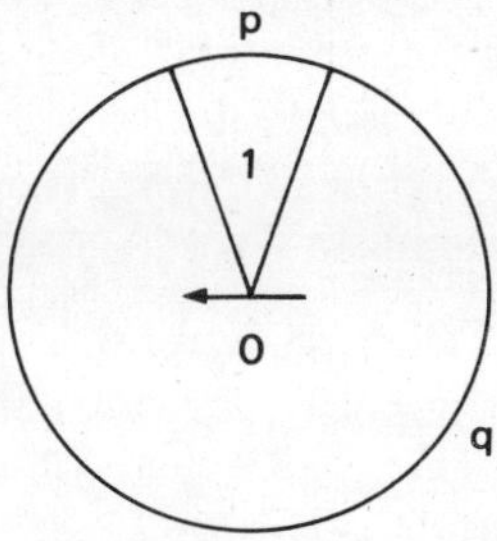

Fig. 8.8

14. (Zur Lösung benötigt man Analysis.) Abel darf das Glücksrad in Fig. 8.8 genau k-mal drehen. Wenn er genau einen Erfolg erzielt, so gewinnt er einen Preis. Für welchen Wert von p ist seine Gewinnwahrscheinlichkeit am größten?

15. Eine Maschine produziert Werkstücke mit dem Ausschußanteil p. Der Käufer testet die Maschine, indem er 10 Stücke herstellt. Kommt höchstens ein Ausschußstück vor, so kauft er die Maschine. Bestimme die Wahrscheinlichkeit $L(p)$, daß er die Maschine kauft. Fülle die folgende Tabelle aus:

p	0	0,1	0,2	0,3	0,4	0,5
$L(p)$						

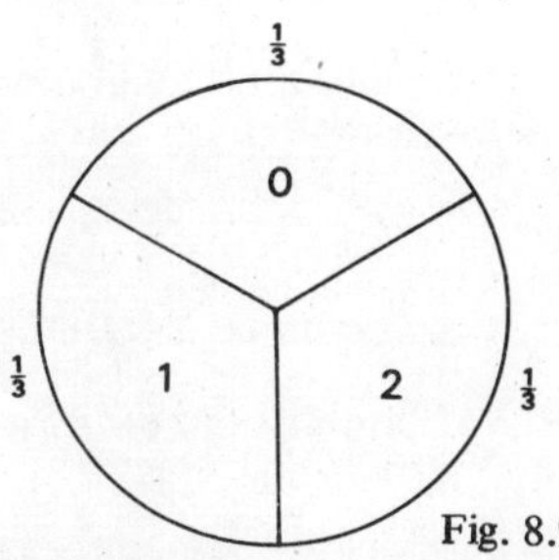

Fig. 8.9

16. Jemand behauptet, außersinnliche Wahrnehmung zu besitzen. Um diese Behauptung zu prüfen, wird das Glücksrad der Fig. 8.9 10 mal gedreht. Die Versuchsperson errät
a) 6 b) 7 Ausfälle richtig.
Wie groß ist die Wahrscheinlichkeit, durch bloßes Raten ein so gutes oder noch besseres Ergebnis zu erzielen?

17. Bei einem L-Würfel ist die Wahrscheinlichkeit für eine Sechs $p = \frac{1}{6}$. Abel hat den Verdacht, daß bei Kains Würfel $p > \frac{1}{6}$ ist. Er prüft ihn und erhält
a) 2 Sechsen in 3 Würfen, b) 3 Sechsen in 5 Würfen.
Kann er die Hypothese H_0: $p = \frac{1}{6}$ auf dem 5%-Niveau verwerfen?

18. Ein Arzt behauptet, daß er eine Methode besitzt, mit der er mit 80%iger Sicherheit ($p = \frac{4}{5}$) das Geschlecht eines Kindes Monate vor der Geburt bestimmen kann. Um seine Behauptung zu testen, wird folgende Entscheidungsregel verwendet: Man läßt ihn 14 Voraussagen treffen. Wenn die Anzahl der Erfolge $X \geqq 11$ ist, will man seine Behauptung akzeptieren. Wenn $X < 11$ ist, wird sie verworfen. Wie groß ist die Wahrscheinlichkeit, daß
a) seine Methode verworfen wird, wenn sie wertlos ist ($p = \frac{1}{2}$)?
b) Seine Methode verworfen wird, obwohl er recht hat ($p = \frac{4}{5}$)?

19. Ein Graphologe hat sich um eine Stelle beworben. Um seine Fähigkeit zu testen, werden ihm 10 Paare von Schriftproben vorgelegt. Jedes Paar enthält je eine Schriftprobe von einem Arzt und einem Rechtsanwalt. Man will ihn anstellen,

wenn er mindestens 8 von den 10 Paaren richtig identifiziert. Seine Erfolgswahrscheinlichkeit sei p.

a) Wie groß ist die Wahrscheinlichkeit $L(p)$, daß er angestellt wird?

b) Bestimme $L(p)$ für $p = \frac{1}{2}$ und $p = 0{,}85$.

20. Ein Teilchen bewegt sich auf den Punkten der x-Achse mit den Koordinaten $0, \pm 1, \pm 2, \pm 3, \ldots$ auf folgende Weise: jede Sekunde springt es um eine Einheit nach rechts oder links mit der Wahrscheinlichkeit p bzw. $q = 1 - p$. Man sagt, es vollführe eine *Irrfahrt* auf $Z = \{0, \pm 1, \pm 2, \pm 3, \ldots\}$. Es starte im Ursprung zur Zeit 0. Wie groß ist die Wahrscheinlichkeit, daß es nach 11 Sekunden im Punkt
a) $+3$ b) -4 ist?
c) Es sei S seine Position nach n Sekunden. Berechne $E(S)$.
Hinweis: Schreibe S als Summe von n Indikatoren.

21. Wenn in der Aufgabe 20 $p = q = \frac{1}{2}$ ist, dann spricht man von einer *symmetrischen Irrfahrt*. Bei der symmetrischen Irrfahrt ist $E(S) = 0$. Wie groß ist $E(S^2)$?

▶ 22. Zwei Münzen haben die Erfolgswahrscheinlichkeiten a und b. Jede wird einmal geworfen. Zeige: Für keine Wahl von a und b sind die Ereignisse 0 Erfolge, 1 Erfolg, 2 Erfolge gleichwahrscheinlich.

8.2. Die Maximum-Likelihood-Schätzung für p

Ein Versuch mit der *unbekannten* Erfolgswahrscheinlichkeit p wird n-mal wiederholt. Das Ergebnis 1100010 . . . 0001 enthalte s Erfolge und $n - s$ Fehlschläge. Das beobachtete Ergebnis hat die Wahrscheinlichkeit

$$f(p) = p^s (1 - p)^{n - s}.$$

Aufgrund der beobachteten Daten möchte man p schätzen. Intuitiv plausibel ist es, denjenigen Wert $\hat{p}$ zu wählen, der $f(p)$ zu einem Maximum macht. Diese Schätzung nennt man in der Statistik *Maximum-Likelihood-Schätzung*. Sie macht also das wirklich eingetretene Ergebnis am wahrscheinlichsten verglichen mit anderen Werten von p.

Durch Ableiten nach p ergibt sich:

$$f'(p) = p^{s-1}(1 - p)^{n-s-1}(s - np)$$

Daraus ersieht man, daß $f(p)$ an der Stelle $\hat{p} = \frac{s}{n}$ am größten ist.

Mit anderen Worten: Die Maximum-Likelihood-Schätzung für die Erfolgswahrscheinlichkeit ist der Quotient $\dfrac{\text{Anzahl der Erfolge}}{\text{Anzahl der Versuche}}$.

Dies ist eine gute Schätzung, wenn s und $n - s$ groß sind. Wenn aber z.B. $s = 0$ ist, dann ist $\hat{p} = 0$, und diese Schätzung ist ziemlich wertlos.

Das Problem der Schätzung von p wird später genauer besprochen.

8.3. Die wahrscheinlichste Anzahl von Erfolgen

Die Figuren 8.10 und 8.11 zeigen Stabdiagramme der Binomialverteilung:
$b(x) = \binom{n}{x} p^x q^{n-x}$ für $n = 5$, $p = \frac{1}{3}$ sowie $n = 6$, $p = \frac{1}{2}$.

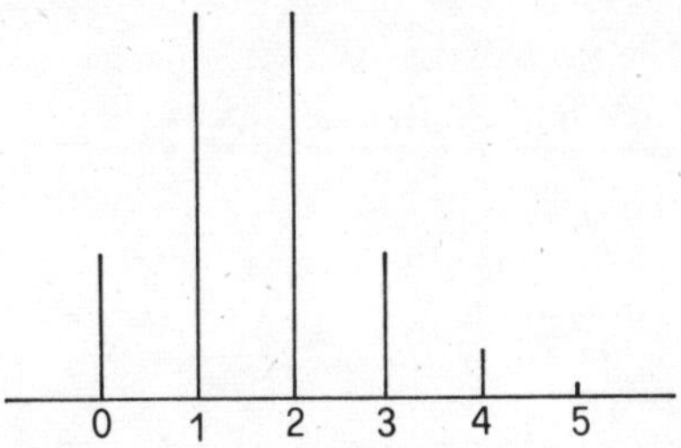

Fig. 8.10

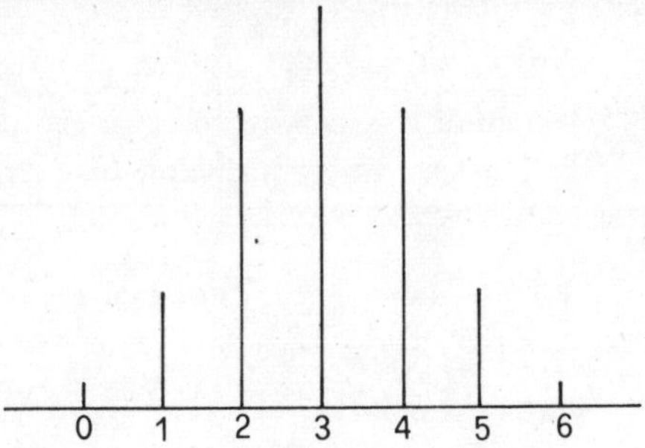

Fig. 8.11

Für $p = q$ ist das Diagramm immer symmetrisch. Um die Maximalstelle z des Diagramms zu bestimmen, bilden wir

$$\frac{b(x)}{b(x-1)} = \frac{n-x+1}{x} \cdot \frac{p}{q}, \quad \frac{b(x+1)}{b(x)} = \frac{n-x}{x+1} \cdot \frac{p}{q}.$$

Offenbar erfüllt z folgende Ungleichungen:

$$\frac{n-z+1}{z} \cdot \frac{p}{q} \geqq 1, \quad \frac{n-z}{z+1} \cdot \frac{p}{q} \leqq 1$$

oder $np - pz + p \geqq qz$, $np - pz \leqq qz + q$
oder $np + p \geqq z$, $np - q \leqq z$
oder $np - q \leqq z \leqq np + p$

z liegt also in einem Intervall der Länge 1. Ist $np + p = (n+1)p$ keine ganze Zahl, dann ist z die größte ganze Zahl unter $(n+1)p$. Ist dagegen $(n+1)p$ ganzzahlig, dann hat das Bild zwei gleiche Maxima, bei $(n+1)p$ und bei $(n+1)p - 1$.
Auf jeden Fall ist $z \approx np$.

8.4. Ausblick

Es ist äußerst schwierig, die Glieder der Binomialverteilung für $n > 20$ numerisch auszuwerten. Dazu kommt noch, daß man sich in der Regel für Ereignisse wie $S_n \leqq a$, $S_n \geqq a$, $c \leqq S_n \leqq d$ interessiert. Man braucht dann Summen der Form
$P(S_n \leqq a) = b(0) + b(1) + \ldots + b(a)$, $P(S_n \geqq a) = b(a) + b(a+1) + \ldots + b(n)$,
$P(c \leqq S_n \leqq d) = b(c) + b(c+1) + \ldots + b(d)$.
Diese Summen bestehen in der Regel aus sehr vielen Summanden. Die Binomialverteilung läßt sich nur schwer tabellieren, da man eine Tabelle mit 3 Eingängen braucht; für n, p und x. Zum Glück gibt es für große Werte von n zwei ausgezeichnete Näherungen, die rechnerisch bequem sind und leicht zu tabellieren sind. Sie werden in **10.** und **11.** behandelt.

Aufgaben:

23. Zeichne Stabdiagramme und Histogramme der Binomialverteilung für $n = 10$ und a) $p = 0{,}1$ b) $p = 0{,}2$ c) $p = 0{,}3$ d) $p = 0{,}4$ e) $p = 0{,}5$.

24. Bestimme die wahrscheinlichste Anzahl von Erfolgen für a) $n = 50,\ p = \frac{4}{17}$ b) $n = 60,\ p = 0{,}7$ c) $n = 50,\ p = 0{,}8$.

25. Ein guter Würfel wird a) 9mal b) 11mal geworfen. Welches ist die wahrscheinlichste Anzahl von Würfen, die in einer Sechs resultieren?

▶ 26. Eine L-Münze wird $2n$-mal geworfen.
a) Zeige: Die Wahrscheinlichkeit für genau n Erfolge ist:
$b(n) = \binom{2n}{n} 2^{-2n} = \frac{1 \cdot 3 \cdot 5 \ldots (2n-1)}{2 \cdot 4 \cdot 6 \ldots 2n}$
b) Im 2. Band wird gezeigt, daß für große n folgende Näherung gilt:
$b(n) \approx \frac{1}{\sqrt{\pi n}}$
Zeige dies mit Hilfe der Stirling-Formel: $n! \approx \left(\frac{n}{e}\right)^n \sqrt{2\pi n}$.
c) Prüfe die Genauigkeit der Näherungsformel $b(n) \approx \frac{1}{\sqrt{\pi n}}$ für $n = 5$ und $n = 10$.
d) Wie groß ist die Wahrscheinlichkeit, in 100 Würfen einer L-Münze genau 50mal Zahl zu erhalten?

▶ 27. Jedes der nebenstehenden Bilder zeigt ein Straßensystem. Abel startet in A und geht nach K. Um dieselbe Zeit startet Kain in K und geht nach A. Sie gehen gleichschnell und wählen ihre Wege zufällig. Wenn sie sich treffen, gibt es eine Tragödie. Wie groß ist die Wahrscheinlichkeit dafür? Löse die Aufgabe allgemein für ein $n \times n$ Straßensystem.

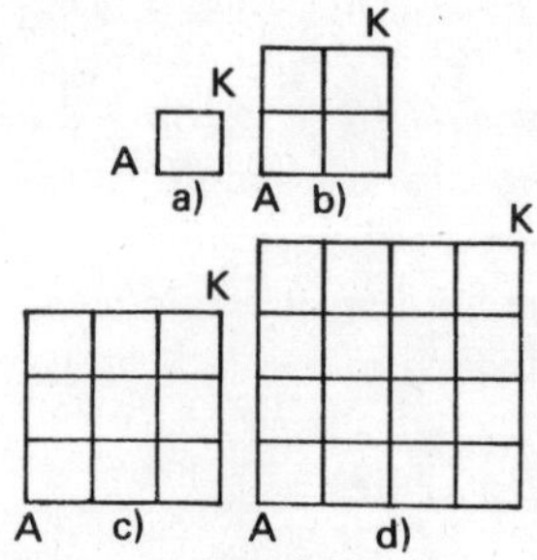

Fig. 8.12

9. Die Polynomialverteilung und der χ^2-Test

9.1. Die Polynomialverteilung

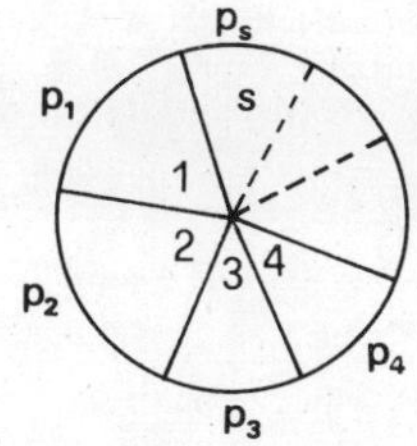

Fig. 9.1

Wir behandeln kurz eine natürliche Verallgemeinerung der Binomialverteilung. Das Glücksrad der Fig. 9.1 wird n-mal gedreht. Die Ausfälle $1, 2, 3, \ldots s$ mögen dabei $X_1, X_2, X_3, \ldots X_s$ mal auftreten. Offenbar ist:

$$(1) \quad \begin{aligned} X_1 + X_2 + X_3 + \ldots + X_s &= n \\ p_1 + p_2 + p_3 + \ldots + p_s &= 1 \end{aligned}$$

Die Zufallsvariable X_i besitzt für jedes i eine Binomialverteilung. Denn man kann den Ausfall i als „Erfolg" und alle anderen Ausfälle als „Fehlschlag" deuten. Daher ist

$E(X_i) = np_i, \quad V(X_i) = np_i(1 - p_i).$

Das Eintreten von $1, 2, 3, \ldots s$ mit den Häufigkeiten $r_1, r_2, r_3, \ldots r_s$ hat die Wahrscheinlichkeit

$$P(X_1 = r_1 \cap X_2 = r_2 \cap X_3 = r_3 \cap \ldots \cap X_s = r_s)$$
$$= \frac{n!}{r_1! r_2! r_3! \ldots r_s!} p_1^{r_1} p_2^{r_2} p_3^{r_3} \ldots p_s^{r_s}.$$

Dies ist die Polynomialverteilung. Zum Beweis betrachten wir den Ausfall

$$\omega = \underbrace{11\ldots1}_{r_1} \quad \underbrace{22\ldots2}_{r_2} \quad \underbrace{33\ldots3}_{r_3}\ldots\underbrace{ss\ldots s}_{r_s}.$$

Er hat die Wahrscheinlichkeit $p_1^{r_1} p_2^{r_2} p_3^{r_3} \ldots p_s^{r_s}$. Das Ereignis $X_1 = r_1 \cap X_2 = r_2 \cap X_3 = r_3 \cap \ldots \cap X_s = r_s$ enthält alle Permutationen von ω. Es gibt aber $\frac{n!}{r_1! r_2! r_3! \ldots r_s!}$ Permutationen von ω, die alle dieselbe Wahrscheinlichkeit haben.

9.2. Der χ^2-Anpassungstest

Der χ^2-*Test* (lies: Chi-Quadrat-Test) ist einer der nützlichsten unter allen statistischen Tests. Bei seiner Behandlung sind wir gezwungen, eine Tatsache ohne Beweis mitzuteilen. Wir besprechen zuerst ein *Beispiel*:

Ist dieser Würfel „gut"?

Ich will prüfen, ob ein Würfel gut ist, d.h. ob alle Augenzahlen gleichwahrscheinlich sind, also $p_1 = p_2 = \ldots = p_6 = \frac{1}{6}$. Dazu werfe ich den Würfel a) 120 mal b) 1200 mal mit folgendem Ergebnis:

a) Augenzahl i	1	2	3	4	5	6
beobachtete Häufigkeit X_i	15	21	25	19	14	26
erwartete Häufigkeit np_i	20	20	20	20	20	20

b)

Augenzahl i	1	2	3	4	5	6
beobachtete Häufigkeit X_i	175	215	220	190	170	230
erwartete Häufigkeit np_i	200	200	200	200	200	200

Besteht Grund, an der Qualität des Würfels zu zweifeln?
Wir lösen dieses wichtige Problem allgemein: Ein Versuch habe s mögliche Ausfälle. Wir wollen die Hypothese H_0 testen, daß die Ausfälle die Wahrscheinlichkeiten $p_1, p_2, \ldots, p_s$ haben. Wird der Versuch n-mal wiederholt, dann sind für die einzelnen Ausfälle die Häufigkeiten $np_1, np_2, \ldots, np_s$ zu erwarten. In Wirklichkeit werden die Häufigkeiten $X_1, X_2, \ldots, X_s$ beobachtet. Als Maß für die Abweichung zwischen den X_i und np_i verwendet man die Größe

$$\chi^2 = \frac{(X_1 - np_1)^2}{np_1} + \frac{(X_2 - np_2)^2}{np_2} + \ldots + \frac{(X_s - np_s)^2}{np_s} = \sum_{i=1}^{s} \frac{(X_i - np_i)^2}{np_i}.$$

Unwahrscheinlich „große" Werte von χ^2 sind signifikant und machen die Hypothese H_0 verdächtig. Aber wann ist ein Wert von χ^2 „groß"? Um dies zu beurteilen, brauchen wir den Erwartungswert und die Varianz der Zufallsvariablen χ^2.
Da jedes X_i binomial verteilt ist mit den Parametern n, p_i, hat man $V(X_i) = E(X_i - np_i)^2 = np_i(1 - p_i)$. Daraus folgt:

$$E(\chi^2) = \sum_{i=1}^{s} \frac{np_i(1-p_i)}{np_i} = \sum_{i=1}^{s} (1 - p_i) = \sum_{i=1}^{s} 1 - \sum_{i=1}^{s} p_i = s - 1$$

$$\boxed{E(\chi^2) = s - 1 = f}$$

Die Zahl $f = s - 1$ heißt „Anzahl der Freiheitsgrade". Das bedeutet intuitiv, daß man nur $s - 1$ der X_i frei wählen kann. Den letzten Wert kann man dann aus (1) berechnen.
Die Varianz von χ^2 ist nicht leicht zu berechnen. Für großes n ergibt sich: $V(\chi^2) \approx 2(s-1) = 2f$
Der beobachtete χ^2-Wert liegt meist in der Nähe seines Erwartungswertes f. Die Abweichung $\chi^2 - f$ hat die Größenordnung $\sigma = \sqrt{2f}$. Wird ein χ^2-Wert beobachtet, der kleiner ist als $f + \sqrt{2f}$, so besteht kein Anlaß, an der Hypothese H_0 zu zweifeln. Ist dagegen der beobachtete χ^2-Wert größer als $f + 2\sqrt{2f}$ (2σ-Abweichung vom Erwartungswert), so wird man H_0 verwerfen. Man kann zeigen, daß die Irrtumswahrscheinlichkeit nur 5% ist. Dies stimmt nicht genau. Es ist aber eine bequeme Faustregel.
Beim Würfel ist

$$f = s - 1 = 5, \quad f + \sqrt{2f} = 5 + \sqrt{10} = 8{,}16 \quad f + 2\sqrt{2f} = 5 + 2\sqrt{10} = 11{,}32.$$

Kehren wir zu unserem Beispiel zurück:
In a) ist $\chi^2 = 6{,}2 < 8{,}16$. Die Beobachtungsdaten geben keinen Anlaß, an der Echtheit des Würfels zu zweifeln.
In b) ist $\chi^2 = 13{,}25 > 11{,}32$. Der Würfel dürfte unsymmetrisch sein.
Bei großer Wurfzahl ist der χ^2-Test sehr scharf. Fast jeder Würfel wird als falsch entlarvt.

Die oben angegebene Faustregel zum Gebrauch des χ^2-Tests genügt meist zur Beurteilung von Beobachtungsdaten. Für genauere Untersuchungen braucht man eine Tabelle. Die Verwendung der Tabelle V auf Seite 159 soll an einem Beispiel erklärt werden.
Bei der Simulation der „Rosinenaufgabe" auf Seite 71 haben wir 200 Zufallsziffern verwendet. Wir wollen ihre Qualität testen. Die folgende Tabelle gibt die Ziffernhäufigkeiten:

Ziffer i	0	1	2	3	4	5	6	7	8	9
beobachtete Häufigkeit X_i	25	18	20	19	22	24	14	19	16	23
erwartete Häufigkeit np_i	20	20	20	20	20	20	20	20	20	20

Tabelle 9.1

Wir müssen nun für diese Tabelle χ^2 berechnen. Wegen $f = 10 - 1 = 9$ müssen wir den berechneten Wert mit den Zahlen der 9. Zeile in der Tabelle V vergleichen.
Der 9. Zeile entnehmen wir:
$P(\chi^2 \geqq 2{,}088) = 0{,}99$, $P(\chi^2 \geqq 2{,}700) = 0{,}975$, $P(\chi^2 \geqq 3{,}325) = 0{,}95$,
$P(\chi^2 \geqq 16{,}92) = 0{,}05$, $P(\chi^2 \geqq 19{,}023) = 0{,}025$, $P(\chi^2 \geqq 21{,}67) = 0{,}01$.
In unserem Fall ist

$$\chi^2 = \frac{25 + 4 + 0 + 1 + 4 + 16 + 36 + 1 + 16 + 9}{20} = 5{,}6.$$

Dies ist weniger als der Erwartungswert 9. Daher sind die Zufallsziffern in Ordnung. Erst bei $\chi^2 \geqq 16{,}92$ wird man sie verwerfen, wenn man ein 5%-Niveau verwendet. Unter Umständen kann ein zu kleiner χ^2-Wert genauso verdächtig sein wie ein zu großer. Bei einem zu kleinen Wert besteht der Verdacht, daß jemand die Daten fabriziert hat, um damit etwas zu beweisen. Wäre z.B. $\chi^2 \leqq 2$, so wären unsere Zufallsziffern zu gut, nicht zufällig genug. Auch bei $\chi^2 \leqq 3{,}325$ wären sie noch verdächtig gut. Mit den 200 Ziffern haben wir die Rosinenaufgabe simuliert. Das Ergebnis ist in der Tabelle 9.2 nochmals aufgeführt.

Anzahl der Rosinen je Brötchen i	0	1	2	3	>3
beobachtete Anzahl der Brötchen X_i	37	36	18	8	1
erwartete Anzahl der Brötchen np_i	36,6	37	18,5	6,1	1,8

Tabelle 9.2

Auf diese Tabelle wenden wir den χ^2-Test an. Allerdings, bei $f < 5$ sollten alle $np_i \geqq 4$ sein. (Bei $f > 6$ dürfen die np_i bis auf 1 heruntergehen.). Daher legen wir die beiden letzten Spalten zusammen und erhalten die neue Tabelle 9.3.
Für diese Tabelle ist

$$\chi^2 = \frac{0{,}4^2}{36{,}6} + \frac{1^2}{37} + \frac{0{,}5^2}{18{,}5} + \frac{1{,}1^2}{7{,}9}, \quad \chi^2 = 0{,}1980.$$

i	0	1	2	$\geqq 3$
X_i	37	36	18	9
np_i	36,6	37	18,5	7,9

Tabelle 9.3

Die Anzahl der Freiheitsgrade ist $f = 4 - 1 = 3$. Die 3. Zeile der χ^2-Tabelle zeigt, daß nur in 2% aller Fälle ein so kleiner χ^2-Wert zu erwarten ist. Dies ist zu schön, um wahr zu sein. Daher ist zu vermuten, daß der Autor dieses Buches die Daten manipuliert hat, um bessere Übereinstimmung mit den Erwartungswerten np_i zu erzielen.

9.3. Der χ^2-Unabhängigkeitstest bei der Vierfeldertafel

Die 2 x 2 Tafel begegnete uns im Zusammenhang mit Fishers exaktem Test. Dieser Test war rechnerisch unbequem und nur bei kleinen Zahlen anwendbar. Bei großen Zahlen kann man den χ^2-Test anwenden.

Beispiel:
Bei 300 Studenten werden Geschlecht (M oder W) und Haarfarbe (H oder D für hell oder dunkel) festgestellt. Die Tabelle 9.4 zeigt nur die sogenannten Randhäufigkeiten: $a + c = 120$, $b + d = 180$, $a + b = 200$, $c + d = 100$. Können wir vielleicht die fehlenden Häufigkeiten a, b, c, d erschließen? Von 300 Studenten haben 120 helle Haare, das sind $\frac{2}{5}$ aller Studenten. Wenn zwischen Geschlecht und Haarfarbe kein Zusammenhang besteht, dann erwarten wir, daß $\frac{2}{5}$ aller männlichen Studenten helle Haare haben. Also $a = \frac{2}{5} \cdot 200 = 80$. Die übrigen Zahlen b, c, d kann man durch Subtraktion bestimmen. Die Tabelle 9.5 zeigt die erwarteten Häufigkeiten. In Wirklichkeit wurde $a = 72$ beobachtet. Durch Angabe dieser einen Zahl sind b, c, d auch mitbestimmt. Bei gegebenen Randhäufigkeiten ist hier nur *ein Freiheitsgrad* vorhanden. Die Tabelle 9.6 zeigt die *beobachteten* Häufigkeiten. Die Diskrepanz zwischen erwarteten und beobachteten Häufigkeiten messen wir mit χ^2:

$$\chi^2 = \frac{8^2}{80} + \frac{8^2}{120} + \frac{8^2}{40} + \frac{8^2}{60} = 4{,}00$$

Die χ^2-Tabelle zeigt, daß das Ergebnis signifikant ist auf dem 5%-Niveau. (Beachte $f = 1$.)

	H	D	
M	a	b	200
W	c	d	100
	120	180	300

Tabelle 9.4

	H	D	
M	80	120	200
W	40	60	100
	120	180	300

Tabelle 9.5

	H	D	
M	72	128	200
W	48	52	100
	120	180	300

Tabelle 9.6

Unsere Hypothese H_0 lautete: Zwischen Haarfarbe und Geschlecht besteht kein Zusammenhang. Der große χ^2-Wert wirft einen Schatten auf H_0. Man wird sich nach einer „Erklärung" umsehen. Es gibt Merkmale, die geschlechtsabhängig sind, z.B. Farbenblindheit. Die Haarfarbe gehört nicht dazu. Darauf gehen wir im 2. Band ein. Eine andere Erklärung: ein Teil der Studenten, und zwar in Abhängigkeit vom Geschlecht, manipuliert seine Haarfarbe.

Nach diesem Zahlenbeispiel behandeln wir das Problem allgemein. Eine Menge von n Objekten wird nach 2 Merkmalen A und B in 4 Klassen eingeteilt. Man denke etwa an n Personen und die Merkmale blaue Augen (A) und blondes Haar (B). Die Tabelle 9.7 zeigt die Häufigkeiten a, b, c, d der 4 Klassen $A \cap B$, $\bar{A} \cap B$, $A \cap \bar{B}$, $\bar{A} \cap \bar{B}$ sowie die Randhäufigkeiten $|A| = a + c$, $|\bar{A}| = b + d$, $|B| = a + b$, $|\bar{B}| = c + d$.

	A	$\bar{A}$	
B	a	b	a+b
$\bar{B}$	c	d	c+d
	a+c	b+d	n = a+b+c+d

Tabelle 9.7

Unsere Hypothese H_0 lautet:
Die Merkmale A und B sind unabhängig voneinander. D.h. für jedes Individuum wurde durch unabhängiges Drehen der beiden Glücksräder in der Fig. 9.2 entschieden, welche der Merkmale A, B es bekommt. Wenn H_0 richtig ist, dann sind die Wahrscheinlichkeiten der 4 Klassen pq, $(1-p)q$, $p(1-q)$, $(1-p)(1-q)$.

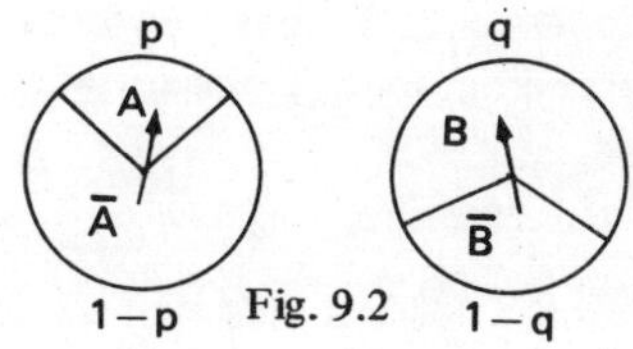

Fig. 9.2

Die Tabelle 9.8 zeigt die Erwartungswerte der vier Klassen. Wären p und q bekannt, so könnte man die Abweichungen der beobachteten Häufigkeiten von ihren Erwartungswerten mit χ^2 messen (bei $f = 3$). Aber p und q sind meist unbekannt und werden geschätzt durch

$$\hat{p} = \frac{a+c}{n}, \quad \hat{q} = \frac{a+b}{n},$$

$$1-\hat{p} = \frac{b+d}{n}, \quad 1-\hat{q} = \frac{c+d}{n}.$$

	A	$\bar{A}$
B	npq	np(1−q)
$\bar{B}$	n(1−p)q	n(1−p)(1−q)

Tabelle 9.8

(Maximum Likelihood-Schätzung. Siehe **8.2.**)
Mit diesen geschätzten Werten $\hat{p}$, $\hat{q}$ bilden wir

$$\chi^2 = \frac{(a-n\hat{p}\hat{q})^2}{n\hat{p}\hat{q}} + \frac{(b-n(1-\hat{p})\hat{q})^2}{n(1-\hat{p})\hat{q}} + \frac{(c-n\hat{p}(1-\hat{q}))^2}{n\hat{p}(1-\hat{q})} + \frac{(d-n(1-\hat{p})(1-\hat{q}))^2}{n(1-\hat{p})(1-\hat{q})}.$$

Man rechnet leicht nach, daß jeder der vier Zähler denselben Wert $\frac{(ad-bc)^2}{n^2}$ hat.

Nach einer leichten Umformung ergibt sich:

$$(2) \quad \chi^2 = \frac{n(ad-bc)^2}{(a+b)(a+c)(b+d)(c+d)}$$

Man kann zeigen, daß bei der Unabhängigkeitsprüfung mit einer Vierfeldertafel die Anzahl der Freiheitsgrade nicht 3, sondern 1 ist. Wir haben nämlich zwei Parameter p, q mit Hilfe des Zahlenmaterials geschätzt. Für jeden geschätzten Parameter muß die Anzahl der Freiheitsgrade um 1 reduziert werden. Also $f = 4 - 1 - 2 = 1$.

Beispiel:

Die Tabelle 9.9 zeigt die Verteilung der Merkmale A (blauäugig) und B (blond) bei 50 Schülern.

Hier ist $\chi^2 = \frac{50\,(240-72)^2}{24 \cdot 26 \cdot 18 \cdot 32} = 3{,}93$

Der 1. Zeile der χ^2-Tabelle entnehmen wir $P(\chi^2 \geqq 3{,}84) = 0{,}05$. Also kann H_0 mit einer Irrtumswahrscheinlichkeit $\alpha < 5\%$ verworfen werden. Blonde sind häufiger blauäugig als Dunkelhaarige.

	A	$\bar{A}$	
B	12	6	18
$\bar{B}$	12	20	32
	24	26	50

Tabelle 9.9

Bemerkung: Bei der Vierfeldertafel sollte n nicht zu klein sein, $n \geqq 30$. Ferner sollte keiner der Erwartungswerte kleiner als 5 sein.

Aufgaben:

1. Nach der Mendelschen Vererbungslehre (siehe Band 2) sollte eine Pflanze 4 Typen im Verhältnis 9 : 3 : 3 : 1 hervorbringen. In einer Stichprobe von $n = 240$ Pflanzen traten die 4 Typen mit den Haufigkeiten 120, 40, 55, 25 auf. Ist die Abweichung von den theoretischen Häufigkeiten signifikant auf dem 1%-Niveau?

2. Zeige durch Umformung, daß

   $\chi^2 = \frac{1}{n} \sum_{i=1}^{s} \frac{X_i^2}{p_i}$ ist.

   Diese Formel ist oft bequemer, besonders dann, wenn die np_i keine ganzen Zahlen sind.

3. Ein Würfel wird 60mal geworfen mit dem Ergebnis:

Augenzahl	1	2	3	4	5	6
Häufigkeit	17	7	8	11	8	9

   Prüfe mit χ^2, ob der Würfel echt ist. Prüfe auch die Augenzahl 1 gegen alle anderen Augenzahlen mit χ^2 und $f = 1$.

4. Eine Tabelle mit 1000 Zufallsziffern hat folgende Zusammensetzung:

Ziffer	0	1	2	3	4	5	6	7	8	9
Häufigkeit	122	90	92	120	90	92	110	100	76	108

   Prüfe die Qualität der Tabelle mit χ^2.

5. An vier aufeinanderfolgenden Tagen wurden zwischen 10 und 11 Uhr 10, 24, 20, 30 Flaschen Sekt verkauft. Die Hypothese H_0 lautet: Die Anzahl X der verkauften Flaschen hat denselben Erwartungswert an allen vier Tagen. Teste H_0 mit χ^2.

6. Ohne jegliche Erläuterung wurden die Schüler einer Klasse gebeten, je eine der Zahlen 0 bis 9 zu wählen. Die Zahlen wurden mit den Häufigkeiten 0, 0, 2, 6, 3, 2, 4, 8, 3, 2 gewählt. Prüfe auf dem 5%-Niveau, ob jede Zahl dieselbe Wahrscheinlichkeit hat.

7. Bei biologischen und medizinischen Experimenten sind häufig die Versuchsgruppe (A) und die Kontrollgruppe (B) gleichgroß, d.h. $a + b = c + d$. Zeige, daß in diesem Fall die Gleichung (2) die einfache Form
$\chi^2 = \frac{n(a-c)^2}{(a+c)(b+d)}$ annimmt.

8. Der genaue Wert von $V(\chi^2)$ lautet:
$$V(\chi^2) = 2(s-1) + \frac{1}{n}\left(\frac{1}{p_1} + \frac{1}{p_2} + \ldots + \frac{1}{p_s} - s^2 - 2s + 2\right)$$
Berechne $V(\chi^2)$ für einen guten Würfel und für dezimale Zufallsziffern.

9. Unter den ersten 10 000 Dezimalstellen von $\pi = 3{,}1415926535\ldots$ kommen die Ziffern 0 bis 9 mit den folgenden Häufigkeiten vor: 968, 1 026, 1 021, 974, 1 014, 1 046, 1 021, 970, 948, 1 014. Teste mit χ^2, ob jede Ziffer mit der Wahrscheinlichkeit 0,1 vorkommt.

10. In einer Kinderklinik in Australien wurde für alle Geburten während eines Jahres die Geburtsstunde registriert. Die Anzahl der Geburten zwischen 0 und 1 Uhr, 2 und 3 Uhr usw. betrug 97, 136, 151, 110, 144, 136, 117, 80, 125, 87, 101, 107, 97, 93, 100, 93, 131, 105, 92, 102, 100, 101, 127, 118.
Prüfe mit χ^2, ob Kindergeburten mit gleicher Wahrscheinlichkeit in eine der 24 Stunden des Tages fallen.

11. Es wurden 60 Personen gefragt, ob sie rauchen oder trinken. Die Tabelle 9.10 zeigt das Ergebnis.
H_0: Zwischen den beiden Merkmalen besteht kein Zusammenhang.
Prüfe H_0 auf dem 5%-Niveau.

	Raucher	Nichtraucher
Trinker	30	10
Nichttrinker	10	10

Tabelle 9.10

12. Die Tabelle 9.11 zeigt die Anzahl der Ausschußstücke bei zwei Produktionsmethoden. Ist der Unterschied signifikant auf dem 1%-Niveau?

	defekt	in Ordnung
Methode 1	40	20
Methode 2	15	25

Tabelle 9.11

13. Mit dem Glücksrad der Figur 9.3 wurde folgende Tabelle erzeugt:

a)

Ausfall	1	2	3
Häufigkeit	8	3	1

b)

Ausfall	1	2	3
Häufigkeit	9	4	2

Prüfe auf dem 5%-Niveau, ob das Rad in Ordnung ist.

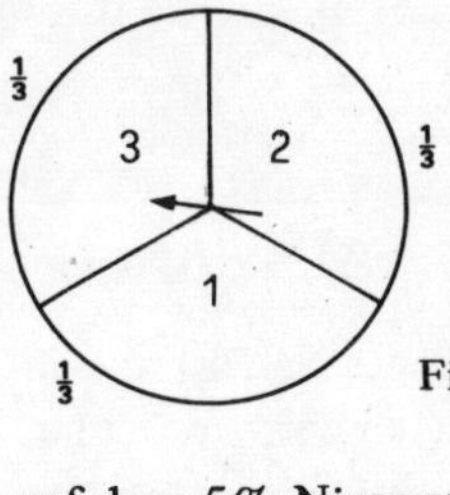

Fig. 9.3

14. Prüfe die Daten in den Tabellen auf Signifikanz auf dem 5%-Niveau:

a)

	erkrankt	nicht erkrankt
geimpft	4	11
nicht geimpft	8	7

b)

	erkrankt	nicht erkrankt
geimpft	4	16
nicht geimpft	10	10

10. Die Poisson-Verteilung

In der Wahrscheinlichkeitstheorie gibt es drei Verteilungen von ungewöhnlicher Bedeutung, weil sie in Theorie und Anwendungen immer wieder auftreten. Eine dieser Verteilungen ist die *Binomialverteilung*. Die beiden anderen sind die *Poisson-Verteilung* und die *Normalverteilung* (vgl. **11.**). Alle drei sind eng verwandt. Die beiden letzten können als Grenzformen der ersten gewonnen werden. Wir behandeln kurz die Poisson-Verteilung. Ihre eingehende Untersuchung bleibt dem 2. Band vorbehalten.

Das Glücksrad der Fig. 10.1 werde n-mal gedreht. Ist n groß, dann ist auch die Anzahl der Erfolge groß. Denn sie liegt in der Nähe des Erwartungswertes np. Es gibt jedoch den interessanten Fall, wo p sehr klein ist. Dann braucht np nicht groß zu sein. Diesen Fall untersuchen wir anhand der Fig. 10.2. Für dieses Glücksrad soll der Erwartungswert $np = \lambda$ eine feste Zahl sein. Dagegen soll $n \to \infty$ gehen. Die Wahrscheinlichkeit für lauter Fehlschläge ist:

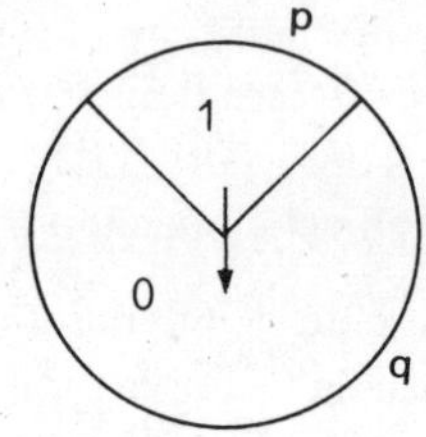

Fig. 10.1

$b(0) = q^n = (1 - \frac{\lambda}{n})^n$

Für große n ist $b(0) \approx e^{-\lambda}$

Ferner ist $\frac{b(x+1)}{b(x)} = \frac{n-x}{x+1} \cdot \frac{p}{q} = \frac{\lambda}{x+1}(1 - \frac{x}{n}) \cdot \frac{1}{q}$.

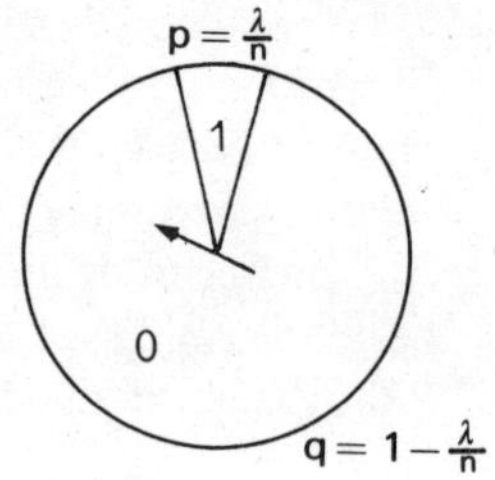

Fig. 10.2

Für große n ist $q \approx 1$, $1 - \frac{x}{n} \approx 1$, da x in der Nähe von $np = \lambda$ liegt.

Daher ist: $b(x+1) \approx \frac{\lambda}{x+1} b(x)$

Also: $b(1) \approx \frac{\lambda}{1} b(0) = \frac{\lambda}{1} e^{-\lambda}$

$b(2) \approx \frac{\lambda}{2} b(1) = \frac{\lambda^2}{2!} e^{-\lambda}$

$b(3) \approx \frac{\lambda}{3} b(2) = \frac{\lambda^3}{3!} e^{-\lambda}$

$\vdots \qquad \vdots$

(1)	$b(x) \approx \frac{\lambda^x}{x!} \cdot e^{-\lambda}$	$\lambda = np$

Diese berühmte Näherung stammt von Poisson. Sie ist viel besser als man vernünftigerweise erwarten darf. Sie ist gut brauchbar für $0 < p < 0{,}1$. Durch Umbenennung von „Erfolg" und „Fehlschlag" beherrscht man damit auch den Bereich $0{,}9 < p < 1$.

Im Fall der Poisson-Näherung gilt:

Erwartungswert $\approx$ Varianz $= \lambda$.

Denn $np = \lambda$, $\sigma^2 = npq = \lambda(1 - \frac{\lambda}{n}) \approx \lambda$.

Man prüft leicht nach, daß

(2) $p(x) = \frac{\lambda^x}{x!} e^{-\lambda}, \ \lambda > 0, \ x = 0, 1, 2, 3, \ldots$

eine Wahrscheinlichkeitsverteilung auf $\Omega = \{0, 1, 2, 3, \ldots\}$ ist. Denn es ist $p(x) \geqq 0$,

und wegen $e^{\lambda} = \sum_{x=0}^{\infty} \frac{\lambda^x}{x!}$ ist $\sum_{x=0}^{\infty} p(x) = e^{-\lambda} \sum_{x=0}^{\infty} \frac{\lambda^x}{x!} = e^{-\lambda} \cdot e^{\lambda} = 1$.

Diese Verteilung heißt *Poisson-Verteilung* mit dem *Parameter* λ.

1. Beispiel:
In 100 cm³ einer Flüssigkeit befinden sich 100 Viren. Damit werden 100 Versuchstiere geimpft, indem jedem Tier 1 cm³ der Flüssigkeit eingespritzt wird. Ein Virus führt mit Sicherheit zur Erkrankung. Wieviel Tiere werden nicht erkranken?

Lösung: Wir berechnen die Wahrscheinlichkeit, daß ein bestimmtes Tier nicht erkrankt. Wenn die Viren zufällig in der Flüssigkeit verteilt sind, dann hat jeder die Wahrscheinlichkeit $p = \frac{1}{100}$, dem betreffenden Tier eingespritzt zu werden. Wir suchen die Wahrscheinlichkeit von 0 Erfolgen in 100 Versuchen. Hier ist $p = \frac{1}{100}$ sehr klein und $\lambda = np = 100 \cdot \frac{1}{100} = 1$. Daher verwenden wir die Poisson-Näherung. Die Wahrscheinlichkeit, daß ein Tier x Viren bekommt, ist nach (1): $b(x) \approx \frac{e^{-1}}{x!}$.
Die Tabelle 10.1 zeigt einige Werte von $b(x)$:

x	0	1	2	3	3
$b(x)$	0,3679	0,3679	0,1839	0,0613	0,0154

Tabelle 10.1

D.h. ca. 37 Tiere erkranken nicht.
Dies war eine andere Version der „Rosinenaufgabe".

2. Beispiel:
Das 1. Beispiel ist unrealistisch, weil man die Anzahl n der Viren in der Regel nicht kennt. Man kann aber n schätzen. Nach (1) ist die Wahrscheinlichkeit, gesund zu bleiben $e^{-\lambda}$. Bleiben z.B. $\frac{1}{4}$ der Tiere gesund, so gilt aufgrund der Häufigkeitsdeutung der Wahrscheinlichkeit:

$e^{-\lambda} \approx \frac{1}{4}$

$\lambda \approx 1{,}4$

$n \approx \frac{\lambda}{p} = 140$

Die Flüssigkeit enthält rund 140 Viren.

3. Beispiel: Der große Jubiläumstag
Genau in einem Jahr feiert ein großer Betrieb seinen 100. Geburtstag. Die Direktion beschließt, allen Kindern von Betriebsangehörigen, die am Jubeltag geboren werden, ein Sparkonto von 5000 DM anzulegen. Es werden rund 730 Kinder pro Jahr geboren, also 2 pro Tag. Man hat also 10 000 DM Auslagen zu erwarten. Um Zufallsschwankungen zu berücksichtigen, werden für diesen Zweck 25 000 DM eingeplant. Wie groß ist die Wahrscheinlichkeit, daß das Geld nicht reicht?

Lösung: Hier ist $n = 730$, $p = \frac{1}{365}$, $\lambda = np = 2$. Ist X die Anzahl der Kinder, die am Jubeltag geboren werden, so ist die gesuchte Wahrscheinlichkeit:

$$P(X \geqq 6) = 1 - P(X \leqq 5) = 1 - [e^{-2} + e^{-2} \cdot \frac{2}{1} + e^{-2} \frac{2^2}{2!} + e^{-2} \frac{2^3}{3!} + e^{-2} \frac{2^4}{4!} + e^{-2} \cdot \frac{2^5}{5!}]$$

$$P(X \geqq 6) = 1 - e^{-2} \cdot \frac{109}{15} = 0{,}0168$$

Die Wahrscheinlichkeit einer unangenehmen Überraschung ist also sehr klein. Man braucht nicht damit zu rechnen.

Denkaufgabe: Am Jubeltag wurden 36 Kinder geboren. Man deute dieses Phänomen. (Dies ist eine wahre Geschichte. Nur die Zahlen wurden geändert, damit die Rechnungen bequemer werden.)

Aufgaben:

1. Die Zufallsvariable X hat eine Poisson-Verteilung mit dem Parameter λ. Bestimme die wahrscheinlichste Anzahl von Erfolgen. (Hinweis: Bilde $\frac{p(x)}{p(x-1)}$)
2. Eine Fabrik produziert Schrauben, die mit der Wahrscheinlichkeit $p = 0{,}001$ defekt sind. Wie groß ist die Wahrscheinlichkeit, daß eine Sendung von 500 Schrauben mindestens zwei unbrauchbare enthält?
3. In einer großen Stadt gibt es im Mittel pro Jahr $\lambda = 2$ Brände. Wie groß ist die Wahrscheinlichkeit, daß im nächsten Jahr mehr als 4 Brände ausbrechen?
4. Ein Buch mit 500 Seiten hat 50 Druckfehler, die zufällig auf die Seiten verteilt sind.
   a) Wie groß ist die Wahrscheinlichkeit, daß eine zufällig ausgewählte Seite mehr als einen Druckfehler hat?
   b) Es sei X die Anzahl der Seiten mit mehr als einem Druckfehler. Bestimme $E(X)$!
5. Ein Versuch mit der Erfolgswahrscheinlichkeit $p = 0{,}01$ wird n-mal unabhängig wiederholt. Wie groß muß n sein, damit die Wahrscheinlichkeit für mindestens einen Erfolg $\geqq \frac{1}{2}$ wird? Löse die Aufgabe exakt und mit der Poisson-Näherung.
6. In einer großen Stadt ereignet sich im Mittel täglich ein Selbstmord. Es sei X die Anzahl der Tage im Jahr mit 5 oder mehr Selbstmorden. Berechne $E(X)$.
7. In einer Großstadt gibt es je Woche im Durchschnitt zwei Selbstmorde. Nach einem aufsehenerregenden Selbstmord einer bekannten Persönlichkeit gab es in der Woche danach 5 Selbstmorde. Ist die Beobachtung signifikant auf dem 5%-Niveau?
8. 4% aller Fluggäste, die Plätze reservieren, erscheinen nicht. Die Fluggesellschaft weiß dies und verkauft 75 Flugkarten für 73 verfügbare Plätze. Wie groß ist die Wahrscheinlichkeit, daß alle Fluggäste Platz bekommen? Löse die Aufgabe exakt mit der Binomialverteilung und mit der Poisson-Näherung.

11. Die Normalverteilung

11.1. Diskrete und stetige Verteilungen

Im einfachsten Fall nimmt eine Zufallsvariable X endlich viele Werte $x_1, x_2, x_3, \ldots, x_n$ mit den Wahrscheinlichkeiten $p_1, p_2, \ldots, p_n$ an.
Dabei ist $p_i \geqq 0$ und $\sum_{i=1}^{n} p_i = 1$.
Es gibt Zufallsvariablen, die abzählbar (unendlich) viele Werte $x_1, x_2, x_3, \ldots$ mit den Wahrscheinlichkeiten $p_1, p_2, p_3, \ldots$ annehmen.
Dabei ist wieder $p_i \geqq 0$ und $\sum_{i=1}^{\infty} p_i = 1$
Eine Zufallsvariable heißt *diskret*, wenn sie höchstens abzählbar viele Werte annimmt.
Bei Messungen einer physikalischen Größe X, wie Länge, Gewicht oder Zeit, kann der Ausfall in der Regel jede reelle Zahl aus einem Intervall sein. Man interessiert sich dabei für die Wahrscheinlichkeit $P(a \leqq X \leqq b)$, daß die Messung in ein Intervall $[a, b]$ hineinfällt. In solchen Fällen gibt man sich eine Funktion f mit den folgenden Eigenschaften vor:
a) $f(x) \geqq 0$ für alle x.
b) f schließt mit der x-Achse die Gesamtfläche 1 ein. In der Sprache der Integralrechnung schreibt man dies so: $\int_{-\infty}^{\infty} f(x)\,dx = 1$
Jede Funktion mit diesen zwei Eigenschaften heißt eine *Dichte*.
Mit Hilfe der Dichte f kann man leicht Wahrscheinlichkeiten von Ereignissen der Form $X \leqq a$, $X \geqq b$, $a \leqq X \leqq b$ ausrechnen; z.B. gilt:

$$P(a \leqq X \leqq b) = \int_a^b f(x)\,dx = \text{Fläche unter der Dichte von } a \text{ bis } b$$

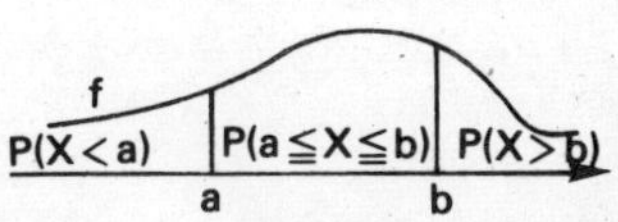

Fig. 11.1

Eine Zufallsvariable heißt *stetig verteilt*, wenn sie eine Dichte hat.

11.2. Die Normalverteilung

Wir führen die wichtigste stetige Verteilung ein.
Es sei Z eine stetig verteilte Zufallsvariable mit der Dichte

$$\varphi(z) = \frac{1}{\sqrt{2\pi}}\, e^{\frac{-z^2}{2}}, \quad e = 2{,}718, \quad \frac{1}{\sqrt{2\pi}} \approx 0{,}399.$$

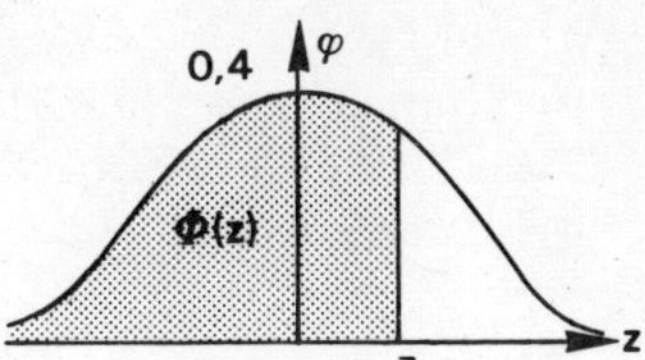

Fig. 11.2

Daß φ eine Dichte ist, wird im 2. Band gezeigt.
Fig. 11.2 zeigt das Bild von φ. Es ist symmetrisch zur φ-Achse, da $\varphi(-z) = \varphi(z)$ ist. Die graue Fläche unter der Kurve links von z wird mit $\Phi(z)$ bezeichnet. Offenbar ist:
$\Phi(z) = P(Z \leqq z)$.

Die Zufallsvariable Z fällt in das Intervall $[a, b]$ mit der Wahrscheinlichkeit
$P(a \leqq z \leqq b) = \Phi(b) - \Phi(a)$.
Die Funktion φ heißt *normale Dichte* und Φ nennt man *Normalverteilung* oder auch *Gauß-Verteilung*. Eine Zufallsvariable mit der Dichte φ heißt *normal verteilt*.
Von Interesse sind vor allem die folgenden vier Ereignisse:
$Z \leqq z, \quad Z \geqq z, \quad |Z| \leqq z, \quad |Z| \geqq z.$
Ihre Wahrscheinlichkeiten ergeben sich als Flächen unter der Kurve φ. In der Fig. 11.3 sind die entsprechenden Flächen grau. Alle vier Fälle sind auf Seite 158 tabelliert. Negative Werte von z lassen sich mit der Formel $\Phi(-z) = 1 - \Phi(z)$ auf positive Werte zurückführen. (Man begründe diese Formel!)

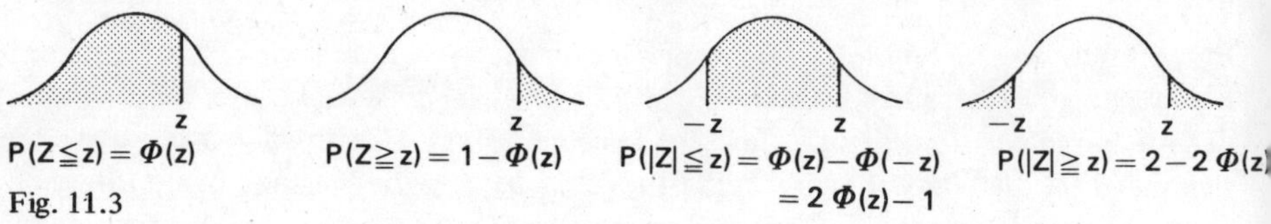

Fig. 11.3

11.3. Approximation der Binomialverteilung durch die Normalverteilung

Das Glücksrad der Fig. 11.4 wird n-mal gedreht. Es sei X_i der Ausfall der i-ten Drehung. Die Anzahl der Erfolge ist
$S_n = X_1 + X_2 + \ldots + X_n$.
S_n hat die Binomialverteilung
$P(S_n = x) = b(x) = \binom{n}{x} p^x q^{n-x}$.
Wir wollen

$$P(a \leqq S_n \leqq b) = \sum_{x=a}^{b} b(x) = \sum_{x=a}^{b} \binom{n}{x} p^x q^{n-x}$$

bestimmen. Diese Wahrscheinlichkeit ist gleich dem Inhalt der grauen Fläche im Histogramm der Verteilung (Fig. 11.5). In dieselbe Figur ist noch die Kurve

$$f(x) = \frac{1}{\sigma\sqrt{2\pi}} e^{-\frac{1}{2}\left(\frac{x-np}{\sigma}\right)^2}, \quad \sigma = \sqrt{npq}$$

eingezeichnet. Im 2. Band wird gezeigt, daß für große Werte von npq
$b(x) \approx f(x)$
ist. Schon für $npq > 9$ ist die Näherung recht gut. Daher ist die graue Fläche in Fig. 11.5 annähernd gleich der Fläche unter der Kurve f von $a - \frac{1}{2}$ bis $b + \frac{1}{2}$, d.h.

$$P(a \leqq S_n \leqq b) \approx \int_{a-\frac{1}{2}}^{b+\frac{1}{2}} f(x)\,dx.$$

Die Kurve f läßt sich durch eine flächentreue Abbildung in die normale Dichte φ überführen. Dazu setzen wir $\frac{x-np}{\sigma} = z$.

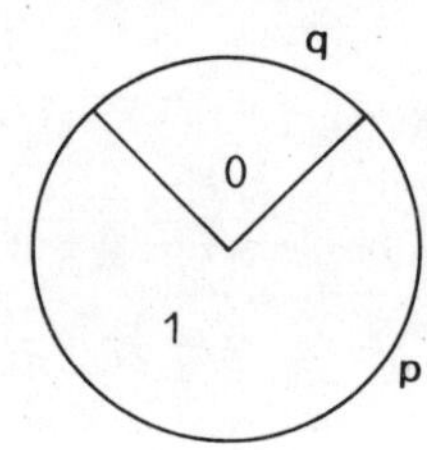

Fig. 11.4

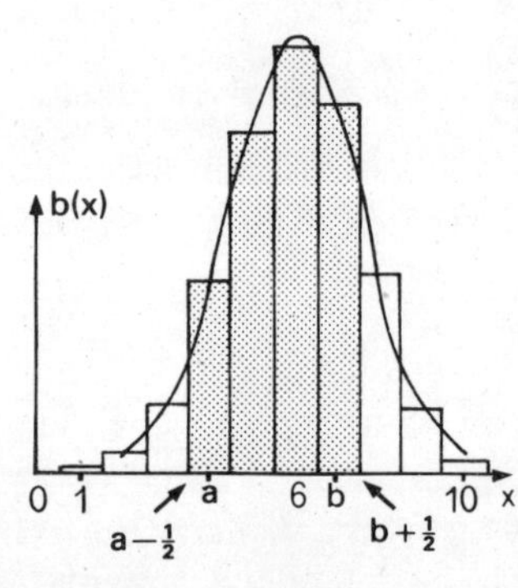

Fig. 11.5
Das Histogramm von $b(x)$ für $n = 10$, $p = 0{,}6$ und $npq = 2{,}4$

Dies entspricht einer Verlegung des Ursprungs nach (np; 0) und einer Stauchung in x-Richtung mit dem Faktor σ. Dann strecken wir die neue Kurve in Ordinatenrichtung mit dem Faktor σ. Die Bildkurve hat dann die Gleichung

$$\varphi(z) = \frac{1}{\sqrt{2\pi}}\, e^{\frac{-z^2}{2}}.$$

Die Punkte $a, b, a - \frac{1}{2}, b + \frac{1}{2}$ auf der x-Achse gehen über in

$$z_1 = \frac{a - np}{\sigma},\; z_2 = \frac{b - np}{\sigma},\; z_1 - \frac{1}{2\sigma},\; z_2 + \frac{1}{2\sigma}.$$

Da Flächeninhalte erhalten bleiben, ist

$$\int_{a-\frac{1}{2}}^{b+\frac{1}{2}} f(x)\,dx = \int_{z_1-\frac{1}{2\sigma}}^{z_2+\frac{1}{2\sigma}} \varphi(z)\,dz = \Phi(z_2 + \frac{1}{2\sigma}) - \Phi(z_1 - \frac{1}{2\sigma})$$

oder ausführlich:

$$(1)\quad P(a \leqq S_n \leqq b) = \sum_{x=a}^{b} \binom{n}{x} p^x q^{n-x} \approx \Phi\left(\frac{b + \frac{1}{2} - np}{\sqrt{npq}}\right) - \Phi\left(\frac{a - \frac{1}{2} - np}{\sqrt{npq}}\right)$$

Diese grundlegende Formel kann man auf viele Arten umschreiben und spezialisieren. Z.B. ergibt sich für $a = b = x$:

$$(2)\quad \binom{n}{x} p^x q^{n-x} \approx \Phi\left(\frac{x + \frac{1}{2} - np}{\sqrt{npq}}\right) - \Phi\left(\frac{x - \frac{1}{2} - np}{\sqrt{npq}}\right)$$

Die Formel (1) wird durchsichtiger, wenn man S_n durch

$$Z_n = \frac{S_n - np}{\sqrt{npq}}$$

ersetzt. Wegen $E(Z_n) = 0$ und $V(Z_n) = 1$ heißt Z_n *standardisierte* Zufallsvariable. Sie gibt an, um wieviel σ-Einheiten die Zufallsvariable S_n von ihrem Erwartungswert np abweicht. Offenbar ist $z_1 \leqq Z_n \leqq z_2$ gleichwertig mit $np + z_1\sigma \leqq S_n \leqq np + z_2\sigma$. Daher ist nach (1):

$$(3)\quad P(z_1 \leqq Z_n \leqq z_2) = P(np + z_1\sigma \leqq S_n \leqq np + z_2\sigma) \approx \Phi(z_2 + \frac{1}{2\sigma}) - \Phi(z_1 - \frac{1}{2\sigma})$$

D.h. Z_n ist annähernd normal verteilt. Von besonderem Interesse sind die folgenden vier Ereignisse:

$|Z_n| \leqq z,\; |Z_n| \geqq z,\; Z_n \leqq z,\; Z_n \geqq z.$

Das erste dieser Ereignisse ist gleichwertig mit $-z \leqq Z_n \leqq z$ oder auch

$$\frac{|S_n - np|}{\sqrt{npq}} \leqq z \quad \text{bzw.} \quad |S_n - np| \leqq z\sqrt{npq}\,.$$

Aus (3) folgt mit $z_1 = -z$, $z_2 = z$ unter Beachtung von $\Phi(z) - \Phi(-z) = 2\Phi(z) - 1$:

$$(4)\quad P(|S_n - np| \leqq z\sigma) \approx 2\Phi(z + \frac{1}{2\sigma}) - 1$$

Ebenso ergibt sich:

$$(5)\quad P(|S_n - np| \geqq z\sigma) \approx 2 - 2\Phi(z - \frac{1}{2\sigma})$$

$$(6)\quad P(S_n - np \leqq z\sigma) \approx \Phi(z + \frac{1}{2\sigma})$$

$$(7)\quad P(S_n - np \geqq z\sigma) \approx 1 - \Phi(z - \frac{1}{2\sigma})$$

Wenn σ groß ist, dann kann man in (4) bis (7) die sogenannte „Stetigkeitskorrektur" $\frac{1}{2\sigma}$ vernachlässigen und man erhält bequemere, aber weniger genaue Näherungen. Sie sind in der Tabelle 11.1 zusammengestellt. Wir verwenden in der Regel diese einfachen Versionen von (4) bis (7).

1. Beispiel:
Eine L-Münze wird 20mal geworfen. Bei 9,10 oder 11 Erfolgen gewinnt man einen Preis. Die Gewinnwahrscheinlichkeit berechnen wir genau und näherungsweise nach der Formel (1). Der genaue Wert beträgt:

Ereignis	Wahrscheinlichkeit
$\lvert S_n - np\rvert \leqq z\sigma$	$2\Phi(z) - 1$
$\lvert S_n - np\rvert \geqq z\sigma$	$2 - 2\Phi(z)$
$S_n - np \leqq z\sigma$	$\Phi(z)$
$S_n - np \geqq z\sigma$	$1 - \Phi(z)$

Tabelle 11.1

$$P(9 \leqq S_{20} \leqq 11) = \left[\binom{20}{9} + \binom{20}{10} + \binom{20}{11}\right]\frac{1}{2^{20}} = 0{,}497$$

Nach (1) ergibt sich mit $a = 9,\ b = 11,\ np = 10,\ npq = 5$:

$$P(9 \leqq S_{20} \leqq 11) \approx \Phi\left(\frac{1{,}5}{\sqrt{5}}\right) - \Phi\left(-\frac{1{,}5}{\sqrt{5}}\right) = 2\Phi\left(\frac{1{,}5}{\sqrt{5}}\right) - 1 = 2\Phi(0{,}6708) - 1 = 0{,}498.$$

Zur Bestimmung von $\Phi(0{,}6708)$ wurde die Tabelle III am Ende des Buches verwendet.

2. Beispiel:
Wie groß ist die Wahrscheinlichkeit, daß in 6000 Würfen eines Würfels die „Sechs" mindestens 1100mal eintritt?
Hier ist $n = 6000,\ p = \frac{1}{6},\ np = 1000,\ \sigma = \sqrt{npq} = \frac{100}{6}\sqrt{3}$.
Wir suchen die Wahrscheinlichkeit des Ereignisses $S_n - np \geqq 100$. Nach der Tabelle 11.1 hat $S_n - np \geqq z \cdot \sigma$ die Wahrscheinlichkeit $1 - \Phi(z)$.
Aus $z \cdot \sigma = 100$ folgt $z = 2\sqrt{3}$ und $1 - \Phi(2\sqrt{3}) = 0{,}00028$.

3. Beispiel:
Wie groß ist die Wahrscheinlichkeit, daß in 6000 Würfen eines Würfels die Anzahl der „Sechsen" um mindestens 50 von dem Erwartungswert 1000 abweicht?
Das Ereignis $\lvert S_n - np\rvert \geqq z \cdot \sigma$ hat die Wahrscheinlichkeit $2 - 2\Phi(z)$.
Aus $z \cdot \sigma = 50$ ergibt sich $z = \sqrt{3}$ und $2 - 2\Phi(\sqrt{3}) = 0{,}0833$.

Im 2. und 3. Beispiel haben wir die Stetigkeitskorrektur vernachlässigt.

In der Tabelle 11.2 sind einige markante Ereignisse und ihre Wahrscheinlichkeiten gegenübergestellt. Die Wahrscheinlichkeit der Abweichung $\lvert S_n - np\rvert \geqq 2\sigma$ liegt knapp unter 5%. Dies ist wohl der Grund für die Popularität des 5%-Niveaus für die Irrtumswahrscheinlichkeit. Die 2σ-Grenze wird als Alarmsignal verwendet. Bei deren Überschreitung glaubt man nicht mehr an Zufallsabweichung, sondern man sucht nach Ursachen, die sich in dieser Abweichung manifestieren.

Ereignis $\lvert S_n - np\rvert \leqq z\sigma$	Wahrscheinlichkeit $2\Phi(z) - 1$
$\lvert S_n - np\rvert \leqq \sigma$	0,683
$\lvert S_n - np\rvert \leqq 2\sigma$	0,9545
$\lvert S_n - np\rvert \leqq 3\sigma$	0,9973
$\lvert S_n - np\rvert \leqq 1{,}96\sigma$	0,95
$\lvert S_n - np\rvert \leqq 2{,}58\sigma$	0,99
$\lvert S_n - np\rvert \leqq 3{,}29\sigma$	0,999

Tabelle 11.2

Aufgaben:

1. a) Bestimme z so, daß $|S_n - np| \leqq z\sigma$ die Wahrscheinlichkeit $\frac{1}{2}$ hat.
   Zeige damit:
   b) In n Würfen einer Münze liegt die Anzahl der Erfolge mit der Wahrscheinlichkeit $\frac{1}{2}$ im Intervall $\frac{n}{2} \pm 0{,}337\sqrt{n}$.
   c) In n Würfen eines Würfels liegt die Anzahl der „Sechsen" mit der Wahrscheinlichkeit $\frac{1}{2}$ im Intervall $\frac{n}{6} \pm 0{,}251\sqrt{n}$.

2. Wie groß ist die Wahrscheinlichkeit des Ereignisses $|S_n - np| \geqq z\sigma$ für
   a) $z = 3{,}5$ b) $z = 4$?

3. Für welches z hat $|S_n - np| \geqq z\sigma$ die Wahrscheinlichkeit 0,02?

4. Ein Großrechner wurde instruiert, eine L-Münze 2000mal zu werfen und die relative Häufigkeit $\frac{S_n}{n}$ von „Zahl" nach $n = 10, 20, \ldots, 90, 100, 200, \ldots, 1900, 2000$ zu drucken. Die Tabelle 11.3 zeigt das Ergebnis (auf 5 Dezimalen gerundet). Es ist lehrreich, die Tabelle zu studieren. Mit zunehmendem n nähert sich $\frac{S_n}{n}$ der Zahl 0,5, aber in einer sehr unregelmäßigen Weise. Optisch sehen die Ergebnisse gut aus. Nur für $n = 10, 300, 600$ ist die Abweichung von 0,5 auffallend. Es soll für $n = 10, 300, 6000, 2000$ die Abweichung $|S_n - \frac{n}{2}|$ durch $\sigma = \frac{1}{2}\sqrt{n}$ gemessen werden. Wird die 2σ-Grenze überschritten?

n	$\frac{S_n}{n}$
10	0.8
20	0.65
30	0.56667
40	0.575
50	0.54
60	0.55
70	0.52857
80	0.5
90	0.51111
100	0.53
200	0.55
300	0.55
400	0.5375
500	0.524
600	0.54
700	0.51857
800	0.51625
900	0.51556
1000	0.51
1100	0.50818
1200	0.50083
1300	0.49846
1400	0.50143
1500	0.49867
1600	0.49563
1700	0.49706
1800	0.5
1900	0.50158
2000	0.5065

Tabelle 11.3

11.4. Anwendungen der Normalverteilung

Mit Hilfe der Normalverteilung lösen wir einige wichtige statistische Probleme für den Fall der Binomialverteilung.

1. Beispiel: Bestimmung des Umfangs einer Stichprobe

Man will den Anteil p der Berliner mit der Blutgruppe 0 schätzen, und zwar auf 0,02 genau. Wie groß muß die Stichprobe sein?

Will man p mit 100%iger Sicherheit auf 0,02 genau bestimmen, dann müssen fast alle Berliner untersucht werden. Ist man dagegen mit 95%iger Sicherheit zufrieden, dann genügt eine Stichprobe, die nur einen geringen Bruchteil der Gesamtbevölkerung ausmacht.

Eine Stichprobe vom Umfang n enthalte S_n Personen mit der Blutgruppe 0. Dann wird man $\hat{p} = \frac{S_n}{n}$ als Schätzung für p verwenden. Nach der Tabelle 11.1 (siehe auch Fig. 11.6) ist mit der Wahrscheinlichkeit 0,9545

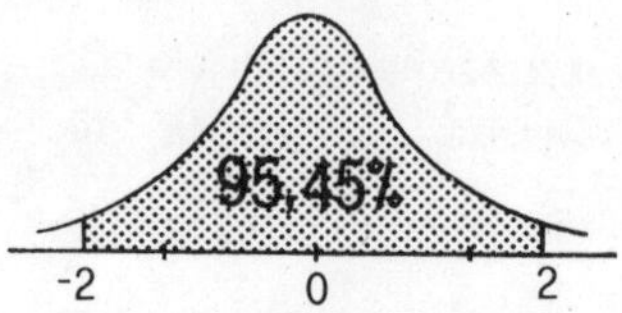

Fig. 11.6

$|S_n - np| \leqq 2\sqrt{npq}$ oder $\left|\frac{S_n}{n} - p\right| \leqq 2\sqrt{\frac{pq}{n}}$.

Wir wollen $\left|\frac{S_n}{n} - p\right| \leqq 0{,}02$ haben. D.h.

$2\sqrt{\frac{pq}{n}} \leqq 0{,}02$ oder $n \geqq 10\,000\,pq$.

Leider ist p unbekannt. Aber es gilt:

$$pq = p(1-p) = p - p^2 = \tfrac{1}{4} - (p^2 - p + \tfrac{1}{4}) = \tfrac{1}{4} - (p - \tfrac{1}{2})^2 \leqq \tfrac{1}{4}$$

Das Gleichheitszeichen gilt im Fall $p = q = \frac{1}{2}$. Daher genügt eine Stichprobe von $n \geqq 2\,500$ Personen auf jeden Fall. In der Praxis gelingt es, diesen Stichprobenumfang noch etwas zu drücken. Denn bald nach dem Anlaufen der Untersuchung kennt man rohe Näherungswerte für p und q. Unter den ersten 400 Personen mögen 144 die Blutgruppe 0 haben. Dann ist

$p \approx \frac{144}{400} = 0{,}36;$ $\quad q \approx 0{,}64;$ $\quad pq \approx 0{,}2304.$

Mit diesem Wert ist $n \geqq 2304$. Die Ersparnis ist gering. Liegt jedoch p in der Nähe von 0 oder 1, so kann die Ersparnis beträchtlich sein. In diesem Fall wird in einer Voruntersuchung p näherungsweise bestimmt. Mit Hilfe dieses Näherungswertes bestimmt man den Stichprobenumfang für die Hauptuntersuchung (Zweistufenplan).

Aufgaben:

5. Im 1. Beispiel werde a) 80%ige b) 90%ige c) 99%ige Sicherheit verlangt. Wie groß muß die Stichprobe sein?

6. Im 1. Beispiel will man p mit 95%iger Sicherheit auf a) 0,01 b) 0,05 genau wissen. Wie groß muß die Stichprobe sein?

7. Man will den Anteil der Linkshänder in einer Bevölkerung bestimmen, und zwar mit 95%iger Sicherheit auf 0,01 genau.

a) Wie groß muß die Stichprobe sein?

b) Durch eine Voruntersuchung wurde festgestellt, daß $p \approx 0{,}1$ ist. Wie groß muß die Stichprobe sein unter Verwendung dieses Näherungswertes?

8. Es soll der Anteil p der Wähler bestimmt werden, die für den Kandidaten A stimmen werden. Man will p mit 68,3%iger Sicherheit auf 0,05 genau bestimmen. Wie groß muß die Stichprobe sein?

2. Beispiel: Testen einer Hypothese

Ist diese Münze gut? Ich habe eine Münze in der Hand, die keineswegs symmetrisch ist. Ich will die Hypothese $H_0 : p = \frac{1}{2}$ prüfen. Die Gegenhypothese ist $H_1 : p \neq \frac{1}{2}$ (zweiseitiger Test). Die Münze wird 1000mal geworfen und ergibt 550mal Zahl. Die Abweichung vom Erwartungswert in σ-Einheiten beträgt:

$$z = \left| \frac{S_n - np}{\sqrt{npq}} \right| = \sqrt{10}$$

$$P(|S_n - np| \geqq \sqrt{10}\,\sigma) = 2 - 2\Phi(\sqrt{10}) = 0{,}0016$$

Man kann H_0 mit der Irrtumswahrscheinlichkeit 0,16% verwerfen.

Aufgaben:

9. Im 2. Beispiel ergeben 1000 Würfe 530mal Zahl. Ist das Ergebnis signifikant auf dem 5%-Niveau?

10. 600 Würfe eines Würfels ergeben 120 Sechsen. Ist das Ergebnis signifikant auf dem 5%-Niveau?

11. Eine bestimmte Krankheit hat die Sterblichkeit 10%. Von 200 Bergleuten starben an ihr 29. Bedeutet dies, daß Bergleute eine überdurchschnittliche Anfälligkeit gegen diese Krankheit haben? Wie groß ist die Wahrscheinlichkeit, daß rein zufällig eine so große Abweichung
    a) nach oben b) nach oben oder unten zustandekommt?

12. Hier ist eine englische Zeitungsnotiz: The Mitcham Public Health Department found an unexpected boom in boy births during May. There were 60 boys and 35 girls born during the month.
    Die Wahrscheinlichkeit einer Knabengeburt ist $p = 0{,}514$.
    a) Ist diese Beobachtung eine echte Sensation?
    b) Schätze die Einwohnerzahl von Mitcham bei einer Geburtenrate von 17 pro Jahr auf 1000 Einwohner.

3. Beispiel: Ein Vertrauensintervall für p

Dieses wichtige Problem wird zuerst an einem Zahlenbeispiel erläutert und dann allgemein diskutiert.

Um den Anteil p der Berliner mit der Blutgruppe 0 zu bestimmen, werden 200 Personen untersucht mit 80 Erfolgen. Die beste Schätzung für p ist $\hat{p} = \frac{80}{200} = 0{,}40$. Wir wollen ein 95,45%iges *Vertrauensintervall* für p bestimmen. D.h. wir suchen zwei Zahlen p_1 und p_2, so daß $p_1 < p < p_2$ mit 95,45%iger Sicherheit gilt.

Exakte Lösung: Nach der Tabelle 11.2 gilt mit 95,45%iger Sicherheit

$|S_n - np| \leqq 2\sqrt{npq}$ oder

(8) $(S_n - np)^2 \leqq 4npq$.

Setzt man darin $S_n = 80$, $n = 200$, $q = 1 - p$, so ergibt sich nach einiger Umformung:

$51p^2 - 41p + 8 \leqq 0$

Das Bild der Funktion $f(p) = 51p^2 - 41p + 8$ ist in Fig. 11.7 angedeutet. Durch Lösung der Gleichung $f(p) = 0$ ergibt sich:

$p_1 = \frac{1}{3} = 0{,}3333$; $p_2 = \frac{8}{17} = 0{,}4706$

Also gilt mit 95,45%iger Sicherheit:

(9) $0{,}3333 < p < 0{,}4706$

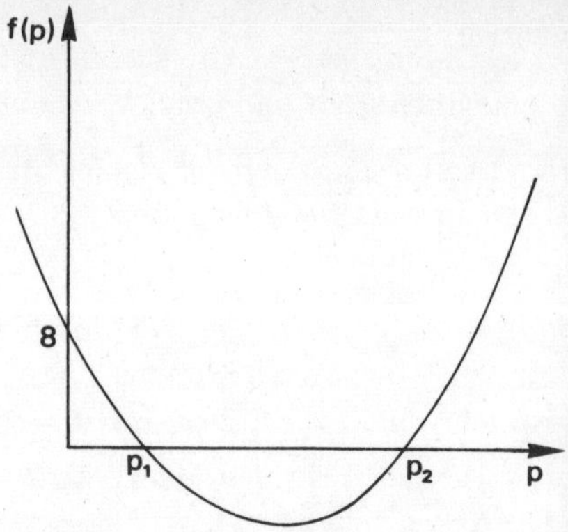

Fig. 11.7

Näherungslösung: Wir kennen p und q näherungsweise: $p \approx 0{,}4$; $q \approx 0{,}6$; $npq \approx 200 \cdot 0{,}4 \cdot 0{,}6 = 48$.

In (8) setzen wir $S_n = 80$, $n = 200$, aber $npq = 48$. Dann ergibt sich nach kurzer Rechnung:

$0{,}4 - \frac{\sqrt{48}}{100} \leqq p \leqq 0{,}4 + \frac{\sqrt{48}}{100}$ oder $0{,}3337 \leqq p \leqq 0{,}4693$.

Ein Vergleich mit (9) zeigt, daß die Näherung vorzüglich ist. Die Näherungslösung ist gut, wenn p nicht zu nahe bei 0 oder 1 liegt, z.B. für $0{,}3 < p < 0{,}7$. Wir untersuchen das Beispiel eingehend. Der Anteil p der Wähler habe die Absicht, für den Kandidaten A zu stimmen. Die feste, aber unbekannte Zahl p schätzen wir, indem wir eine Zufallsstichprobe von n Personen befragen. (Es handle sich um eine Stichprobe mit Zurücklegen. Ist die Gesamtbevölkerung viel größer als n, so macht es wenig aus, ob man zurücklegt oder nicht.) In der Stichprobe seien S_n A-Wähler.

Die beste Schätzung für p ist $\hat{p} = \frac{S_n}{n}$.

Diese Schätzung ist eine Zufallsvariable mit $E(\hat{p}) = p$ und $V(\hat{p}) = \frac{pq}{n}$. Wir wollen p durch ein Intervall um $\hat{p}$ abschätzen:

$p = \hat{p} \pm$ ein kleiner Fehler

Dieses Intervall heißt *Vertrauensintervall*. Bevor wir das Intervall angeben können, müssen wir uns entscheiden, wie sicher wir sein wollen, daß unsere Intervallschätzung den unbekannten Parameter p enthält. Es ist üblich, 95%ige Sicherheit zu verlangen. D.h. auf lange Sicht werden wir in 19 von 20 Fällen recht haben.

Nach Tabelle 11.2 gilt mit der Wahrscheinlichkeit $2\Phi(z) - 1$:

$|S_n - np| \leqq z\sqrt{npq}$

oder $\left|\frac{S_n}{n} - p\right| = |\hat{p} - p| \leqq z\sqrt{\frac{pq}{n}}$

oder $-z\sqrt{\frac{pq}{n}} \leqq \hat{p} - p \leqq z\sqrt{\frac{pq}{n}}$

oder $\hat{p} - z\sqrt{\frac{pq}{n}} \leqq p \leqq \hat{p} + z\sqrt{\frac{pq}{n}}$.

Die Intervallgrenzen enthalten den unbekannten Parameter p. Aber man kann vorsichtig abschätzen $pq \leqq \frac{1}{4}$. Damit gilt: $\hat{p} - \frac{z}{2\sqrt{n}} \leqq p \leqq \hat{p} + \frac{z}{2\sqrt{n}}$ mit einer Wahrscheinlichkeit $2\Phi(z) - 1$. Wir wollen stattdessen optimistischer sein und p, q durch $\hat{p}$ und $\hat{q} = 1 - \hat{p}$ abschätzen. Dann haben wir:

$$(10) \quad \hat{p} - z\sqrt{\frac{\hat{p}\hat{q}}{n}} \leqq p \leqq \hat{p} + z\sqrt{\frac{\hat{p}\hat{q}}{n}}$$

Wenn wir diese Abschätzung oft verwenden, dann werden wir recht haben mit der relativen Häufigkeit $2\Phi(z) - 1$. Aus der Tabelle III können wir zu einer gegebenen statistischen Sicherheit das zugehörige z entnehmen und aus (10) das entsprechende Vertrauensintervall berechnen. Bei 95% (99%) Sicherheitswahrscheinlichkeit ist $z = 1{,}96$ ($z = 2{,}58$). Dazu folgendes

Beispiel:

20 000 Berliner wurden auf ihre Blutgruppe untersucht mit dem rechts gezeigten Ergebnis.

Blutgruppe	A	B	AB	0
Prozentsatz	43,2	14,2	6	36,6

Die Zahlen wurden einer Statistik entnommen. Wir möchten gern die Genauigkeit dieser Zahlen beurteilen. Dazu bestimmen wir ein 95,45%iges Vertrauensintervall ($z = 2$) für den Anteil p mit der Blutgruppe 0:

$\hat{p} = 0{,}366, \quad \hat{q} = 0{,}634, \quad 2\sqrt{\frac{\hat{p}\hat{q}}{n}} = 0{,}00672 = 0{,}67\% \approx 0{,}7\%.$

Also ist $p = 36{,}6 \pm 0{,}7\%$

oder $\quad 35{,}9\% \leqq p \leqq 37{,}3\%$.

In der Regel pflegt man hinter dem Schätzwert p als Fehler σ anzugeben, also:

$p = (36{,}6 \pm 0{,}34)\%$

Aufgaben:

13. Der Anteil p einer Bevölkerung sind Raucher. Unter 1000 zufällig ausgewählten Personen waren 600 Raucher. Bestimme ein 95%iges Vertrauensintervall für p.

14. Der Anteil p aller Schüler sind Linkshänder. In einer Zufallsstichprobe von 100 Schülern waren 10 Linkshänder. Gib ein 95%iges Vertrauensintervall für p an.

15. Der Anteil p der Bevölkerung ist für die Todesstrafe. Unter 400 befragten Personen waren 144 Befürworter der Todesstrafe. Gib
    a) ein 95%iges b) ein 99%iges Vertrauensintervall für p an.

4. Beispiel: Problem der Vorbestellungen

Ein Hotel hat 192 freie Betten. Wieviel Reservierungen einer Kongreßleitung dürfen höchstens entgegengenommen werden, wenn erfahrungsgemäß 20% der Reservierungen wieder annulliert werden? Die Hotelleitung ist bereit, mit der Wahrscheinlichkeit $\alpha = 0{,}0228$ in Verlegenheit zu geraten.

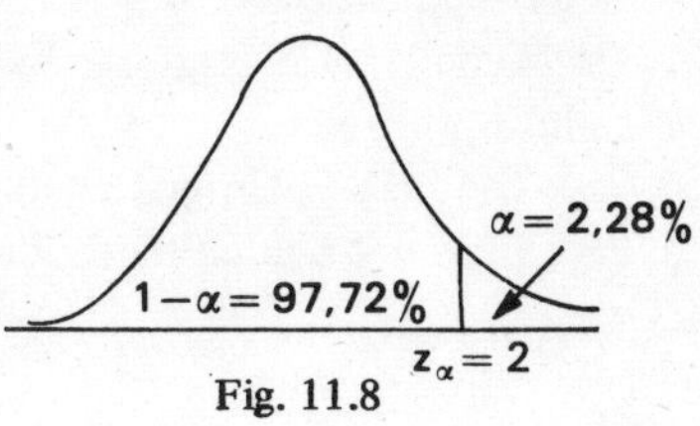

Fig. 11.8

Es sei n die Anzahl der entgegengenommenen Reservierungen und S_n die Anzahl der nicht abbestellten Zimmer. Dann ist $E(S_n) = np = \frac{4}{5}n$ und $V(S_n) = n \cdot \frac{4}{5} \cdot \frac{1}{5}$.
Der Tabelle III am Ende des Buches entnehmen wir, daß S_n mit der Wahrscheinlichkeit 97,72% die Zahl $\frac{4}{5}n + 2\sqrt{\frac{4}{25}n}$ nicht übersteigt. Aus $\frac{4}{5}n + \frac{4}{5}\sqrt{n} \leqq 192$ folgt $n + \sqrt{n} \leqq 240 = 225 + \sqrt{225}$ oder $n \leqq 225$.
Die Hotelleitung darf also höchstens 225 Reservierungen entgegennehmen.

Aufgaben:

16. Löse das Beispiel 4 für 300 freie Betten.

17. Man braucht a) 400 b) 1000 Schrauben. Eine Schraube ist mit der Wahrscheinlichkeit 0,1 defekt. Wieviel muß man bestellen, um mit 99%iger Sicherheit genügend gute Schrauben zu bekommen?
(Hinweis: $1 - \Phi(2{,}326) = 0{,}01$.)

5. Beispiel: Normalverteilung und χ^2-Test mit einem Freiheitsgrad

Es soll geprüft werden, ob ein Versuch mit den Ausfällen 0 und 1 die vermutete Erfolgswahrscheinlichkeit p hat. Der Versuch wird n-mal wiederholt und ergibt S_n Erfolge (siehe Tabelle 11.4). Die Diskrepanz zwischen den beobachteten und erwarteten Häufigkeiten messen wir mit χ^2.

Ausfall	0	1
beobachtete Häufigkeit	$n - S_n$	S_n
erwartete Häufigkeit	nq	np

Tabelle 11.4

Nach einer leichten Umformung ergibt sich:

$$\chi^2 = \frac{(n - S_n - nq)^2}{nq} + \frac{(S_n - np)^2}{np} = \frac{(S_n - np)^2}{npq} \quad \text{oder}$$

$$\chi = \frac{|S_n - np|}{\sqrt{npq}}$$

Also ist nach der Tabelle 11.2:
$P(\sqrt{\chi^2} \geqq z) = 2 - 2\Phi(z)$
Diese Formel gilt bei *einem* Freiheitsgrad, z.B. bei der Vierfeldertafel.

Eine Versuchsgruppe von 100 Studenten nimmt an einem Fernsehkurs teil. Eine Kontrollgruppe von 100 Studenten lernt denselben Stoff in einer Vorlesung.
Die Tabelle 11.5 zeigt das Ergebnis der Schlußprüfung.

	Note 1 oder 2	Note unter 2
Versuchsgruppe	60	40
Kontrollgruppe	50	50

Tabelle 11.5

H_0: Die beiden Unterrichtsmethoden sind gleichwertig.
H_1: Eine der beiden Methoden ist besser.
Hier ist: $\chi^2 = \frac{200(3000 - 2000)^2}{110 \cdot 90 \cdot 100 \cdot 100} = \frac{200}{99} = 2{,}02$

Wenn H_0 richtig ist, dann ist die Wahrscheinlichkeit, einen so großen oder noch größeren χ^2-Wert zu bekommen
$P(\sqrt{\chi^2} \geqq \sqrt{2{,}02}) = 2 - 2\Phi(\sqrt{2{,}02}) = 0{,}1552.$

Es besteht kein Grund, H_0 zu verwerfen. Wir haben zweiseitig getestet.
Unsere Gegenhypothese laute jetzt: *Der Fernsehunterricht ist besser*. Dann testen wir einseitig. Aber auch dann ist das Ergebnis 0,0776 nicht signifikant auf dem 5%-Niveau.

Aufgaben:

18. Sind die Daten in der nebenstehenden Tabelle signifikant auf dem 5%-Niveau?

	Note 1 oder 2	Note unter 2
V-Gruppe	120	80
K-Gruppe	100	100

19. Die nebenstehende Tabelle zeigt die Religionszugehörigkeit bei 90 Ehepaaren. Mit welcher Irrtumswahrscheinlichkeit kann man die Hypothese der Unabhängigkeit ablehnen?

		Ehefrau	
		ev.	kath.
Ehemann	ev.	30	15
	kath.	15	30

6. Beispiel: Die Macht einer resoluten Minderheit (Penrose)
Eine kleine resolute Minderheit kann in einer indifferenten Bevölkerung einen gewaltigen Einfluß ausüben. Dies soll an einer Reihe einfacher Übungsbeispiele gezeigt werden.
(1) Ein Ausschuß besteht aus 3 Mitgliedern. Abel weiß, was er will. Die beiden übrigen sind unentschlossen und wählen zufällig, d.h. durch Werfen einer L-Münze.
Wie groß ist die Wahrscheinlichkeit, daß Abel siegt?
Abel siegt, wenn nur einer der beiden übrigen in seinem Sinne stimmt. Dies geschieht mit der Wahrscheinlichkeit $\frac{3}{4}$.
(2) Ein Ausschuß besteht aus 5 Köpfen. Kain und Abel haben sich verschworen, einen Vorschlag zu blockieren. Die übrigen 3 Mitglieder stimmen mit einer L-Münze. Wie groß ist die Wahrscheinlichkeit, daß der Vorschlag abgelehnt wird?
Es muß einer der übrigen 3 gegen den Vorschlag stimmen. Dies geschieht mit der Wahrscheinlichkeit $0{,}875 = \frac{7}{8}$.
(3) Ein Verein hat 25 Mitglieder. 5 haben sich verschworen, einen Vorschlag durchzubringen. Die übrigen 20 sind L-Wähler. Mit welcher Wahrscheinlichkeit wird der Vorschlag angenommen? Es sei X die Anzahl der 20 L-Wähler, die für den Vorschlag stimmen. Der Vorschlag wird bei $X \geqq 8$ angenommen.
$P(X \geqq 8) = \sum_{x=8}^{20} \binom{20}{x} \frac{1}{2^{20}} = 0{,}868$

Wir verwenden auch die Normalverteilung, obwohl die Zahlen klein sind:
$n = 20,\ p = q = \frac{1}{2},\ np = 10,\ npq = 5,\ \sigma = \sqrt{5}$

$$P(X \geqq 8) = 1 - P(X < 8) = 1 - \Phi\left[\frac{8 - \frac{1}{2} - 10}{5}\right] = 1 - \Phi(-0{,}5\sqrt{5}) = \Phi(\sqrt{5}/2)$$
$$= \Phi(1{,}118) = 0{,}8680$$

Die Übereinstimmung (auf 3 Stellen) ist erstaunlich gut.

(4) Wir zeigen jetzt noch, daß eine resolute Minderheit von 2000 eine vollständige Kontrolle über die Entscheidungen einer indifferenten Million ausüben kann. Von der Million mögen X für die 2000 stimmen. Die 2000 siegen, falls $X > 498\,000$. Hier ist $n = 1\,000\,000,\ np = 500\,000,\ \sigma = 500$.

$$P(X > 498\,000) = 1 - P(X \leqq 498\,000)$$
$$= 1 - \Phi\left(\frac{498\,000 + \frac{1}{2} - 500\,000}{500}\right) = 1 - \Phi\,\frac{(-2\,000 + \frac{1}{2})}{500}$$
$$= 1 - \Phi\left(-4 + \frac{1}{1\,000}\right) = \Phi\left(4 - \frac{1}{1\,000}\right) \approx \Phi(4) = 0{,}9999683$$

Bei so großen Zahlen kann man natürlich die Korrektur $\frac{1}{2}$ vernachlässigen.

(5) Genau dieselbe Kontrolle können 100 000 resolute Wähler über eine indifferente Weltbevölkerung von 2,5 Milliarden stimmberechtigter Wähler ausüben. Zeige dies selbst.

(6) Welchen Einfluß haben 3 resolute Wähler in einem Block von 9?

7. Beispiel: Wieso funktioniert die Mehrheitswahl?

Sikinien hat 50 000 000 Wahlberechtigte und nur zwei Parteien: die Grünen und die Blauen. Das ganze Land ist in 500 Wahlkreise mit je 100 000 Wählern eingeteilt. Es herrscht Mehrheitswahlrecht. In jedem Wahlkreis kandidiert ein Grüner und ein Blauer Kandidat. Der Sieger zieht ins Parlament ein und der Verlierer hat das Nachsehen. Die Bevölkerung ist vollkommen homogen über das Land verteilt. Bei einer Wahl haben die Grünen 51% der Stimmen auf sich vereinigt. Wie viele Kandidaten haben sie durchgebracht?

Betrachten wir einen beliebigen Wahlkreis. Wie groß ist die Wahrscheinlichkeit, daß der Grüne Kandidat gewinnt? Hier ist $n = 100\,000;\ p = 0{,}51;\ q = 0{,}49;$
$np = 51\,000;\ npq = 24\,990 \approx 25\,000;\ \sigma \approx 50\sqrt{10} \approx 158.$

Der Grüne Kandidat erhalte X Stimmen. Er siegt, falls $X > 50\,000$ ist. Die Wahrscheinlichkeit dafür beträgt:

$$P(X > 50\,000) = 1 - P(X \leqq 50\,000) = 1 - \Phi\left(\frac{50\,000 + \frac{1}{2} - 51\,000}{158}\right) \approx 1 - \Phi\left(-\frac{1000}{158}\right)$$
$$1 - \Phi(-6{,}33) = \Phi(6{,}33) \approx 1 - \frac{2}{10^{10}}$$

Das Parlament wird ganz grün mit der Wahrscheinlichkeit

$$\left(1 - \frac{2}{10^{10}}\right)^{500} \approx 1 - \frac{1\,000}{10^{10}} = 1 - \frac{1}{10^7}.$$

Dies war ein hypothetischer Staat. In jedem wirklichen Staat gibt es Gegensätze zwischen Stadt und Land, Interessengegensätze verschiedener Regionen. Ohne diese lokalen Unterschiede kann ein politisches System mit reiner Mehrheitswahl nicht funktionieren, da im Parlament nie eine Opposition vertreten wäre.

Weitere Aufgaben zur Normalverteilung:

20. Eine L-Münze wird 10 000mal geworfen. Wie groß ist die Wahrscheinlichkeit, daß die Anzahl der Erfolge vom Erwartungswert 5 000 um mehr als 1% abweicht?

21. Eine L-Münze wird 50mal geworfen. Bestimme die kleinste Zahl k, so daß die Anzahl der Erfolge mit der Wahrscheinlichkeit $\geqq 0{,}95$ in das Intervall $[25-k,\ 25+k]$ fällt.

22. Bestimme die kleinste Zahl k, so daß in 1 600 Würfen einer L-Münze die Wahrscheinlichkeit mindestens 0,99 ist, daß die Anzahl der Erfolge in das Intervall $[800-k,\ 800+k]$ fällt.

23. 60% der Wähler sind für den Kandidaten A. Es wird eine Zufallsstichprobe von 100 Wählern befragt. Wie groß ist die Wahrscheinlichkeit, daß in der Stichprobe die Anhänger von A in der Minderheit sind?

24. Von 1 000 befragten Wählern haben 600 die Absicht, für die Partei ABC zu stimmen. Gib ein 95%iges Vertrauensintervall für den Anteil der ABC-Wähler in der Gesamtbevölkerung.

25. Ein Betrieb hat 1 000 Arbeiter und zwei gleichgroße Kantinen. Jeder Arbeiter wählt mittags eine Kantine zufällig. Wieviel Sitzplätze muß jede Kantine haben, damit mit Wahrscheinlichkeit
a) 0,95 b) 0,99 c) 0,999
jeder einen Sitzplatz bekommt ohne in die andere Kantine überwechseln zu müssen?

26. Jemand behauptet, außersinnliche Wahrnehmung zu besitzen. Seine Behauptung soll mit der Irrtumswahrscheinlichkeit $\alpha = 0{,}001$ geprüft werden. Dazu wird das Glücksrad der Fig. 11.9
a) 200mal b) 1 000mal
gedreht, und er muß die Ausfälle voraussagen. Wieviel Treffer muß er jeweils erzielen, damit seine Behauptung akzeptiert wird?

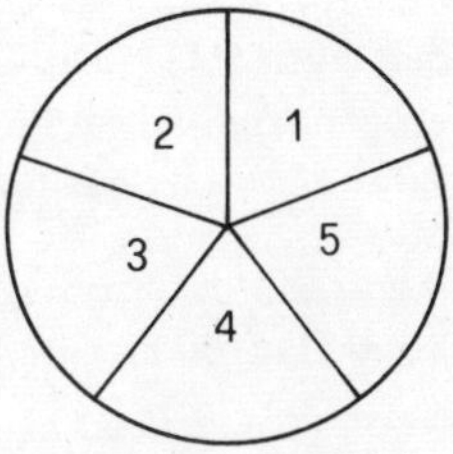

Fig. 11.9

27. Ein System besteht aus 100 Teilen. Jeder Teil hat die Zuverlässigkeit 0,95. Das System arbeitet, wenn 80 oder mehr Teile in Ordnung sind. Wie groß ist die Zuverlässigkeit des Systems?

28. Motore sind defekt mit der Wahrscheinlichkeit 0,10. Man braucht 85 Motore. Es werden vorsichtshalber 100 Motore bestellt. Wie groß ist die Wahrscheinlichkeit, daß man genügend gute Motore bekommt?

29. Motore sind zu 90% in Ordnung. Man braucht 80 Motore. Es werden n bestellt. Wie groß muß n mindestens sein, damit man mit 95%iger Sicherheit genügend gute Motore bekommt?

11.5. Statistik der Geburten

Das wichtigste Zufallsexperiment ist die Geburt eines Kindes. Seit dem Auftreten des Menschen vor etwa 10^6 Jahren wurde dieses Experiment über 10^{11} mal wiederholt. Wir werden zahlreiche Probleme um dieses interessante Phänomen anschneiden.

Ist die Geburt eines Kindes ein Laplace-Experiment?
Der Engländer John Arbuthnot (1667 - 1735) ist als erster auf diese Frage gestoßen. Er überprüfte das Geburtenregister von London für einen Zeitabschnitt von 82 Jahren. Dabei stellte er fest, daß in jedem Jahr mehr Knaben als Mädchen geboren wurden. Wäre die Wahrscheinlichkeit einer Knabengeburt $p = \frac{1}{2}$, dann wäre ein Ereignis mit der Wahrscheinlichkeit $(\frac{1}{2})^{82} < 2{,}5 \cdot 10^{-25}$ eingetreten. Deshalb hat er mit Recht die Hypothese $p = \frac{1}{2}$ verworfen zugunsten der Gegenhypothese $p > \frac{1}{2}$. Dies war wohl der erste statistische Signifikanztest. Den Grund für $p > \frac{1}{2}$ sah Arbuthnot in der Göttlichen Vorsehung, die die höhere Sterberate der Männer durch Arbeitsunfälle und Kriege ausgleichen will. Dadurch gibt es nahezu gleich viele Erwachsene beiderlei Geschlechts, was zur Sicherung der Monogamie unerläßlich ist.

Wie groß ist p?
Sehen wir uns einige Statistiken an:
a) Von 1871 bis 1900 wurden in der Schweiz 1 359 671 Knaben und 1 285 086 Mädchen geboren. Die relative Häufigkeit einer Knabengeburt ist also
$\hat{p}_1 = \frac{1\,359\,671}{2\,644\,757} = 0{,}5141.$
Auf 18 Knaben entfallen 17 Mädchen.
b) Im Zeitraum 1927-1932 wurden in Polen 3 032 452 Jungen und 2 833 422 Mädchen geboren. Die relative Häufigkeit einer Knabengeburt ist
$\hat{p}_2 = \frac{3\,032\,452}{5\,865\,874} = 0{,}51696.$
c) 1950 wurden in den USA 1 823 555 Knaben und 1 730 594 Mädchen geboren. Die relative Häufigkeit einer Knabengeburt ist
$\hat{p}_3 = \frac{1\,823\,555}{3\,554\,119} = 0{,}5131.$
Wir haben damit drei Schätzwerte für das unbekannte p. Oder ist gar $p_1 \neq p_2 \neq p_3$? Wie genau sind eigentlich die Schätzwerte?
Dazu brauchen wir die Streuung $\sigma = \sqrt{\frac{pq}{n}}$. Man kann hier $p \approx q \approx \frac{1}{2}$ setzen und erhält $\sigma = \frac{1}{2\sqrt{n}}$. Damit ist:

$$\sigma_1 = \frac{1}{2\sqrt{2644757}} = 0{,}00031, \quad p_1 = 0{,}5141 \pm z \cdot 0{,}00031$$

$$\sigma_2 = \frac{2}{2\sqrt{5865874}} = 0{,}00021, \quad p_2 = 0{,}51696 \pm z \cdot 0{,}00021$$

$$\sigma_3 = \frac{1}{2\sqrt{3554149}} = 0{,}00026, \quad p_3 = 0{,}5131 \pm z \cdot 0{,}00026$$

Wählt man $z = 2$ (2σ-Grenze), so gilt mit Wahrscheinlichkeit 0,95:

$0{,}5135 < p_1 < 0{,}5147$

$0{,}51654 < p_2 < 0{,}51738$

$0{,}51284 < p_3 < 0{,}51336$

Die drei Intervalle überlappen sich nicht. Daher dürfte $p_1 \neq p_2 \neq p_3$ sein.

Nachdem wir festgestellt haben, daß p in verschiedenen Ländern verschiedene Werte haben kann, wollen wir sehen, ob p im gleichen Land über einen längeren Zeitabschnitt konstant bleibt. Die Tabelle 11.6 zeigt ausgewählte Werte für die USA über einen Zeitraum von 21 Jahren. Wir berechnen den höchsten und niedrigsten Knabenanteil:

$\hat{p}_{max} = 1055 : 2055 = 0{,}5134$

$\hat{p}_{min} = 1051 : 2051 = 0{,}5124$

Jahr	Anzahl der Knabengeburten auf 1000 Mädchengeburten
1935	1053
1940	1054
1945	1055
1950	1054
1951	1052
1952	1051
1953	1053
1954	1051
1955	1051

Tabelle 11.6

Ferner ist $\hat{p}_{mittel} = 0{,}5128$ und $\sigma = 0{,}00026$.

Die Abweichungen erreichen die 2σ-Grenze. Dies ist nicht verdächtig, da 21 Jahre vorliegen, und einmal in 21 Fällen wird ja die 2σ-Grenze überschritten.

Die Tabelle 11.7 zeigt einige Werte für die Tschechoslowakei:

Hier erscheinen die Schwankungen sehr groß:

$\hat{p}_{max} = 0{,}5171$

$\hat{p}_{min} = 0{,}5135$

$\hat{p}_{mittel} = 0{,}5153$

Jahr	$\hat{p}$
1953	0,5162
1954	0,5157
1955	0,5156
1956	0,5136
1957	0,5171
1958	0,5135
1959	0,5154
1960	0,5156

Tabelle 11.7

Die Anzahl der jährlichen Geburten ist jedoch nur $n \approx 250\,000$. Daher ist

$$\sigma = \frac{1}{2\sqrt{250000}} = 0{,}001.$$

Die 2σ-Grenzen liefern:

$0{,}5153 \pm 0{,}002$ oder $0{,}5133 < p < 0{,}5173$.

Also kann man hier die Schwankungen durch Zufall erklären.

Die unterschiedlichen Werte von p dürften in den Heiratsgewohnheiten verschiedener Länder liegen. Die Zahl p hängt vom Alter der Mutter ab und nimmt mit zunehmendem Alter zu. In der Bundesrepublik werden jährlich ca. 10^6 Kinder geboren. In den Jahren 1950 bis 1957 schwankt die Anzahl der Knabengeburten auf 1000 Mädchengeburten zwischen 1067 und 1074. In den Jahren 1965 bis 1968 betrugen diese Zahlen 1058, 1056, 1056, 1056. Der hohe Knabenüberschuß in der Nachkriegszeit dürfte auf die Überalterung der Ehepartner zurückzuführen sein.

Wie ist die Geburtenhäufigkeit auf die einzelnen Monate verteilt? Dazu gibt es nur wenige Unterlagen. In den USA hat die Verteilung auf die einzelnen Monate zwei Maxima: ein starkes im September und ein schwächeres im Februar. Der Unterschied zwischen dem kleinsten und größten Wert betrug 1963 15% und 1933 nur 11%. Diese Saisonschwankung ist unabhängig vom Heiratsdatum oder dem Alter der Mutter.

Zwillinge: Eine Zwillingsgeburt ist keine unabhängige Wiederholung eines Versuchs. Denn sonst müßten unter Zwillingspaaren die Geschlechtskombination KK, KM, MK, MM gleichoft vorkommen. D.h. die Hälfte aller Zwillingspaare müßten gleiches Gechlecht haben. Die Wirklichkeit sieht ganz anders aus. Z.B. gab es 1905 in Frankreich 8918 Zwillingsgeburten, und zwar KK: 2933, MM: 2797, KM oder MK: 3188. Die Tabelle 11.8 zeigt entsprechende Zahlen für die Tschechoslowakei.
Die Zahlen lassen sich leicht erklären.
Es gibt zwei Sorten von Zwillingen. Die zweieiigen Zwillinge (ZZ) entwickeln sich aus zwei verschiedenen Eiern und haben nicht mehr gemeinsam als gewöhnliche Geschwister. Die eineiigen Zwillinge (EZ) entwickeln sich aus demselben Ei und sind identische Kopien. Insbesondere müssen sie gleiches Geschlecht haben.
Wir möchten den Anteil e der eineiigen Zwillinge bestimmen. Es sei g der Anteil der Zwillingspaare mit gleichem Geschlecht. Dem Baum der Figur 11.10 entnimmt man:

	1956	1957	1958
KK	985	928	874
{KM, MK}	1002	951	954
MM	925	917	811
Summe	2912	2796	2639
Drillinge	19	28	20

Tabelle 11.8

$$g = ep + eq + (1-e)p^2 + (1-e)q^2$$
$$g = e(p+q) + (1-e)(p^2+q^2)$$

Aber $p + q = 1,\ p^2 + q^2 = (p+q)^2 - 2pq = 1 - 2pq$.
Damit wird:

$$\boxed{e = \frac{g - 1 + 2pq}{2pq}}$$

Setzt man noch $p \approx q \approx \frac{1}{2}$, so ergibt sich:

$$\boxed{e \approx 2g - 1}$$

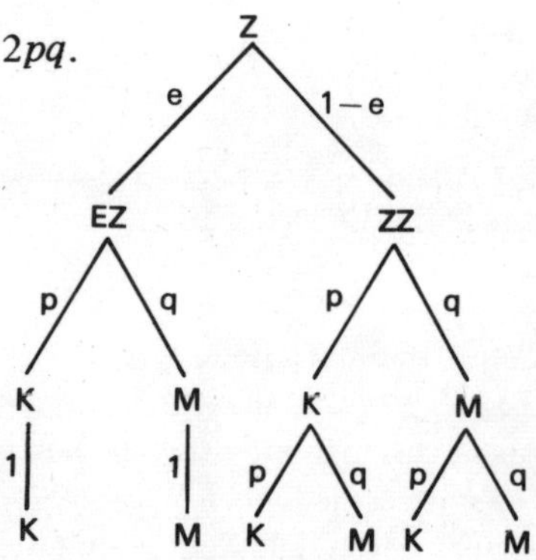

Fig. 11.10

Für Frankreich ergibt sich:

$$e = 2 \cdot \frac{5730}{8918} - 1 = \frac{2542}{8918} = 0{,}285$$

Für die Tschechoslowakei erhält man:

1956: $e = 2 \cdot \frac{1910}{2912} - 1 = \frac{908}{2912} = 0{,}31$

1957: $e = 2 \cdot \frac{1845}{2796} - 1 = \frac{894}{2796} = 0{,}32$

1958: $e = 2 \cdot \frac{1685}{2639} - 1 = \frac{731}{2639} = 0{,}28$

Die Tabelle 11.9 gibt interessanten Aufschluß über die Häufigkeit der Zwillingsgeburten bei verschiedenen Volksgruppen. Bei zweieiigen Zwillingen gibt es große Unterschiede.

Prozentsatz der Zwillingsgeburten

	eineiig	zweieiig	Summe
USA (weiß)	0,39	0,74	1,13
USA (farbig)	0,41	1,01	1,42
Japan	0,42	0,27	0,69

Tabelle 11.9

Söhne sind begehrter. Ist deshalb $p > \frac{1}{2}$?

Können Eltern durch passende Stoppregeln das Geschlechtsverhältnis beeinflussen? S. Winston (Birth control and the sex-ratio at birth, Am. J. of Sociology, 1932, pp. 225-231) hat behauptet, daß Knabengeburten deshalb überwiegen, weil Söhne begehrter sind als Töchter. Im 2. Band werden einige Stoppregeln und ihr Einfluß auf Familiengröße und Geschlechtsverhältnis untersucht. Hier betrachten wir nur die folgende radikale Stoppregel: Eltern wiederholen den Versuch so lange, bis sie einen Sohn haben oder ein Maximum von n Kindern. Dann stoppen sie.

Die Tabelle 11.10 zeigt die möglichen Familienzusammensetzungen und ihre Wahrscheinlichkeiten. Es sei X die Familiengröße und K die Anzahl der Knaben in der Familie. Dann ist:

$$E(K) = 1 - p + 1 \cdot qp + 1 \cdot q^2 + \ldots$$
$$\ldots + 1 \cdot q^{n-1}p$$
$$= p \cdot \frac{1-q^n}{1-q}$$
$$= 1 - q^n$$
$$E(X) = 1 \cdot p + 2 \cdot qp + 3 \cdot q^2p + \ldots$$
$$\ldots + nq^{n-1}p + nq^n$$

Setzt man darin $p = 1 - q$, so ergibt sich:

$$E(X) = 1 - q + 2q - 2q^2 + 3q^2 - 3q^3 \ldots$$
$$\ldots + nq^{n-1} - nq^n + nq^n$$
$$E(X) = 1 + q + q^2 + \ldots + q^{n-1}$$
$$= \frac{1-q^n}{1-q} = \frac{1-q^n}{p}$$
$$\frac{E(K)}{E(X)} = p$$

Anzahl der Kinder	Anzahl der Knaben	Wahrscheinlichkeit
1	1	p
2	1	qp
3	1	q^2p
4	1	q^3p
5	1	p^4p
.		
.		
.		
$n-1$	1	$q^{n-2}p$
n	1	$q^{n-1}p$
n	0	q^n

Tabelle 11.10

Das Geschlechtsverhältnis in der Gesamtbevölkerung ändert sich nicht. Dies gilt für jede Stoppregel (Unmöglichkeit eines Spielsystems!). Dagegen wird die Familiengröße stark beeinflußt, auch die mittlere Anzahl der Jungen pro Familie.
Diese ist nämlich:

$$E\left(\frac{K}{X}\right) = \frac{1}{1} \cdot p + \frac{1}{2}qp + \frac{1}{3}q^2p + \ldots + \frac{1}{n}q^{n-1}p = \frac{p}{q}\left[\frac{q}{1} + \frac{q^2}{2} + \frac{q^3}{3} + \ldots + \frac{q^n}{n}\right]$$

$$E\left(\frac{K}{X}\right) \approx -\frac{p}{q}\ln(1-q) = -\frac{p}{q}\ln p$$

Mit $p = q = \frac{1}{2}$ erhält man $E\left(\frac{K}{X}\right) = 0{,}693$.

Aufgaben:

[30.] Es sei $p = 0{,}514$. Wieviel Geburten muß man beobachten, um mit 95% (99%) Sicherheit zwischen $p = \frac{1}{2}$ und $p > \frac{1}{2}$ zu entscheiden?

31. In der Schweiz gab es 1871 - 1900, also in 30 Jahren, genau 900 Drillingsgeburten. Bestimme die Anzahl der Zwillingsgeburten aufgrund des anfangs besprochenen Zahlenmaterials, wenn die Gesamtzahl der Geburten 2 612 246 betrug.

32. Bestimme für die Schweiz und für die Tschechoslowakei (1956: 264 000 Geburten) den Anteil der Zwillingsgeburten. Ist der Unterschied signifikant?

33. Bestimme das Verhältnis Drillingsgeburten zu Zwillingsgeburten für die Schweiz und die Tschechoslowakei.

34. Aufgrund der Tabelle 11.11 soll der Anteil der eineiigen Zwillingsgeburten unter den Zwillingsgeburten für die (weiße) US-Bevölkerung und für Japan bestimmt werden.

Anteil der Zwillingsgeburten

	KK	KM	MM
USA (weiß)	0,35	0,33	0,32
Japan	0,42	0,19	0,39

Tabelle 11.11

12. Bedingte Wahrscheinlichkeiten

12.1. Definitionen und Beispiele

Wir führen anhand von Beispielen eine neue Terminologie ein. Der zugrundeliegende Sachverhalt ist uns zum Teil schon geläufig.

1. Beispiel:
Die Angehörigen eines Betriebes werden nach zwei Merkmalen eingeteilt, nach ihrem Geschlecht und nach ihren Rauchergewohnheiten.
Es sei
Ω = die Menge aller Betriebsangehörigen,
A = die Menge der Raucher,
B = die Menge der Frauen.

	Frauen B	Männer $\bar{B}$	
Raucher A	200	800	1000
Nichtraucher $\bar{A}$	300	200	500
	500	1000	1500

Tabelle 12.1

Tabelle 12.1 zeigt die Zusammensetzung des Betriebs. Unser Zufallsversuch bestehe darin, eine Person zufällig auszulosen. Dadurch wird auf Ω eine Wahrscheinlichkeit P definiert, die jeder Teilmenge E die Wahrscheinlichkeit
$P(E) = \frac{|E|}{|\Omega|}$ zuordnet. Z.B.

$$P(A) = \frac{|A|}{|\Omega|} = \frac{1000}{1500} = \frac{2}{3}, \quad P(B) = \frac{|B|}{|\Omega|} = \frac{500}{1500} = \frac{1}{3}, \quad P(A \cap B) = \frac{200}{1500} = \frac{2}{15}.$$

Dies sind die Anteile der Raucher, der Frauen bzw. der rauchenden Frauen im Betrieb. Wollen wir die Rauchergewohnheiten der Frauen studieren, dann ignorieren wir die Männer, und unser neuer Stichprobenraum wird die Menge B. Unser Zufallsversuch besteht darin, eine Person aus B zufällig auszulosen. Dadurch wird auf B eine Wahrscheinlichkeit definiert, die wir P_B nennen, um sie von der alten Wahrscheinlichkeit P auf Ω zu unterscheiden. Eigentlich müßte P als P_Ω geschrieben werden. $P_B(A)$ ist die Wahrscheinlichkeit, daß eine Frau raucht. Man schreibt dafür auch $P(A|B)$.
Der Anteil der Frauen unter den Rauchern ist:

$$P_B(A) = P(A|B) = \frac{|A \cap B|}{|B|} = \frac{\frac{|A \cap B|}{|\Omega|}}{|B|/|\Omega|} = \frac{P(A \cap B)}{P(B)} = \frac{\frac{2}{15}}{\frac{1}{3}} = \frac{2}{5}.$$

Man nennt $P(A|B)$ die *bedingte Wahrscheinlichkeit* von A unter Bedingung (Hypothese) B. Die Beziehung

(1) $\quad P(A|B) = \frac{P(A \cap B)}{P(B)}, \quad P(B) \neq 0$

wird zur Definition von $P(A|B)$ verwendet auch für den Fall, daß kein Laplace-Experiment vorliegt. Aus (1) folgt:

(2) $\quad P(A \cap B) = P(A|B)P(B)$

Die Beziehung (2) wird noch öfter als (1) verwendet. Man macht Annahmen über $P(A|B)$ und berechnet danach $P(A \cap B)$.

Die Tabelle 12.2 zeigt die Rauchergewohnheiten in einem anderen Betrieb.
Hier gilt:

$$P(A) = \frac{800}{1200} = \frac{2}{3};$$

$$P(B) = \frac{300}{1200} = \frac{1}{4};$$

$$P(A \cap B) = \frac{200}{1200} = \frac{1}{6};$$

$$P(A|B) = \frac{P(A \cap B)}{P(B)} = \frac{\frac{1}{6}}{\frac{1}{4}} = \frac{2}{3} = P(A);$$

	Frauen B	Männer $\overline{B}$
Raucher A	200	800
Nichtraucher $\overline{A}$	100	400
	300	1200

Tabelle 12.2

d.h. $P(A|B) = P(A)$ und damit nach (2):

$$(3) \quad P(A \cap B) = P(A) \cdot P(B)$$

Nach 2.2 heißen zwei Ereignisse A und B *unabhängig*, wenn sie (3) erfüllen.

2. Beispiel:
Die Beziehung (2) und ihre Verallgemeinerung ist sehr wichtig, und wir haben sie in einer anderen Schreibweise schon oft verwendet. Dies soll gezeigt werden.

a) Aus der Urne in Fig. 12.1 werden nacheinander 2 Kugeln gezogen. Es sei A (B) das Ereignis, beim ersten Zug eine a-Kugel (beim zweiten Zug eine b-Kugel) zu ziehen. Dann ist nach Fig. 12.2
$P(A \cap B) = P(A)\ P(B|A) = \frac{2}{5} \cdot \frac{3}{4} = \frac{1}{10}$.

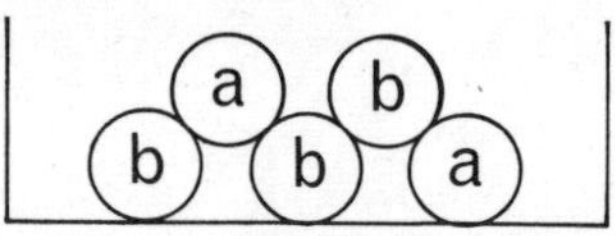

Fig. 12.1

Wird die Kugel vor der nächsten Ziehung zurückgelegt, so ist nach Fig. 12.3
$P(A \cap B) = P(A) \cdot P(B)$,
d.h. A und B sind unabhängige Ereignisse.

$\underset{2/5}{\overset{P(A)}{\longrightarrow}}\ a\ \underset{3/4}{\overset{P(B|A)}{\longrightarrow}}\ b$

Fig. 12.2

$\underset{2/5}{\overset{P(A)}{\longrightarrow}}\ a\ \underset{3/5}{\overset{P(B)}{\longrightarrow}}\ b$

Fig. 12.3

b) Aus der Urne in Fig. 12.4 werden nacheinander 3 Kugeln ohne Zurücklegen gezogen. Es seien A, B, C die Ereignisse, zuerst eine a-Kugel, dann eine b-Kugel und schließlich eine c-Kugel zu ziehen. Dann folgt durch Multiplikation entlang des Pfades in Fig. 12.5:

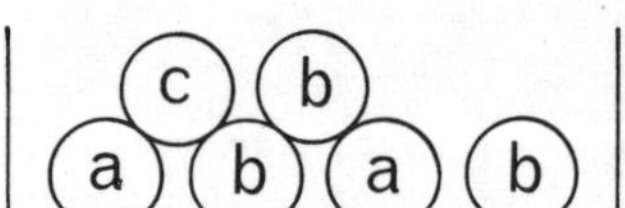

Fig. 12.4

$\underset{2/6}{\overset{P(A)}{\longrightarrow}}\ a\ \underset{3/5}{\overset{P(B|A)}{\longrightarrow}}\ b\ \underset{1/4}{\overset{P(C|A \cap B)}{\longrightarrow}}\ c$

Fig. 12.5

$$(4) \quad P(A \cap B \cap C) = P(A) \cdot P(B|A)\, P(C|A \cap B)$$

Dies ist die Verallgemeinerung von (2) auf drei Ereignisse. Ausgehend von der Definition (1) kann man (4) leicht beweisen:

$$P(B|A) = \frac{P(A \cap B)}{P(A)}, \quad P(C|A \cap B) = \frac{P(A \cap B \cap C)}{P(A \cap B)}$$

Durch Einsetzung in (4) bestätigt man diese Formel.
Genauso beweist man:

$$(5) \quad P(A_1 \cap A_2 \ldots \cap A_n) = P(A_1) \cdot P(A_2|A_1) \cdot P(A_3|A_1 \cap A_2) \ldots \cdot P(A_n|A_1 \cap A_2 \cap \ldots \cap A_{n-1})$$

Die Unabhängigkeit zweier Ereignisse ist durch (3) definiert. Für mehr als zwei Ereignisse ist die Definition der Unabhängigkeit etwas komplizierter. Z.B. die drei Ereignisse A, B, C heißen unabhängig, wenn jede der folgenden vier Bedingungen erfüllt ist:

$P(A \cap B) = P(A)P(B), \quad P(A \cap C) = P(A)P(C),$
$P(B \cap C) = P(B)P(C), \quad P(A \cap B \cap C) = P(A)P(B)P(C).$

Entsprechend definiert man die Unabhängigkeit von mehr als drei Ereignissen.
Die folgenden Beispiele zeigen typische Anwendungen der Formel (1).

3. Beispiel:

Die Fig. 12.6 zeigt 3 Urnen U_1, U_2, U_3. Eine der Urnen wird zufällig ausgelost und aus der gewählten Urne wird eine Kugel gezogen. Es seien W und S die Ereignisse, daß die gezogene Kugel weiß bzw. schwarz ist.

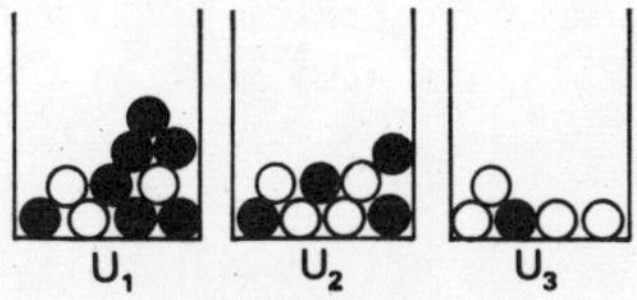

Fig. 12.6

Die Fig. 12.7 zeigt die möglichen Abläufe des Versuchs. Wie groß ist die Wahrscheinlichkeit $P(S)$, eine schwarze Kugel zu ziehen?

Man addiert einfach die Wahrscheinlichkeiten aller Pfade, die nach S führen. Also:

$$P(S) = \frac{1}{3} \cdot \frac{7}{10} + \frac{1}{3} \cdot \frac{1}{2} + \frac{1}{3} \cdot \frac{1}{5} = \frac{7}{15}$$

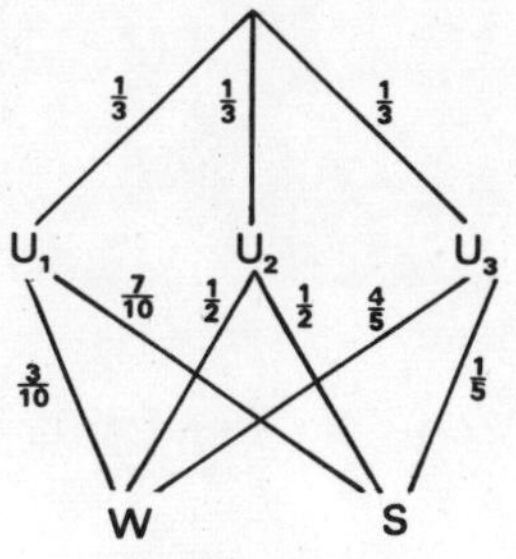

Fig. 12.7

Angenommen, die gezogene Kugel ist schwarz. Wie groß ist die Wahrscheinlichkeit, daß sie aus der Urne U_1 stammt? Nach (1) gilt:

$$P(U_1|S) = \frac{P(U_1 \cap S)}{P(S)} = \frac{\frac{1}{3} \cdot \frac{7}{10}}{\frac{7}{15}} = \frac{1}{2}.$$

4. Beispiel: Krebsdiagnose

Angenommen, es gibt einen sehr zuverlässigen Test zur Krebsdiagnose. Habe ich Krebs (Ereignis K), dann ist der Test positiv (Ereignis $\oplus$) mit 96%iger Sicherheit. Habe ich keinen Krebs (Ereignis $\bar{K}$), so ist der Test negativ (Ereignis $\ominus$) mit 94%iger Sicherheit. Ich unterziehe mich dem Test und der Test ist positiv. Wie groß ist die Wahrscheinlichkeit, daß ich tatsächlich Krebs habe, wenn $\frac{1}{145}$ aller Personen meines Alters Krebs haben, ohne es zu wissen?

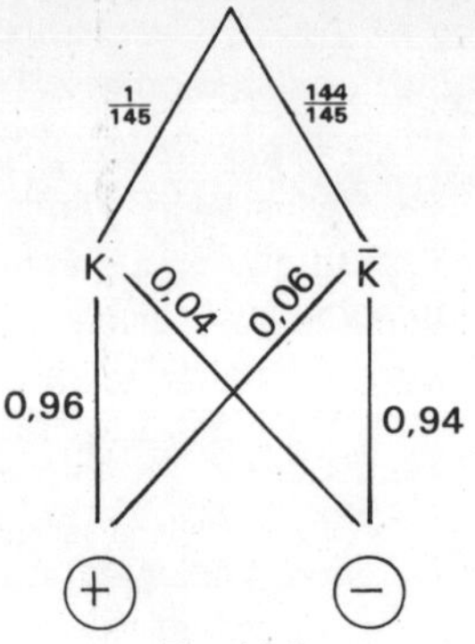

Fig. 12.8

Der Figur 12.8 entnimmt man:

$$P(K\,|\,\oplus) = \frac{P(K \cap \oplus)}{P(\oplus)} = \frac{\frac{1}{145} \cdot 0{,}96}{\frac{1}{145} \cdot 0{,}96 + \frac{144}{145} \cdot 0{,}06} = \frac{1}{10}$$

Wenn der Test Krebs anzeigt, ist die Wahrscheinlichkeit nur $\frac{1}{10}$, daß ich tatsächlich Krebs habe. Ich werde also den Spezialarzt aufsuchen, aber mit Ruhe. Es ist kein Grund zur Panik da.

Aufgaben:

1. Im Beispiel 4 verlaufe der Test negativ. Wie groß ist die Wahrscheinlichkeit, daß ich trotzdem Krebs habe?

2. Die Fig. 12.9 zeigt drei Glücksräder, auf denen zwei Ereignisse A und B markiert sind. Berechne für jedes Rad $P(A\,|\,B)$ und vergleiche mit $P(A)$.

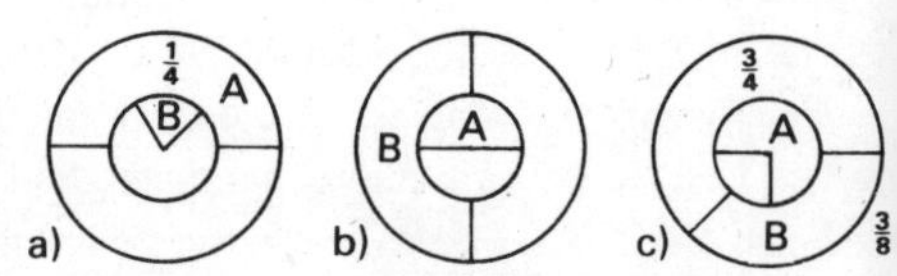

Fig. 12.9

3. In einer Urne sind 300 Kugeln mit den Nummern 1 bis 300. Eine Kugel wird zufällig gezogen. Es sei A_n das Ereignis „die Nummer der gezogenen Kugel ist durch n teilbar". Berechne $P(A_2)$, $P(A_3)$, $P(A_5)$, $P(A_6)$, $P(A_{10})$, $P(A_2 \cap A_3)$, $P(A_3 \cap A_5)$, $P(A_6 \cap A_{10})$, $P(A_6\,|\,A_{10})$, $P(A_2\,|\,A_5)$, $P(A_2\,|\,A_6)$. Es seien p, q Teiler von 300. Wann sind A_p und A_q unabhängig? (Diese Aufgabe wird im 2. Band genauer diskutiert.)

4. Zeige, daß Ω und A für jedes $A \subset \Omega$ unabhängig sind.

5. Zeige, daß ϕ und A für jedes $A \subset \Omega$ unabhängig sind.

6. Zeige: Wenn A und B unabhängig sind, dann sind auch A und $\bar{B}$, $\bar{A}$ und B, $\bar{A}$ und $\bar{B}$ unabhängig. (Hinweis: Beachte Fig. 12.10.)

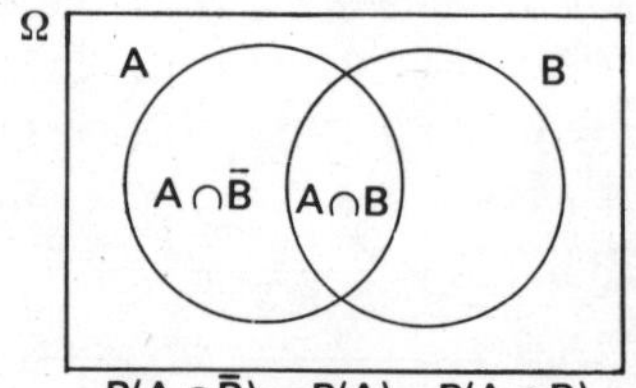

$P(A \cap \bar{B}) = P(A) - P(A \cap B)$

Fig. 12.10

► 7. Eine Bevölkerung ist nach zwei Merkmalen A, B in 4 Klassen eingeteilt. Die Vierfeldertafel (Tabelle 12.3) zeigt die Häufigkeiten der 4 Klassen. Welche Beziehung muß zwischen den Häufigkeiten a, b, c, d bestehen, damit A und B unabhängig sind?
Beachte, daß dann nach Aufgabe 6 mit A und B auch A und $\bar{B}$, $\bar{A}$ und B, sowie $\bar{A}$ und $\bar{B}$ unabhängig sind.

	B	$\bar{B}$
A	a	b
$\bar{A}$	c	d

Tabelle 12.3

8. *Falscher Alarm bei seltenen Ereignissen*
In einem Laden ist eine Alarmanlage eingebaut. Bei Einbruch gibt sie Alarm mit Wahrscheinlichkeit 0,99. Wenn in einer bestimmten Nacht kein Einbruch stattfindet, gibt sie falschen Alarm mit Wahrscheinlichkeit 0,005. (Eine Maus berührt die Anlage o.ä.). Die Einbruchswahrscheinlichkeit für eine Nacht sei 0,001. Die Anlage hat gerade Alarm gegeben. Wie groß ist die Wahrscheinlichkeit, daß ein Einbruch im Gang ist?
(Die meisten Alarme, wie Feueralarme, sind falsche Alarme.)

9. In Sikinien sind $\frac{1}{12}$ aller Männer und $\frac{1}{288}$ aller Frauen farbenblind (rotgrünblind). Männer und Frauen sind gleichhäufig. Aus der Gesamtbevölkerung wird eine Person zufällig ausgewählt und Sie werden informiert, daß sie farbenblind ist. Wie groß ist die Wahrscheinlichkeit, daß die ausgewählte Person ein Mann ist?
(Der Grund für die starke Abhängigkeit zwischen Farbenblindheit und Geschlecht wird im 2. Band erklärt.)

12.2. Die Formel von Bayes

Die Fig. 12.11 zeigt eine Zerlegung von Ω:
$\Omega = B_1 \cup B_2 \cup \ldots \cup B_n$
Die nächste Fig. 12.12 zeigt dieselbe Zerlegung zusammen mit einem Ereignis A (grau).
A kann nur zusammen mit einem B_i eintreten:

$$A = (A \cap B_1) \cup (A \cap B_2) \cup \ldots \cup (A \cap B_n)$$

$$P(A) = P(A \cap B_1) + P(A \cap B_2) + \ldots$$

$$\ldots + P(A \cap B_n) = \sum_{i=1}^{n} P(A \cap B_i)$$

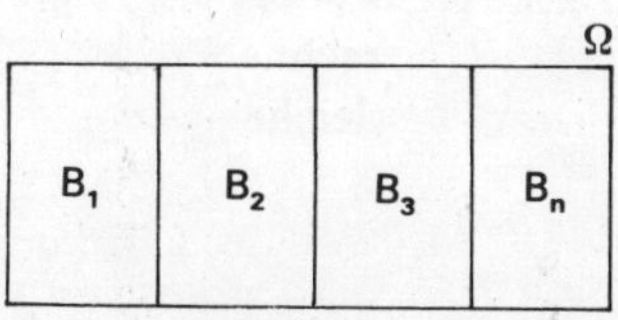

Fig. 12.11

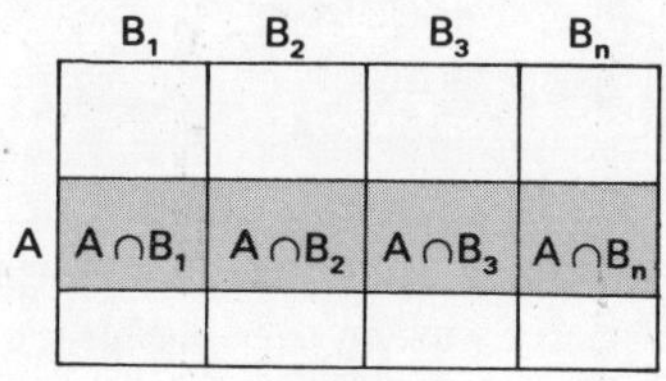

Fig. 12.12

Nach (2) ist $P(A \cap B_i) = P(B_i) P(A | B_i)$.
Daher ist:

$$(6) \quad P(A) = \sum_{i=1}^{n} P(B_i) P(A | B_i)$$

Dies ist die *Regel von der totalen Wahrscheinlichkeit.*
Nach (1) ist:

$$(7) \quad P(B_k | A) = \frac{P(B_k \cap A)}{P(A)}$$

Setzt man darin
$P(B_k \cap A) = P(B_k)P(A|B_k)$ und $P(A) = \sum_{i=1}^{n} P(B_i)P(A|B_i)$, so ergibt sich die berühmte *Formel von Bayes*:

$$(8) \quad P(B_k|A) = \frac{P(B_k)P(A|B_k)}{\sum_i P(B_i)P(A|B_i)}$$

Dem Leser wird nicht empfohlen, diese Formel auswendig zu lernen. Denn (8) ist nur eine Umschreibung von (7). Man geht am besten von (7) aus, wie wir es in den Beispielen 3 und 4 des vorigen Abschnitts getan haben, und wie wir es in den nachfolgenden Beispielen tun werden.

Die Formeln (6) und (8) machen wir uns noch auf eine andere Weise anschaulich klar: Die Fig. 12.13 zeigt ein Straßensystem. Ich starte in 0 und fahre in Pfeilrichtung. An jeder Kreuzung wird ein Weg mit einem Glücksrad ausgewählt. Um nach A zu kommen, muß ich einen der Punkte B_i passieren. Die Wahrscheinlichkeit, daß ich nach A komme, ist die Summe der Wahrscheinlichkeiten aller Pfade von 0 nach A. Also:

$$P(A) = \sum_{i=1}^{n} P(B_i)P(A|B_i)$$

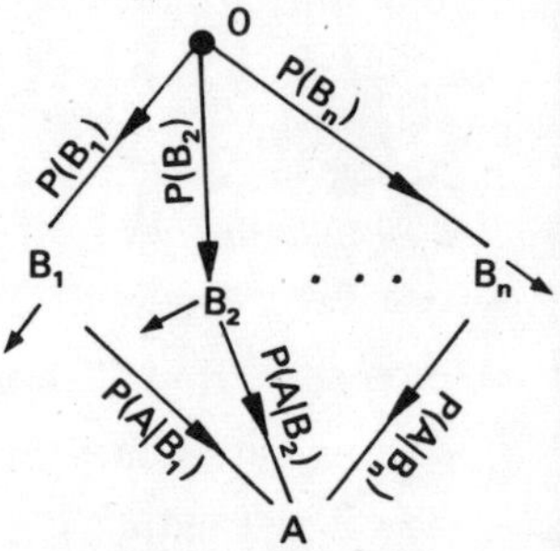

Fig. 12.13

Dies ist die Regel von der totalen Wahrscheinlichkeit.

Angenommen, A ist eingetroffen. Dann muß ich über einen der Punkte $B_1, B_2 \ldots, B_n$ gekommen sein. Wie groß ist die Wahrscheinlichkeit $P(B_k|A)$, daß ich über B_k gekommen bin? Die Antwort lautet:

$$(8) \quad P(B_k|A) = \frac{P(B_k \cap A)}{P(A)} = \frac{P(B_k)P(A|B_k)}{\sum_{i=1}^{n} P(B_i)P(A|B_i)}$$

In (8) wird von der „Wirkung“ A auf die „Ursache“ B_k zurückgeschlossen. Daher wird diese Formel oft in der Statistik verwendet. Z.B., ein Arzt sieht an einem Patienten ein Symptom A. Dieses Symptom kann von verschiedenen Krankheiten $B_1, B_2, \ldots B_n$ herrühren. Der Arzt interessiert sich für $P(B_k|A)$.

1. Beispiel:
Drei Maschinen A, B, C stellen Glühbirnen mit den Zuverlässigkeiten q_1, q_2, q_3 her. A, B, C stellen die Anteile p_1, p_2, p_3 der Gesamtproduktion. Vor dem Verkauf werden die Glühbirnen gründlich vermischt. Wie groß ist die Wahrscheinlichkeit $P(Z)$, daß eine gekaufte Glühbirne gut ist?
Der Fig. 12.14 entnimmt man:
$P(Z) = p_1 \cdot q_1 + p_2 q_2 + p_3 q_3$
Dies ist die Regel von der totalen Wahrscheinlichkeit.

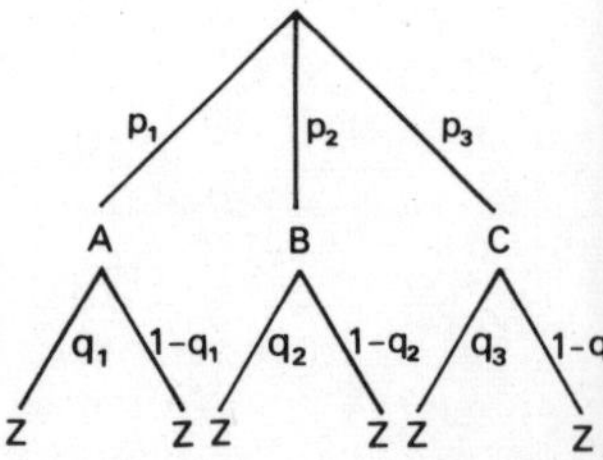

Fig. 12.14

Ich kaufe eine Glühbirne und sie ist gut. Wie groß ist die Wahrscheinlichkeit $P(A|Z)$, daß sie von der Maschine A stammt?

$$P(A|Z) = \frac{P(A \cap Z)}{P(Z)} = \frac{p_1 q_1}{p_1 q_1 + p_2 q_2 + p_3 q_3}$$

Dies ist die Formel von Bayes.

Ich kaufe eine schlechte Birne. Wie groß ist die Wahrscheinlichkeit, daß sie von C stammt?

$$P(C|\bar{Z}) = \frac{P(C \cap \bar{Z})}{P(\bar{Z})} = \frac{p_3(1-q_3)}{p_1(1-q_1) + p_2(1-q_2) + p_3(1-q_3)}$$

2. Beispiel: Der gestörte Nachrichtenkanal

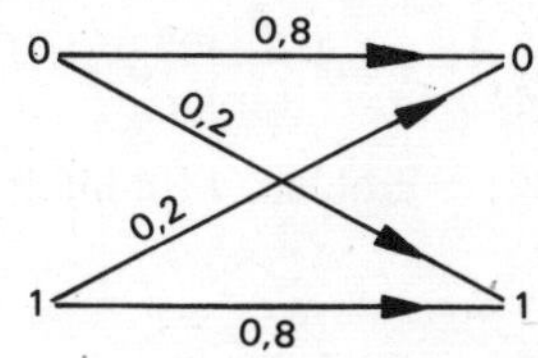

Fig. 12.15

Durch den binären symmetrischen Kanal der Fig. 12.15 wird entweder eine Folge von Nullen oder eine Folge von Einsen gesendet. (Siehe S.103) Angenommen, eine Nullenfolge wird seltener gesendet als eine Folge von Einsen. Dann ist Dekodierung durch Mehrheitsentscheidung nicht unbedingt das Richtige.

a) Die Wahrscheinlichkeit für eine Nullenfolge sei 0,1. Es wird 0100110 empfangen. Wie groß ist die Wahrscheinlichkeit, daß 0000000 gesendet wurde?

Der Fig. 12.16 entnimmt man:

$$P(0000000|0100110) = \frac{0{,}1 \cdot 0{,}8^4 \cdot 0{,}2^3}{0{,}1 \cdot 0{,}8^4 \cdot 0{,}2^3 + 0{,}9 \cdot 0{,}8^3 \cdot 0{,}2^4} = \frac{4}{13}$$

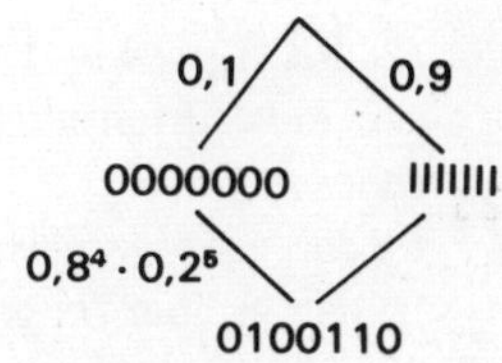

Fig. 12.16

Daher wird man diesen Block als 1 lesen, obwohl die Nullen in der Mehrzahl sind.

b) Die Wahrscheinlichkeit für eine Nullenfolge sei 0,01. Es wird 00100 empfangen. Der Fig. 12.17 entnimmt man:

$$P(11111|00100) = \frac{0{,}99 \cdot 0{,}8 \cdot 0{,}2^4}{0{,}99 \cdot 0{,}8 \cdot 0{,}2^4 + 0{,}01 \cdot 0{,}8^4 \cdot 0{,}2} = \frac{99}{163}$$

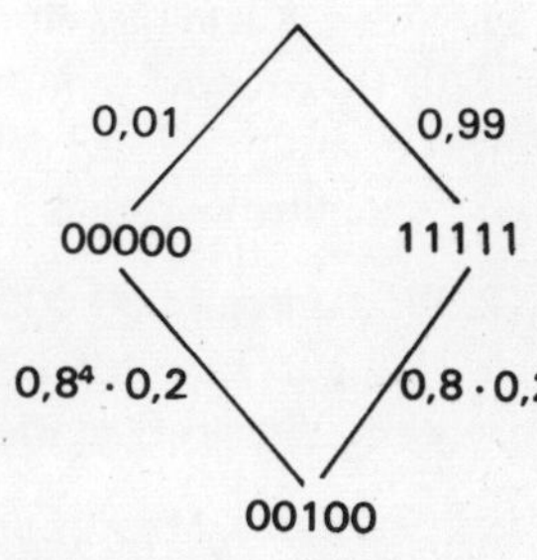

Fig. 12.17

Daher wird man die Nachricht als 1 lesen.

3. Beispiel: Spielerruin

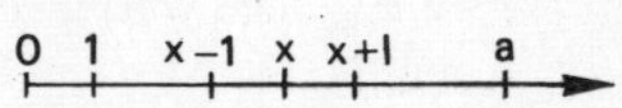

Fig. 12.18

Abel hat x DM und sein Gegner Kain hat $a - x$ DM. Sie werfen wiederholt eine Laplace-Münze. Bei Zahl gewinnt Abel 1 DM und bei Wappen gewinnt Kain 1 DM. Das Spiel wird so lange gespielt, bis einer der beiden ruiniert ist. Wie groß ist die Wahrscheinlichkeit, daß Abel ruiniert wird?

Es sei $p(x)$ die Wahrscheinlichkeit, daß Abel mit x DM Anfangskapital ruiniert wird. Betrachten wir die Situation von Abel nach dem ersten Wurf. Bei Zahl wird sein Vermögen $x+1$ und er wird mit der Wahrscheinlichkeit $p(x+1)$ ruiniert. Bei Wappen wird sein Vermögen $x-1$ und seine Ruinwahrscheinlichkeit $p(x-1)$. Die Regel von der totalen Wahrscheinlichkeit liefert:

(9) $p(x)=\frac{1}{2}p(x-1)+\frac{1}{2}p(x+1)$

Ferner ist $p(0)=1$ und $p(a)=0$.

Die Gleichung (9) zusammen mit der Fig. 12.19 zeigt, daß je drei aufeinanderfolgende Punkte von $(x;p(x))$ auf einer Geraden liegen. Daher ist $p(x)=cx+d$ eine lineare Funktion. Aus $p(0)=1$ und $p(a)=0$ folgt $p(x)=1-\frac{x}{a}$.

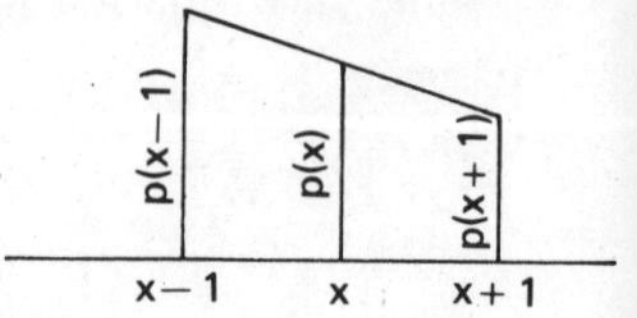

Fig. 12.19

Dieses Problem wird im 2. Band ausführlich diskutiert.

Aufgaben:

10. Ein hungriger Laplace-Fahrer startet in 0 auf der Suche nach einem Restaurant (Fig. 12.20). R_1 bis R_6 sowie A sind Restaurants. Er fährt nur in Pfeilrichtung. Wie groß ist die Wahrscheinlichkeit,
    a) daß er in A speist?
    b) daß er über B_3 gekommen ist, wenn er in A speist?

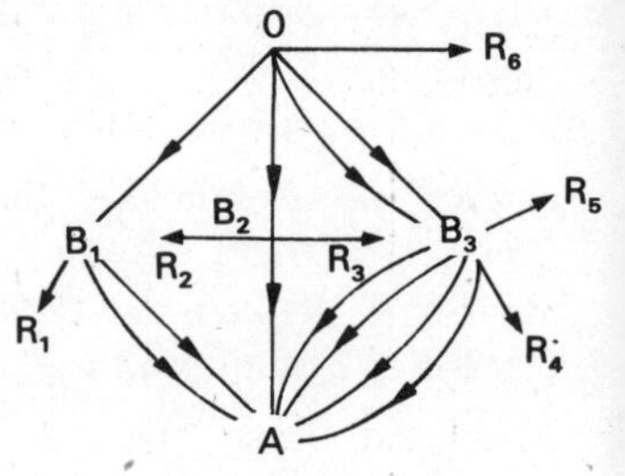

Fig. 12.20

▶ 11. Von 3 Karten ist eine beiderseits schwarz, die andere beiderseits weiß und die dritte hat eine schwarze und eine weiße Seite. Eine Karte wird zufällig gezogen und auf den Tisch gelegt. Ihre obere Seite ist schwarz. Wie groß ist die Wahrscheinlichkeit, daß ihre untere Seite weiß ist?

▶ 12. Eine unter 1 000 000 Münzen hat „Zahl" auf beiden Seiten. Die übrigen Münzen sind gut. Eine zufällig ausgewählte Münze wird 20mal geworfen und ergibt 20mal Zahl. Wie groß ist die Wahrscheinlichkeit, daß sie trotzdem gut ist?

▶[13.] Matthäus, Markus und Lukas sind zum Tode verurteilt. Einer der drei wird ausgelost und begnadigt. Der Name des Glücklichen wird streng geheimgehalten. Matthäus sagt sich: Die Wahrscheinlichkeit, daß ich es bin, ist $\frac{1}{3}$.
Er sagt dem Wärter: Einer der beiden, Markus oder Lukas, wird sicher hingerichtet. Du wirst mir also nichts verraten, wenn Du mir einen Mann nennst, Markus oder Lukas, der hingerichtet wird.
Darauf sagt der Wärter: Markus wird hingerichtet.
Diese Antwort hat Matthäus ermutigt. Denn er oder Lukas wurden sicher begnadigt. Daher ist die Wahrscheinlichkeit $\frac{1}{2}$, daß er es ist. Hat Matthäus recht?

14. In einer Tasche sind 9 gute Münzen und eine Münze, die auf beiden Seiten Zahl hat. Jemand zieht eine Münze und wirft sie 1, 2, 3, 4, 5mal. Das Ergebnis
a) Z, b) ZZ, c) ZZZ, d) ZZZZ, e) ZZZZW wird mir mitgeteilt.
Wie groß ist die Wahrscheinlichkeit, daß die gezogene Münze gut ist?

15. Eine Familie hat zwei Kinder. Es ist bekannt, daß
a) mindestens eines der Kinder ein Junge ist,
b) das ältere der beiden Kinder ein Junge ist.
Wie groß ist die Wahrscheinlichkeit, daß das andere Kind ebenfalls ein Junge ist?

16. 50% aller Teilnehmer einer Konferenz sind Amerikaner. Jeder 8. Amerikaner und jeder 80. Nichtamerikaner trinkt zum Frühstück Tomatensaft. Sie beobachten einen Teilnehmer, der zum Frühstück Tomatensaft trinkt. Wie groß ist die Wahrscheinlichkeit, daß es ein Amerikaner ist?

▶ 17. Die Fig. 12.21 zeigt drei Teiche, die 1, 2 bzw. 3 Fische enthalten. Ein Teich wird zufällig ausgewählt und im Teich wird ein Fisch gefangen, markiert und wieder freigelassen. Am nächsten Tag wird in demselben Teich wieder ein Fisch gefangen, der a) markiert b) nicht markiert ist. Wie groß ist die Wahrscheinlichkeit, daß der ausgewählte Teich 1, 2 bzw. 3 Fische enthält?

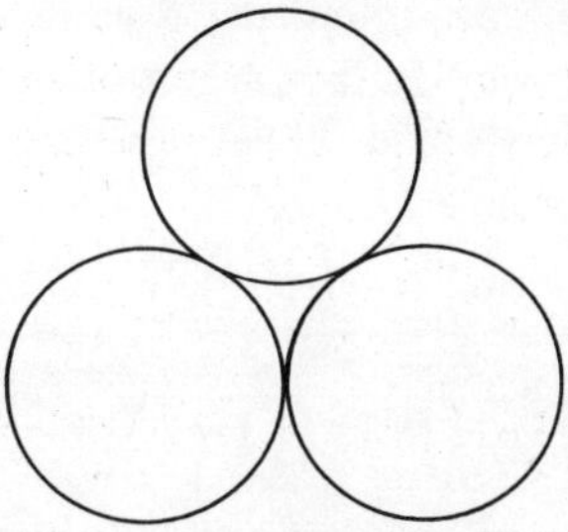

Fig. 12.21

18. Im Beispiel 2b) wird 0000 empfangen. Wie groß ist die Wahrscheinlichkeit, daß 1111 gesendet wurde?

13. Die hypergeometrische Verteilung

Auf die große Bedeutung von Stichproben wurde schon hingewiesen. Bei Stichproben mit Zurücklegen haben wir es mit der unabhängigen Wiederholung eines Versuchs zu tun. Denn durch Zurücklegen wird die ursprüngliche Zusammensetzung der Population wiederhergestellt. Hier ist die Binomialverteilung zuständig. Aber bei Stichproben werden in der Regel die gezogenen Elemente nicht zurückgelegt. Jede Ziehung verändert die Population. Wir haben abhängige Versuche.
Eine Population enthalte N Elemente mit den Nummern $1, 2, 3, \ldots N$.
Die Elemente $1, 2, 3, \ldots, r$ seien *rot* und die Elemente $r+1,\ r+2, \ldots r+b=N$ seien blau. D.h.
$p=\frac{r}{N},\ q=1-\frac{r}{N}=\frac{N-r}{N}=\frac{b}{N}$
sind die Anteile der roten und blauen Elemente. Der Population wird eine Stichprobe vom Umfang n entnommen. Wir berechnen die Wahrscheinlichkeit, genau x rote Elemente zu ziehen. Es sei X die Anzahl der roten Elemente in der Stichprobe. Wir suchen $P(X=x)$. Es gibt $\binom{N}{n}$ mögliche Stichproben. Für das Ereignis $X=x$ günstig sind $\binom{r}{x}\binom{N-r}{n-x}$ Stichproben. Also:

$$(1)\quad P(X=x)=h(x)=\frac{\binom{r}{x}\binom{N-r}{n-x}}{\binom{N}{n}}$$

Dies ist die *hypergeometrische Verteilung*.
Um $E(X)$ und $V(X)$ zu bekommen, stellen wir X als Summe von Indikatoren dar:
$X=X_1+X_2+\ldots+X_r$
Dabei zeigt X_i an, ob das i-te rote Element in die Stichprobe fällt.
Jedes rote Element hat dieselbe Wahrscheinlichkeit $\frac{n}{N}$ in die Stichprobe zu kommen.
Daher ist $\quad E(X_i)=P(X_i=1)=\frac{n}{N}$.
Folglich ist $\quad E(X)=r\cdot\frac{n}{N}=n\cdot p.$

Ferner ist

$$X^2=\sum_i X_i^2+\sum_{i\neq j} X_iX_j=\sum_i X_i+\sum_{i\neq j} X_iX_j,$$

$$E(X_iX_j)=P(X_i\cdot X_j=1)=\frac{n(n-1)}{N(N-1)},$$

$$E(X^2)=n\cdot p+r(r-1)\cdot\frac{n(n-1)}{N(N-1)},$$

$$V(X)=E(X^2)-E^2(X)=np+np(r-1)\frac{n-1}{N-1}-n^2p^2$$

$$=np\left[1+(r-1)\frac{n-1}{N-1}-r\cdot\frac{n}{N}\right]=np\frac{(N-n)(N-r)}{N(N-1)}$$

$$=npq\frac{N-n}{N-1}.$$

Damit haben wir:

$$\mu=E(X)=np,\quad \sigma^2=V(X)=npq\frac{N-n}{N-1}$$

Der Erwartungswert ist genauso groß wie bei der Binomialverteilung.
Dagegen ist σ^2 um den Faktor $\frac{N-n}{N-1}$ kleiner.
Wenn N viel größer ist als n, so ist $\frac{N-n}{N-1} \approx 1$ und es macht nicht viel aus, ob man zurücklegt oder nicht. Dann kann man die hypergeometrische Verteilung durch die einfachere Binomialverteilung und diese wiederum durch die Normalverteilung annähern. Ist N groß und der Anteil p der roten Elemente klein, dann verwendet man die Poisson-Näherung.
Bei vielen praktischen Aufgaben ist N unbekannt und soll aus der Stichprobe geschätzt werden. Z.B. soll die Anzahl N der Fische in einem Teich geschätzt werden. Dazu werden r Fische gefangen, durch einen roten Fleck markiert und wieder freigelassen. Nach einigen Tagen werden n Fische gefangen. Darunter seien x rote.
Man wird den plausiblen Ansatz machen:
Anteil der roten in der Stichprobe = Anteil der roten in der Population:

$$\frac{x}{n} = \frac{r}{N}, \quad N = \frac{r \cdot n}{x}$$

Man kann diesen Ansatz mathematisch untermauern. Dazu bestimmen wir die Maximum Likelihood Schätzung $\hat{N}$ von N. $\hat{N}$ ist derjenige Wert von N, der die Wahrscheinlichkeit $h(x, N)$ der beobachteten Stichprobe möglichst groß macht. Nach (1) gilt:

$$\frac{h(x,N)}{h(x,N-1)} = \frac{(N-r)(N-n)}{(N-r-n-x)N}$$

Man prüft leicht nach, daß dieser Quotient $\gtreqless 1$ ist, falls $N \gtreqless \frac{rn}{x}$ ist.
Ist $\frac{rn}{x}$ keine ganze Zahl, dann macht

$$\hat{N} = \left[\frac{rn}{x}\right]$$

die Wahrscheinlichkeit $h(x, N)$ am größten. Ist $\frac{rn}{x}$ ganzzahlig, so gibt es zwei Maxima: bei $\frac{rn}{x}$ und bei $\frac{rn}{x} - 1$.
Es sei erinnert, daß man unter $[x]$ die größte ganze Zahl $\leqq x$ versteht.

1. Beispiel:
Aus 6 Männern und 4 Frauen wird ein Fünfer-Ausschuß ausgelost. Wie groß ist die Wahrscheinlichkeit, daß 3 Männer und 2 Frauen in den Ausschuß kommen?

Lösung: $$\frac{\binom{6}{3} \cdot \binom{4}{2}}{\binom{10}{5}} = \frac{10}{21}$$

2. Beispiel:
Eine Warensendung enthält 80 gute und 20 defekte Stücke. Es werden 10 Stücke gezogen. Wie groß ist die Wahrscheinlichkeit, daß genau 2 defekte Stücke gezogen werden?

Lösung: $$\frac{\binom{20}{2}\binom{80}{8}}{\binom{100}{10}} = \frac{20!\ 80!\ 10!\ 90!}{2!\ 18!\ 8!\ 72!\ 100!} = 0{,}3181$$

Hier muß eine Tafel für lg $n!$ verwendet werden.[1]

---
[1] Vgl. z.B. Sieber: Mathematische Tafeln, S. 84. Stuttgart: Ernst Klett. 1971.

Aufgaben:

1. Aus einer Kiste mit 6 Äpfeln und 4 Birnen werden 5 Früchte zufällig gezogen. Wie groß ist die Wahrscheinlichkeit, höchstens 2 Äpfel zu ziehen?

2. Aus 5 Männern und 5 Frauen werden 5 Personen zufällig ausgewählt. Wie groß ist die Wahrscheinlichkeit, daß in der Stichprobe höchstens 2 Männer vorkommen? Wie kann man das Ergebnis ohne Rechnung bekommen?

3. In einer Sendung von 100 Motoren sind 5 defekt. Es werden 5 Motore ausgewählt und geprüft. Wie groß ist die Wahrscheinlichkeit, daß in der Stichprobe kein defekter Motor vorkommt? (Verwende eine Tafel!)

4. Eine Urne enthält 3 weiße, 3 schwarze und 3 rote Kugeln.
   a) Es werden 4 Kugeln gezogen. Wie groß ist die Wahrscheinlichkeit, daß die Stichprobe nur Kugeln zweier Farben enthält?
   b) Es werden 6 Kugeln gezogen. Wie groß ist die Wahrscheinlichkeit, je 2 Kugeln von jeder Farbe zu ziehen?

5. In Anchurien hat ein Lotto-Zettel die Form eines 8×8-Schachbretts (Fig. 13.1). Der Spieler kreuzt 8 Felder an. Die Lotto-Zentrale wählt 8 Felder zufällig aus und färbt sie schwarz. Die Figur zeigt ein Beispiel mit zwei Treffern.

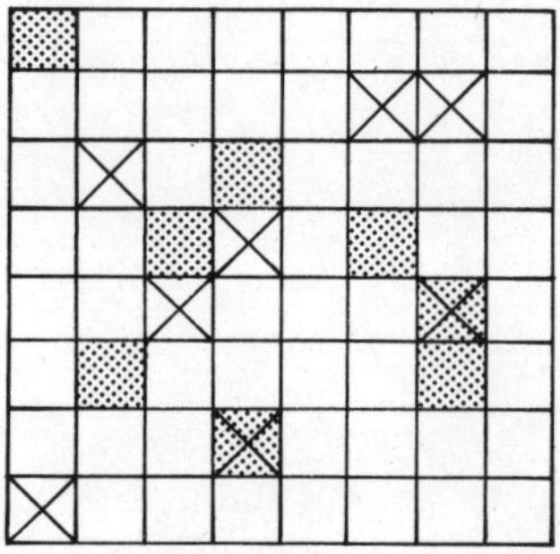

Fig. 13.1

   a) Wie groß ist die Wahrscheinlichkeit p_n für n Treffer?
   b) Wie groß ist die erwartete Trefferzahl?
   c) Zeige, daß gilt:
   $$\frac{p_{n+1}}{p_n} = \frac{(8-n)^2}{(n+1)(48+n+1)}$$
   d) Berechne mit dem Rechenstab zuerst $\frac{p_1}{p_0}, \frac{p_2}{p_1}, \frac{p_3}{p_2}, \frac{p_4}{p_3}, \frac{p_5}{p_4}$ und dann $\frac{p_2}{p_0}, \frac{p_3}{p_0}, \frac{p_4}{p_0}, \frac{p_5}{p_0}$.
   Da p_6, p_7, p_8 praktisch verschwinden, kann man aus
   $$p_0\left(1+\frac{p_1}{p_0}+\frac{p_2}{p_0}+\frac{p_3}{p_0}+\frac{p_4}{p_0}+\frac{p_5}{p_0}\right) \approx 1$$
   p_0 berechnen. Bestimme so $p_0, p_1, p_2, p_3, p_4, p_5$.

▶ [6.] Zwei Lektoren lesen unabhängig voneinander je eine Kopie desselben Buches. Sie finden f_1 bzw. f_2 Druckfehler; f_{12} Druckfehler wurden von beiden gefunden. Schätze die unbekannte Anzahl N der Druckfehler.

(Hinweis: Man nehme an, daß der erste (zweite) Lektor jeden Druckfehler mit derselben Wahrscheinlichkeit $p_1 (p_2)$ findet.)

14. Anzahl der Fixpunkte einer Permutation

Die Zahlen 1, 2, 3, ... n kann man auf $n!$ Arten permutieren. Eine dieser Permutationen soll zufällig ausgewählt werden. Dies kann man mit Zufallsziffern machen. Man entnimmt der Tabelle I (S. 154) n Blöcke. Dann werden die Zahlen 1, 2, ..., n in dieselbe Reihenfolge gebracht wie diese n Blöcke. (Was macht man, wenn zwei Blöcke gleich sind?) Z.B.

7 9 4 8 5   1 3 6 2 6   0 8 5 5 8   4 2 7 9 4   5 0 5 8 3

liefert die Permutation 5 2 1 3 4, während

0 2 9 2 7   7 9 1 8 3   3 0 8 9 9   9 6 2 2 4   9 8 7 2 2

die Permutation 1 3 2 4 5 liefert. Die Permutation 5 2 1 3 4 ist fixpunktfrei. Keine Nummer steht auf ihrem Platz. Die Permutation 1 3 2 4 5 hat 3 Fixpunkte. Denn die Nummern 1, 4, 5 stehen auf Platz 1, 4, 5.

Es wurde bereits früher die Wahrscheinlichkeit p_n einer fixpunktfreien Permutation berechnet. Es ergab sich:

$$p_n = \frac{1}{0!} - \frac{1}{1!} + \frac{1}{2!} - \frac{1}{3!} + \ldots + \frac{(-1)^n}{n!} \approx e^{-1}$$

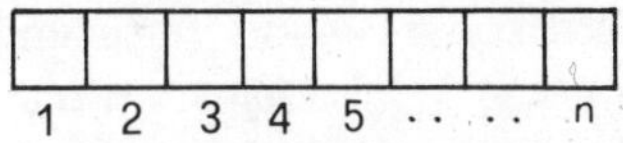

Fig. 14.1

Wir werden jetzt die Verteilung für die Anzahl der Fixpunkte bestimmen. In einer Urne sind n Karten mit den Nummern 1, 2, 3, ..., n. Diese Karten werden einzeln gezogen und auf n numerierte Plätze gelegt (Fig. 14.1). Wenn Karte Nr. i auf Platz Nr. i kommt, so wollen wir von einem „Treffer" sprechen. Wir führen jetzt n Indikatoren $X_1, X_2, \ldots X_n$ ein. X_i zeigt an, ob Platz i ein Treffer ist. D.h. $X_i = 1$, falls Karte Nr. i auf Platz Nr. i fällt. Andernfalls ist $X_i = 0$. Die Gesamtzahl der Treffer ist

$$S_n = X_1 + X_2 + X_3 + \ldots + X_n.$$

Dabei ist $E(X_i) = P(X_i = 1) = \frac{(n-1)!}{n!} = \frac{1}{n}$.

Ferner gilt für $i \neq j$:

$$E(X_i X_j) = P(X_i X_j = 1) = \frac{(n-2)!}{n!} = \frac{1}{n(n-1)}$$

Man beachte, daß $E(X_i X_j) \neq E(X_i) E(X_j)$ ist, da die Indikatoren hier keine unabhängigen Zufallsvariablen sind.

$$E(S_n) = E(X_1) + E(X_2) + \ldots + E(X_n) = \frac{1}{n} + \frac{1}{n} + \ldots + \frac{1}{n} = 1$$

$$V(S_n) = E(S_n^2) - [E(S_n)]^2 = E(X_1 + X_2 + \ldots + X_n)^2 - 1$$

$$= E(\Sigma X_i^2) + \sum_{i \neq j} E(X_i X_j) - 1 = 1 + n(n-1) \cdot \frac{1}{n(n-1)} - 1 = 1$$

Es ist also *unabhängig von n*: $E(S_n) = V(S_n) = 1$.

Wir bestimmen noch die Verteilung von S_n, d.h. die Wahrscheinlichkeit des Ereignisses $S_n = s$. Die Anzahl der Permutationen mit s Fixpunkten kann man leicht zählen. Die s Trefferstellen kann man auf $\binom{n}{s}$ Arten auswählen. Die übrigen $n - s$ Stellen müssen fixpunktfrei besetzt werden. Nach (4) auf S. 35 geht dies auf

$$(n-s)! \left[\frac{1}{0!} - \frac{1}{1!} + \frac{1}{2!} - \ldots + \frac{(-1)^{n-s}}{(n-s)!}\right]$$

Arten.

Es gibt also

$$\binom{n}{s}(n-s)!\left[\frac{1}{0!}-\frac{1}{1!}+\frac{1}{2!}-\ldots+\frac{(-1)^{n-s}}{(n-s)!}\right]$$

für das Ereignis $S_n = s$ günstige Fälle. Die Anzahl der möglichen Fälle ist $n!$.
Damit ist die Wahrscheinlichkeit für s Treffer:

$$P(S_n = s) = \frac{1}{n!}\binom{n}{s}(n-s)!\left[\frac{1}{0!}-\frac{1}{1!}+\frac{1}{2!}-\ldots+\frac{(-1)^{n-s}}{(n-s)!}\right],$$

oder vereinfacht:

$$\boxed{P(S_n = s) = \frac{1}{s!}\left[\frac{1}{0!}-\frac{1}{1!}+\frac{1}{2!}-\frac{1}{3!}+\ldots+\frac{(-1)^{n-s}}{(n-s)!}\right]}$$

In der eckigen Klammer steht ein Näherungswert für e^{-1} (siehe 2. Band). Daher ist mit guter Näherung:

$$\boxed{P(S_n = s) \approx \frac{e^{-1}}{s!}}$$

Dies ist die Poisson-Verteilung mit $\lambda = 1$. Die Näherungsformel ist sehr gut für $n - s \geqq 5$. Für kleinere Werte von $n - s$ macht die direkte Berechnung keine Schwierigkeiten. Z.B.

$$P(S_n = n) = \frac{1}{n!}, \quad P(S_n = n-1) = 0, \quad P(S_n = n-2) = \frac{1}{2(n-2)!}$$

$$P(S_n = n-3) = \frac{1}{3(n-3)!}, \quad P(S_n = n-4) = \frac{3}{8(n-4)!},$$

$$P(S_n = n-5) = \frac{11}{30(n-5)!}$$

Man beachte, daß $\frac{3}{8} = 0{,}375$, $\frac{11}{30} = 0{,}367$, $e^{-1} = 0{,}368$. D.h. in den beiden letzten Fällen ist die Näherungsformel schon brauchbar.
Die Verteilung der Trefferzahlen wird in der Statistik verwendet, um zu entscheiden, ob eine Versuchsperson eine gewisse Fähigkeit besitzt oder nur rät. Dazu einige Beispiele:

1. Beispiel: Prägt der Beruf das Aussehen?
Herr Maier behauptet: „Ich bin ein Menschenkenner. Ich kann vom Aussehen eines Menschen auf dessen Beruf schließen.“ Um diese Behauptung zu prüfen, werden ihm die Bilder von sechs Personen vorgelegt und eine Liste ihrer Berufe, allerdings in einer vertauschten Anordnung. Herr Maier soll zu jedem Bild den entsprechenden Beruf angeben. Herr Maier erzielt a) 4 Treffer b) 3 Treffer.
Ist das Ergebnis signifikant auf dem 5%-Niveau?
Lösung: Wir berechnen die Wahrscheinlichkeit, bei zufälligem Raten ein so gutes oder noch besseres Ergebnis zu erzielen.

a) $P(S_6 \geqq 4) = \frac{1}{2 \cdot 4!} + \frac{1}{6!} = \frac{1}{45} = 0{,}022$

b) $P(S_6 \geqq 3) = \frac{1}{3 \cdot 3!} + \frac{1}{2 \cdot 4!} + \frac{1}{6!} = \frac{7}{90} = 0{,}078$

Im ersten Fall wird man Herrn Maier eine gewisse Fähigkeit zugestehen. Im zweiten Fall wird man dies nicht ohne weitere Prüfung tun.

2. Beispiel: Prägt der Charakter die Schrift?

Ein Graphologe bewirbt sich um eine Stelle. Um seine Fähigkeiten zu testen, werden ihm von 10 Personen je eine Charakterbeschreibung und eine Schriftprobe vorgelegt. Er soll herausfinden, welche Schriftprobe zu welchem Charakter gehört.
Er erzielt a) 4 Treffer b) 3 Treffer.
Wie groß ist die Wahrscheinlichkeit, daß man durch Raten so gut fährt?
Lösung: Hier kann man ohne Bedenken die Poisson-Näherung verwenden.

a) $P(S_{10} \geqq 4) = 1 - P(S_n \leqq 3) = 1 - \frac{e^{-1}}{0!} - \frac{e^{-1}}{1!} - \frac{e^{-1}}{2!} - \frac{e^{-1}}{3!} = 1 - \frac{8}{3} e^{-1} = 0{,}019$

b) $P(S_{10} \geqq 3) = 1 - P(S_n \leqq 2) = 1 - \frac{e^{-1}}{0!} - \frac{e^{-1}}{1!} - \frac{e^{-2}}{2!} = 1 - \frac{5}{2} e^{-1} = 0{,}080$

Im Fall a) wird man ihm eine gewisse Fähigkeit nicht absprechen. Trotzdem wird man nur mit größten Bedenken seine Dienste in Anspruch nehmen.

Aufgaben:

1. Der Graphologe im 2. Beispiel erziele 5 Treffer. Wie groß ist die Wahrscheinlichkeit, durch reinen Zufall ein so gutes Ergebnis zu erzielen?

2. In einer Zeitschrift erschienen die Bilder von 7 berühmten Zeitgenossen und ihre Bilder im Säuglingsalter, aber in zufälliger Reihenfolge. Die Leser sollten die richtige Zuordnung finden. Jemand erzielt 3 Treffer. Berechne die Wahrscheinlichkeit, durch Zufall ein so gutes oder noch besseres Ergebnis zu erzielen. Rechne genau und nach Poisson.

3. Eine Versuchsperson behauptet, außersinnliche Wahrnehmung zu besitzen. Um die Behauptung zu testen, wird die Permutation 2 6 1 3 5 4 7 8 einer Tafel von Zufallsziffern entnommen. Die Versuchsperson soll die Permutation erraten. Sie gibt an: 3 6 1 2 5 8 7 4. Wie groß ist die Wahrscheinlichkeit, durch zufälliges Raten ein so gutes oder noch besseres Ergebnis zu erzielen? Rechne genau und näherungsweise nach Poisson.

4. Ein Lehrer legt bei einer Klassenarbeit Auszüge aus vier Gedichten vor. Ein Schüler erzielt 4 Treffer. Wie groß ist die Wahrscheinlichkeit, zufällig dieses Ergebnis zu erzielen?

Tabelle I

Zufallsziffern

12159	66144	05091	13446	45653	13684	66024	91410	51351	22772
30156	90519	95785	47544	66735	35754	11088	67310	19720	08379
59069	01722	53338	41942	65118	71236	01932	70343	25812	62275
54107	58081	82470	59407	13475	95872	16268	78436	39251	64247
99681	81295	06315	28212	45029	57701	96327	85436	33614	29070
27252	37875	53679	01889	35714	63534	63791	76342	47717	73684
93259	74585	11863	78985	03881	46567	93696	93521	54970	37607
84068	43759	75814	32261	12728	09636	22336	76529	01017	45503
68582	97054	28251	63787	57285	18854	35006	16343	51867	67979
60646	11298	19680	10087	66391	70853	24423	73007	74958	29020
97437	52922	80739	59178	50628	61017	51652	40915	94696	67843
58009	20681	98823	50979	01237	70152	13711	73916	87902	84759
77211	70110	93803	60135	22881	13423	30999	07104	27400	25414
54256	84591	65302	99257	92970	28924	36632	54044	91798	78018
37493	69330	94069	39544	14050	03476	25804	49350	92525	87941
87569	22661	55970	52623	35419	76660	42394	63210	62626	00581
22896	62237	39635	63725	10463	87944	92075	90914	30599	35671
02697	33230	64527	97210	41359	79399	13941	88378	68503	33609
20080	15652	37216	00679	02088	34138	13953	68939	05630	27653
20550	95151	60557	57449	77115	87372	02574	07851	22428	39189
72771	11672	67492	42904	64647	94354	45994	42538	54885	15983
38472	43379	76295	69406	96510	16529	83500	28590	49787	29822
24511	56510	72654	13277	45031	42235	96502	25567	23653	36707
01054	06674	58283	82831	97048	42983	06471	12350	49990	04809
94437	94907	95274	26487	60496	78222	43032	04276	70800	17378
97842	69095	25982	03484	25173	05982	14624	31653	17170	92785
53047	13486	69712	33567	82313	87631	03197	02438	12374	40329
40770	47013	63306	48154	80970	87976	04939	21233	20572	31013
52733	66251	69661	58387	72096	21355	51659	19003	75556	33095
41749	46502	18378	83141	63920	85516	75743	66317	45428	45940
10271	85184	46468	38860	24039	80949	51211	35411	40470	16070
98791	48848	68129	51024	53044	55039	71290	26484	70682	56255
30196	09295	47685	56768	29285	06272	98789	47188	35063	24158
99373	64343	92433	06388	65713	35386	43370	19254	55014	98621
27768	27552	42156	23239	46823	91077	06306	17756	84459	92513
67791	35910	56921	51976	78475	15336	92544	82601	17996	72268
64018	44004	08136	56129	77024	82650	18163	29158	33935	94262
79715	33859	10835	94936	02857	87486	70613	41909	80667	52176
20190	40737	82688	07099	65255	52767	65930	45861	32575	93731
82421	01208	49762	66360	00231	87540	88302	62686	38456	25872
00083	81269	35320	72064	10472	92080	80447	15259	62654	70882
56558	09762	20813	48719	35530	96437	96343	21212	32567	34305
41183	20460	08608	75283	43401	25888	73405	35639	92114	48006
39977	10603	35052	53751	64219	36235	84687	42091	42587	16996
29310	84031	03052	51356	44747	19678	14619	03600	08066	93899
47360	03571	95657	85065	80919	14890	97623	57375	77855	15735
48481	98262	50414	41929	05977	78903	47602	52154	47901	84523
48097	56362	16342	75261	27751	28715	21871	37943	17850	90999
20648	30751	96515	51581	43877	94494	80164	02115	09738	51938
60704	10107	59220	64220	23944	34684	83696	82344	19020	84834

Tabelle I

Zufallsziffern

85967	73152	14511	85285	36009	95892	36962	67835	63314	50162
07483	51453	11649	86348	76431	81594	95848	36738	25014	15460
96283	01898	61414	83525	04231	13604	75339	11730	85423	60698
49174	12074	98551	37895	93547	24769	09404	76548	05393	96770
97366	39941	21225	93629	19574	71565	33413	56087	40875	13351
90474	41469	16812	81542	81652	45554	27931	93994	22375	00953
28599	64109	09497	76235	41383	31555	12639	00619	22909	29563
25254	16210	89717	65997	82667	74624	36348	44018	64732	93589
28785	02760	24359	99410	77319	73408	58993	61098	04393	48245
84725	86576	86944	93296	10081	82454	76810	52975	10324	15457
41059	66456	47679	66810	15941	84602	14493	65515	19251	41642
67434	41045	82830	47617	36932	46728	71183	36345	41404	81110
72766	68816	37643	19959	57550	49620	98480	25640	67257	18671
92079	46784	66125	94932	64451	29275	57669	66658	30818	58353
29187	40350	62533	73603	34075	16451	42885	03448	37390	96328
74220	17612	65522	80607	19184	64164	66962	82310	18163	63495
03786	02407	06098	92917	40434	60602	82175	04470	78754	90775
75085	55558	15520	27038	25471	76107	90832	10819	56797	33751
09161	33015	19155	11715	00551	24909	31894	37774	37953	78837
75707	48992	64998	87080	39333	00767	45637	12538	67439	94914
21333	48660	31288	00086	79889	75532	28704	62844	92337	99695
65626	50061	42539	14812	48895	11196	34335	60492	70650	51108
84380	07389	87891	76255	89604	41372	10837	66992	93183	56920
46479	32072	80083	63868	70930	89654	05359	47196	12452	38234
59847	97197	55147	76639	76971	55928	36441	95141	42333	67483
31416	11231	27904	57383	31852	69137	96667	14315	01007	31929
82066	83436	67914	21465	99605	83114	97885	74440	99622	87912
01850	42782	39202	18582	46214	99228	79541	78298	75404	63648
32315	89276	89582	87138	16165	15984	21466	63830	30475	74729
59388	42703	55198	80380	67067	97155	34160	85019	03527	78140
58089	27632	50987	91373	07736	20436	96130	73483	85332	24384
61705	57285	30392	23660	75841	21931	04295	00875	09114	32101
18914	98982	60199	99275	41967	35208	30357	76772	92656	62318
11965	94089	34803	48941	69709	16784	44642	89761	66864	62803
85251	48111	80936	81781	93248	67877	16498	31924	51315	79921
66121	96986	84844	93873	46352	92183	51152	85878	30490	15974
53972	96642	24199	58080	35450	03482	66953	49521	63719	57615
14509	16594	78883	43222	23093	58645	60257	89250	63266	90858
37700	07688	65533	72126	23611	93993	01848	03910	38552	17472
85466	59392	72722	15473	73295	49759	56157	60477	83284	56367
52969	55863	42312	67842	05673	91878	82738	36563	79540	61935
42744	68315	17514	02878	97291	74851	42725	57894	81434	62041
26140	13336	67726	61876	29971	99294	96664	52817	90039	53211
95589	56319	14563	24071	06916	59555	18195	32280	79357	04224
39113	13217	59999	49952	83021	47709	53105	19295	88318	41626
41392	17622	18994	98283	07249	52289	24209	91139	30715	06604
54684	53645	79246	70183	87731	19185	08541	33519	07223	97413
89442	61001	36658	57444	95388	36682	38052	46719	09428	94012
36751	16778	54888	15357	68003	43564	90976	58904	40512	07725
98159	02564	21416	74944	53049	88749	02865	25772	89853	88714

TABELLE II

Anzahl $\binom{n}{s}$ der s-Teilmengen einer n-Menge

n \ s	2	3	4	5	6	7	8	9	10	11	12	13
2	1											
3	3	1										
4	6	4	1									
5	10	10	5	1								
6	15	20	15	6	1							
7	21	35	35	21	7	1						
8	28	56	70	56	28	8	1					
9	36	84	126	126	84	36	9	1				
10	45	120	210	252	210	120	45	10	1			
11	55	165	330	462	462	330	165	55	11	1		
12	66	220	495	792	924	792	495	220	66	12	1	
13	78	286	715	1,287	1,716	1,716	1,287	715	286	78	13	1
14	91	364	1,001	2,002	3,003	3,432	3,003	2,002	1,001	364	91	14
15	105	455	1,365	3,003	5,005	6,435	6,435	5,005	3,003	1,365	455	105
16	120	560	1,820	4,368	8,008	11,440	12,870	11,440	8,008	4,368	1,820	560
17	136	680	2,380	6,188	12,376	19,448	24,310	24,310	19,448	12,376	6,188	2,380
18	153	816	3,060	8,568	18,564	31,824	43,758	48,620	43,758	31,824	18,561	8,568
19	171	969	3,876	11,628	27,132	50,388	75,582	92,378	92,378	75,582	50,388	27,132
20	190	1,140	4,845	15,504	38,760	77,520	125,970	167,960	184,756	167,960	125,970	77,520
21	210	1,330	5,985	20,349	54,264	116,280	203,490	293,930	352,716	352,716	293,930	203,490
22	231	1,540	7,315	26,334	74,613	170,544	319,770	497,420	646,646	705,432	646,646	497,420
23	253	1,771	8,855	33,649	100,947	245,157	490,314	817,190	1,144,066	1,352,078	1,352,078	1,144,066
24	276	2,024	10,626	42,504	134,596	346,104	735,471	1,307,504	1,961,256	2,496,144	2,704,156	2,496,144
25	300	2,300	12,650	53,130	177,100	480,700	1,081,575	2,042,975	3,268,760	4,457,400	5,200,300	5,200,300
26	325	2,600	14,950	65,780	230,230	657,800	1,562,275	3,124,550	5,311,735	7,726,160	9,657,700	10,400,600

Die fehlenden Zahlen findet man mit Hilfe von $\binom{n}{s} = \binom{n}{n-s}$, z.B. $\binom{20}{15} = \binom{20}{5} = 15\,504$.

TABELLE III

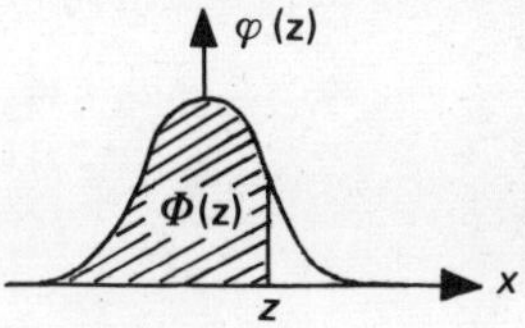

Tabelle der Funktion $\Phi(z) = \frac{1}{\sqrt{2\pi}} \int_{-\infty}^{z} e^{-\frac{x^2}{2}} \, dx$

Für $z < 0$ verwende man $\Phi(-z) = 1 - \Phi(z)$.

z	$\Phi(z)$	z	$\Phi(z)$	z	$\Phi(z)$	z	$\Phi(z)$	z	$\Phi(z)$
.00	.50000	.80	.78814	1.60	.94520	2.40	.99180	3.20	.99931
.02	.50798	.82	.79389	1.62	.94738	2.42	.99224	3.22	.99936
.04	.51595	.84	.79955	1.64	.94950	2.44	.99266	3.24	.99940
.06	.52392	.86	.80511	1.66	.95154	2.46	.99305	3.26	.99944
.08	.53188	.88	.81057	1.68	.95352	2.48	.99343	3.28	.99948
.10	.53983	.90	.81594	1.70	.95543	2.50	.99379	3.30	.99952
.12	.54776	.92	.82121	1.72	.95728	2.52	.99413	3.32	.99955
.14	.55567	.94	.82639	1.74	.95907	2.54	.99446	3.34	.99958
.16	.56356	.96	.83147	1.76	.96080	2.56	.99477	3.36	.99961
.18	.57142	.98	.83646	1.78	.96246	2.58	.99506	3.38	.99964
.20	.57926	1.00	.84134	1.80	.96407	2.60	.99534	3.40	.99966
.22	.58706	1.02	.84614	1.82	.96562	2.62	.99560	3.42	.99969
.24	.59483	1.04	.85083	1.84	.96712	2.64	.99585	3.44	.99971
.26	.60257	1.06	.85543	1.86	.96856	2.66	.99609	3.46	.99973
.28	.61026	1.08	.85993	1.88	.96995	2.68	.99632	3.48	.99975
.30	.61791	1.10	.86433	1.90	.97128	2.70	.99653	3.50	.99977
.32	.62552	1.12	.86864	1.92	.97257	2.72	.99674	3.52	.99978
.34	.63307	1.14	.87286	1.94	.97381	2.74	.99693	3.54	.99980
.36	.64058	1.16	.87698	1.96	.97500	2.76	.99711	3.56	.99981
.38	.64803	1.18	.88100	1.98	.97615	2.78	.99728	3.58	.99983
.40	.65542	1.20	.88493	2.00	.97725	2.80	.99744	3.60	.99984
.42	.66276	1.22	.88877	2.02	.97831	2.82	.99760	3.62	.99985
.44	.67003	1.24	.89251	2.04	.97932	2.84	.99774	3.64	.99986
.46	.67724	1.26	.89617	2.06	.98030	2.86	.99788	3.66	.99987
.48	.68439	1.28	.89973	2.08	.98124	2.88	.99801	3.68	.99988
.50	.69146	1.30	.90320	2.10	.98214	2.90	.99813	3.70	.99989
.52	.69847	1.32	.90658	2.12	.98300	2.92	.99825	3.72	.99990
.54	.70540	1.34	.90988	2.14	.98382	2.94	.99836	3.74	.99991
.56	.71226	1.36	.91308	2.16	.98461	2.96	.99846	3.76	.99992
.58	.71904	1.38	.91621	2.18	.98537	2.98	.99856	3.78	.99992
.60	.72575	1.40	.91924	2.20	.98610	3.00	.99865	3.80	.99993
.62	.73237	1.42	.92220	2.22	.98679	3.02	.99874	3.82	.99993
.64	.73891	1.44	.92507	2.24	.98745	3.04	.99882	3.84	.99994
.66	.74537	1.46	.92785	2.26	.98809	3.06	.99889	3.86	.99994
.68	.75175	1.48	.93056	2.28	.98870	3.08	.99896	3.88	.99995
.70	.75804	1.50	.93319	2.30	.98928	3.10	.99903	3.90	.99995
.72	.76424	1.52	.93574	2.32	.98983	3.12	.99910	3.92	.99996
.74	.77035	1.54	.93822	2.34	.99036	3.14	.99916	3.94	.99996
.76	.77637	1.56	.94062	2.36	.99086	3.16	.99921	3.96	.99996
.78	.78230	1.58	.94295	2.38	.99134	3.18	.99926	3.98	.99997

TABELLE IV

Wahrscheinlichkeiten der folgenden vier Ereignisse:

$S_n - np \leqq z\,\sigma$ $\quad$ $S_n - np \geqq z\,\sigma$ $\quad$ $|S_n - np| \leqq z\,\sigma$ $\quad$ $|S_n - np| \geqq z\,\sigma$

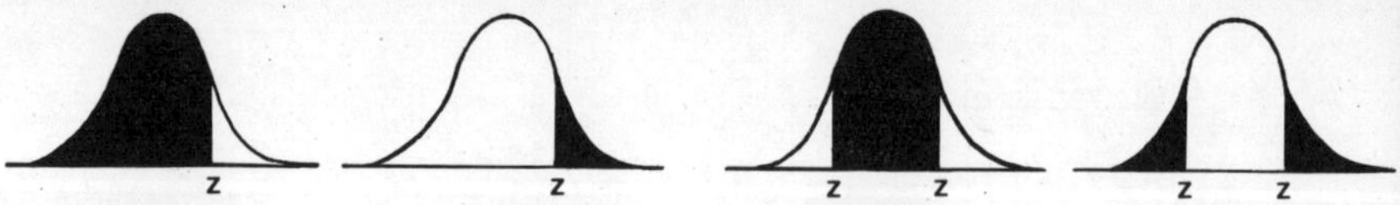

z	$\Phi(z)$	$1-\Phi(z)$	$2\Phi(z)-1$	$2-2\Phi(z)$
0.0	.500	.500	.0000	1.0000
0.1	.540	.460	.0797	.9203
0.2	.579	.421	.159	.841
0.3	.618	.382	.236	.764
0.4	.655	.345	.311	.689
0.5	.691	.309	.383	.617
0.6	.726	.274	.451	.549
0.7	.758	.242	.516	.484
0.8	.788	.212	.576	.424
0.9	.816	.184	.632	.368
1.0	.841	.159	.683	.317
1.1	.864	.136	.729	.271
1.2	.885	.115	.770	.230
1.3	.9032	.0968	.806	.194
1.4	.9192	.0808	.838	.162
1.5	.9332	.0668	.866	.134
1.6	.9452	.0548	.890	.110
1.7	.9554	.0446	.9109	.0891
1.8	.9641	.0359	.9281	.0719
1.9	.9713	.0287	.9425	.0575
2.0	.9772	.0228	.9545	.0455
2.1	.9821	.0179	.9643	.0357
2.2	.9861	.0139	.9722	.0278
2.3	.9893	.0107	.9786	.0214
2.4	.99180	.00820	.9836	.0164
2.5	.99379	.00621	.9876	.0124
2.6	.99534	.00466	.99068	.00932
2.7	.99653	.00347	.99307	.00693
2.8	.99744	.00256	.99489	.00511
2.9	.99813	.00187	.99627	.00373
3.0	.99865	.00135	.99730	.00270
3.1	.999032	.000968	.99806	.00194
3.2	.999313	.000687	.99863	.00137
3.3	.999517	.000483	.999033	.000967
3.4	.999663	.000337	.999326	.000674
3.5	.999767	.000233	.999535	.000465
3.6	.999841	.000159	.999682	.000318
3.7	.999892	.000108	.999784	.000216
3.8	.9999277	.0000723	.999855	.000145
3.9	.9999519	.0000481	.9999038	.0000962
4.0	.9999683	.0000317	.9999367	.0000633

Die Stetigkeitskorrektur kann man berücksichtigen, indem man die Grenzen des grauen Gebiets um $\frac{1}{2\sigma}$ ins weiße Gebiet verlegt. Wahrscheinlichkeiten für $z < 0$ erhält man durch Symmetrie.

TABELLE V

Schranken für χ^2 bei f Freiheitsgraden

$f \backslash P$	0,99	0,975	0,95	0,90	0,10	0,05	0,025	0,01
1	0,00016	0,00098	0,00393	0,01579	2,70554	3,84146	5,02389	6,63490
2	0,00201	0,00506	0,10259	0,21072	4,60517	5,99147	7,37776	9,21034
3	0,11483	0,21580	0,35185	0,58438	6,25139	7,81473	9,34840	11,3449
4	0,29711	0,48442	0,71072	1,06362	7,77944	9,48773	11,1433	13,2767
5	0,55430	0,83121	1,14548	1,61031	9,23635	11,0705	12,8325	15,0863
6	0,87209	1,23735	1,63539	2,20413	10,6446	12,5916	14,4494	16,8119
7	1,23904	1,68987	2,16735	2,83311	12,0170	14,0671	16,0128	18,4753
8	1,64648	2,17973	2,73264	3,48954	13,3616	15,5073	17,5346	20,0902
9	2,08781	2,70039	3,32511	4,16816	14,6837	16,9190	19,0228	21,6660
10	2,55821	3,24697	3,94030	4,86518	15,9871	18,3070	20,4831	23,2093
11	3,0535	3,8158	4,5748	5,5778	17,275	19,675	21,920	24,725
12	3,5706	4,4038	5,2260	6,3038	18,549	21,026	23,337	26,217
13	4,1069	5,0087	5,8919	7,0415	19,812	22,362	24,736	27,688
14	4,6604	5,6287	6,5706	7,7895	21,064	23,685	26,119	29,143
15	5,2294	6,2621	7,2604	8,5468	22,307	24,996	27,488	30,578
16	5,812	6,908	7,962	9,312	23,54	26,30	28,85	32,00
17	6,408	7,564	8,672	10,09	24,77	27,59	30,19	33,41
18	7,015	8,231	9,390	10,86	25,99	28,87	31,53	34,81
19	7,633	8,907	10,12	11,65	27,20	30,14	32,85	36,19
20	8,260	9,591	10,85	12,44	28,41	31,41	34,17	37,57
21	8,897	10,28	11,59	13,24	29,62	32,67	35,48	38,93
22	9,542	10,98	12,34	14,04	30,81	33,92	36,78	40,29
23	10,20	11,69	13,09	14,85	32,00	35,17	38,08	41,64
24	10,86	12,40	13,85	15,66	33,20	36,42	39,36	42,98
25	11,52	13,12	14,61	16,47	34,38	37,65	40,65	44,31
26	12,20	13,84	15,38	17,29	35,56	38,89	41,92	45,64
27	12,88	14,57	16,15	18,11	36,74	40,11	43,19	46,96
28	13,56	15,31	16,93	18,94	37,92	41,34	44,46	48,28
29	14,26	16,05	17,71	19,77	39,09	42,56	45,72	49,59
30	14,95	16,79	18,49	20,60	40,26	43,77	46,98	50,89

Erläuterung der Tafel. Z.B. die 5. Zeile der Tafel bedeutet: Bei 5 Freiheitsgraden ist
$P(\chi^2 \geqq 0{,}5543) = 0{,}99$, $P(\chi^2 \geqq 0{,}83121) = 0{,}975, \ldots,$ $P(\chi^2 \geqq 15{,}0863) = 0{,}01$.

TABELLE VI

Ausgewählte Irrtumswahrscheinlichkeiten bei der Normalverteilung und der Binomialverteilung.

Einseitiger Test: $P(Z \geqq z) = P(S_n - np \geqq z\,\sigma) = 1 - \Phi(z)$

Zweiseitiger Test: $P(|Z| \geqq z) = P(|S_n - np| \geqq z\,\sigma) = 2 - 2\,\Phi(z)$

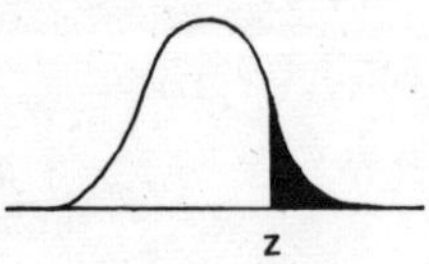

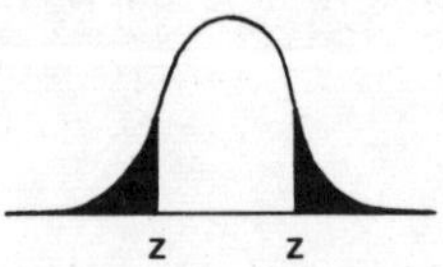

$1 - \Phi(z)$	$2 - 2\Phi(z)$	z
0,05	0,1	1,645
0,025	0,05	1,960
0,02	0,04	2,054
0,01	0,02	2,326
0,005	0,01	2,576
0,0025	0,005	2,807
0,001	0,002	3,0902
0,0005	0,001	3,291
0,00005	0,0001	3,891
0,000005	0,00001	4,417
0,0000005	0,000001	4,892

14. Lösungen der Aufgaben

0. Mengen

1. $\overline{\Omega} = \phi$, $\overline{\phi} = \Omega$, $\overline{\overline{A}} = A$, $A \cap A = A$, $A \cup A = A$, $A \cap \Omega = A$, $A \cup \Omega = \Omega$, $A \cup \phi = A$, $A \cap \phi = \phi$, $A \cup \overline{A} = \Omega$, $A \cap \overline{A} = \phi$

3. a) $(A \cap B) \cup (A \cap \overline{B}) = A$ b) $(A \cap B_1) \cup \ldots \cup (A \cap B_r) = A$

4. $|A \cup B| = |A| + |B|$ falls $A \cap B = \phi$

5. $|A \times B| = |A| \cdot |B|$

6.

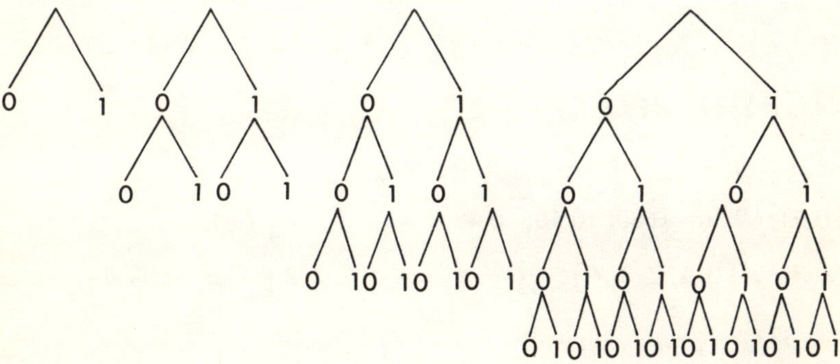

Fig. 14.1

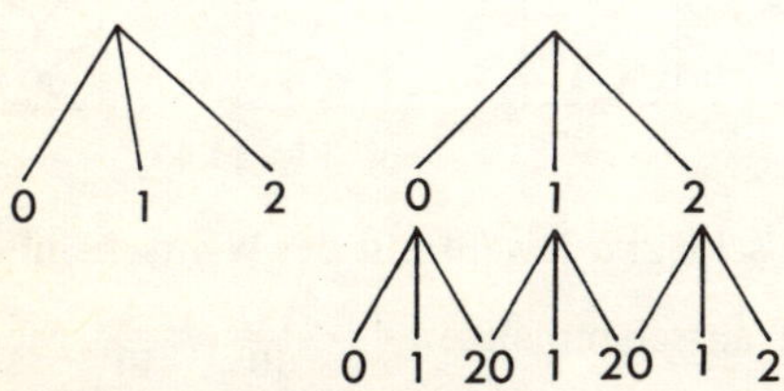

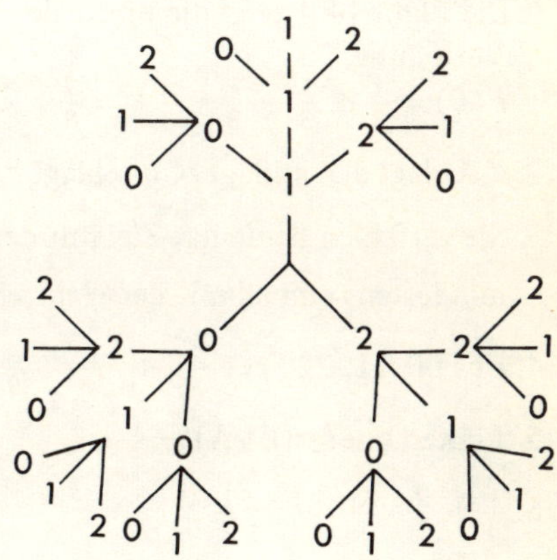

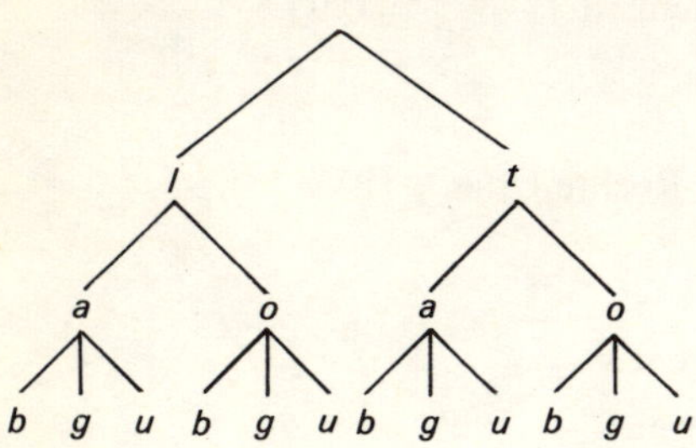

Fig. 14.2

9. a) $I_\Omega(\omega) = 1$ für jedes $\omega \in \Omega$, $I_\phi(\omega) = 0$ für jedes $\omega \in \Omega$.

10. $A_0 = \{000\}$, $A_1 = \{001, 010, 100\}$, $A_2 = \{011, 101, 110\}$, $A_3 = \{111\}$.
Die Mengen A_0, A_1, A_3, A_4 bilden eine Zerlegung von Ω.

11. $Y=2$, $Y=4$, $Y=8$ sind Namen für die Mengen $\{\omega_1\}$, $\{\omega_2, \omega_4, \omega_6\}$, $\{\omega_3, \omega_5, \omega_7, \omega_8\}$. Diese Mengen bilden eine Zerlegung von Ω.

12. $\{1\}$, $\{2, 3, 5, 7, 11\}$, $\{4, 9\}$, $\{6, 8, 10\}$, ϕ, $\{12\}$

1. Einstufige Zufallsversuche

1. a) 0,1 b) 0,9 c) 0,9 d) 0,45 e) 0,55 f) 0,1 g) 0,12 h) 0,2 i) 0,91 k) 0,81 l) 0,1

2. a) 0,9 b) $0{,}9^2 = 0{,}81$ c) $0{,}9^3 = 0{,}729$ d) $0{,}9^4 = 0{,}6561$

3. $P(A) = \frac{1}{5}$, $P(F) = \frac{1}{2}$, $P(A \cap F) = \frac{1}{10}$, $P(D) = \frac{167}{1000}$, $P(E) = \frac{1}{10}$,

$P(D \cap E) = \frac{34}{1000}$, $P(\overline{A} \cap \overline{F}) = \frac{2}{5}$, $P(A \cap \overline{B}) = \frac{1}{10}$, $P(\overline{A} \cap B) = 0$,

$P(A \cup \overline{B}) = 1$, $P(A \cap E) = \frac{1}{10}$

4. $1 \cdot p + 2 \cdot p + \ldots + n \cdot p = 1$, also $p = \frac{2}{n(n+1)}$

5. a) 0,64; 0,36; 0,60; 0,40; 0,48 b) $\frac{3}{4}$ $(\frac{1}{3})$

6. $B = A_4 = \{0, 1, 2, 3, 4\}$, $C = A_3 = \{0, 1, 2, 3\}$, $B \cap C = A_3$, $B \cup C = A_4$.

2. Mehrstufige Zufallsversuche

1. Die Figur 14.4 zeigt die optimale Verteilung.
$P(L) = \frac{1}{3} + \frac{1}{3} + \frac{1}{3} \cdot \frac{10}{16} = \frac{7}{8}$

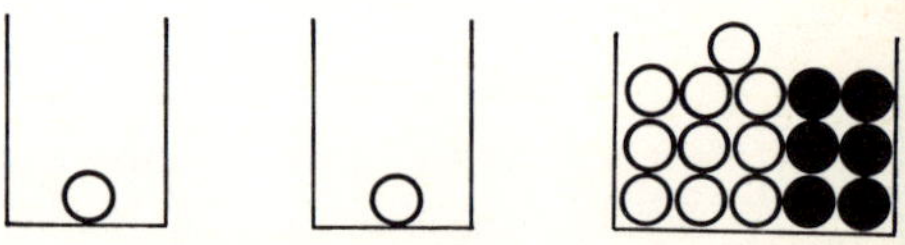

Fig. 14.4

2. d schlägt a, a schlägt b, b schlägt c, c schlägt d jeweils mit der Wahrscheinlichkeit $\frac{2}{3}$.

3. Sie verfehlen beide das Ziel mit der Wahrscheinlichkeit $\frac{1}{5} \cdot \frac{3}{10} = \frac{3}{50}$. Sie treffen mindestens einmal mit der Wahrscheinlichkeit $1 - \frac{3}{50} = 0{,}94$.

4. $P(\{00, 11, 22\}) = \frac{1}{36} + \frac{1}{36} + \frac{4}{9} = \frac{1}{2}$

5. Linke Urne: $p\,(\text{EVA}) = \frac{1}{3} \cdot \frac{1}{2} \cdot 1 = \frac{1}{6}$. Rechte Urne: $p\,(\text{EVA}) = \frac{2}{6} \cdot \frac{2}{5} \cdot \frac{2}{4} = \frac{1}{15}$

6. $\frac{1}{3} + \frac{2}{3} \cdot \frac{3}{4} \cdot \frac{1}{3} = \frac{1}{2}$

7. a) $\frac{9}{10}$ b) Die Summe ist gerade, wenn genau eine oder genau drei gerade Zahlen gezogen werden. Die Figur 14.5 zeigt alle Pfade, die zu einer geraden Summe führen. Die Wahrscheinlichkeit für eine gerade Summe ist $\frac{1}{2}$.

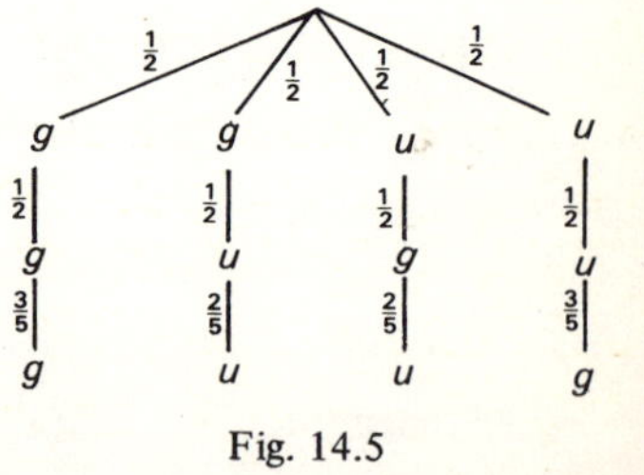

Fig. 14.5

8. $\frac{6}{6} \cdot \frac{5}{6} \cdot \frac{4}{6} \cdot \frac{3}{6} \cdot \frac{2}{6} \cdot \frac{1}{6} = \frac{5}{324} = 0{,}0154$

9. $P(\text{positives Produkt}) = \frac{1}{2} \cdot \frac{4}{9} + \frac{1}{2} \cdot \frac{4}{9} = \frac{4}{9}$
(siehe Figur 14.6)
$P(\text{negatives Produkt}) = \frac{1}{2} \cdot \frac{5}{9} + \frac{1}{2} \cdot \frac{5}{9} = \frac{5}{9}$

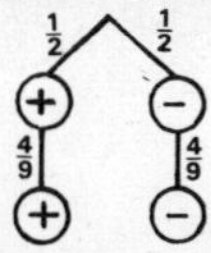

Fig. 14.6

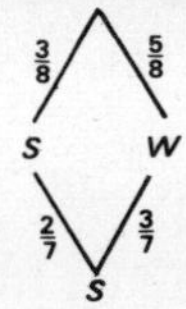

Fig. 14.7

10. $\frac{3}{8} \cdot \frac{2}{7} + \frac{5}{8} \cdot \frac{3}{7} = \frac{3}{8}$ (Fig. 14.7)

11. a) 0,56 b) 0,624

12. $P(\text{ANNA}) = \frac{1}{30}$

13. $p(E) = \frac{3}{10}$

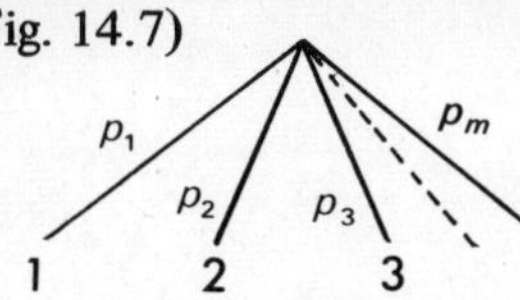

Fig. 14.8

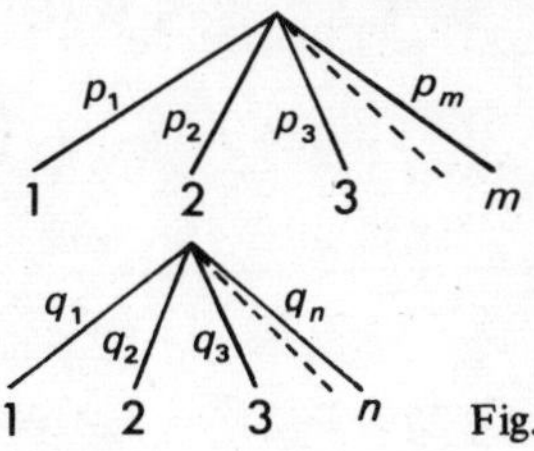

Fig. 14.9

14. Für einen einstufigen Versuch ist die Behauptung klar (Fig. 14.8).
Die Summe der Pfadwahrscheinlichkeiten ist $1: p_1 + p_2 + \ldots + p_m = 1$. Wird an irgendeinen Pfad, z. B. Pfad 2, der Baum eines einstufigen Versuchs angehängt (Fig. 14.9), so wird der Pfad 2 durch n Pfade 21, 22, ..., $2n$ ersetzt. Addiert man die Wahrscheinlichkeiten dieser n Pfade, so ergibt sich wieder p_2. Denn
$p_2 q_1 + p_2 q_2 + \ldots + p_2 q_n = p_2(q_1 + q_2 + \ldots + q_n) = p_2 \cdot 1 = p_2$.

15. $\frac{1}{64}$

16. $\frac{1}{81}$

17. a) $\frac{1}{6}$ b) $\frac{1}{2}$ c) $\frac{11}{36}$ d) $\frac{7}{9}$ e) $\frac{5}{36}$ f) $\frac{5}{12}$ g) $\frac{5}{18}$

h)

K	2	3	4	5	6	7	8	9	10	11	12
$P(X+Y=K)$	$\frac{1}{36}$	$\frac{2}{36}$	$\frac{3}{36}$	$\frac{4}{36}$	$\frac{5}{36}$	$\frac{6}{36}$	$\frac{5}{36}$	$\frac{4}{36}$	$\frac{3}{36}$	$\frac{2}{36}$	$\frac{1}{36}$

18. $P(\text{mindestens eine Eins}) = 1 - P(\text{keine Eins}) = 1 - (\frac{5}{6})^3 = \frac{91}{216} = 0{,}42 = 42\%$

19. $\frac{1111}{2000} = 0{,}5555$

20. $P(S=0) = q^3$
$P(S=1) = 3q^2p$
$P(S=2) = 3qp^2$
$P(S=3) = p^3$

21. a) $\frac{3}{5}$ b) $\frac{7}{10}$

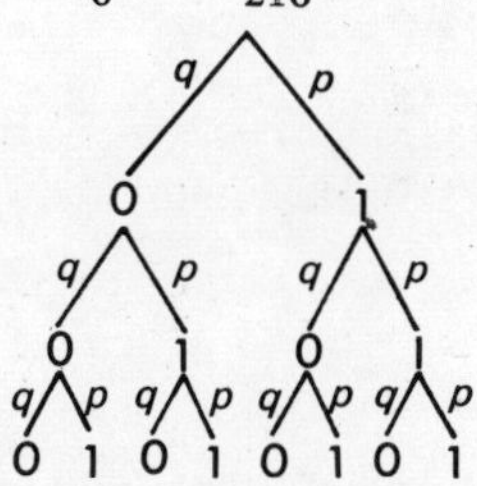

Fig. 14.10

22. $P(a \text{ siegt}) = \frac{1}{2} + \frac{1}{2^4} + \frac{1}{2^7} + \ldots = \dfrac{\frac{1}{2}}{1 - \frac{1}{8}} = \frac{4}{7}$, $P(b \text{ siegt}) = \frac{2}{7}$, $P(c \text{ siegt}) = \frac{1}{7}$.

23. a) $(\frac{2}{3})^{n-1} \cdot \frac{1}{3}$ b) $(\frac{2}{3})^n$

1. $5! = 120$

2. a) $4 \cdot 9 \cdot 10 = 360$ b) $5 \cdot 10 \cdot 11 = 550$

3. $2^{10} = 1\,024$

4. $2^{10} = 1\,024$

5. $5^4 = 625$

6. $26 \cdot 26 \cdot 26 \cdot 10 \cdot 10 \cdot 10 = 17\,576\,000$

7. a) $21 \cdot 5 \cdot 21 \cdot 5 \cdot 21 = 231\,525$ b) $21 \cdot 5 \cdot 20 \cdot 4 \cdot 19 = 159\,600$

8. $5 \cdot 10 + 5 \cdot 6 + 10 \cdot 6 = 140$

9. $3! \cdot 4! \cdot 5! \cdot 6! = 12\,441\,600$

10. a) $3 \cdot 4 \cdot 5 = 60$ b) $60 \cdot 60 = 3\,600$ c) $3 \cdot 4 \cdot 5 \cdot 4 \cdot 3 \cdot 2 = 1440$

11. a) $2^8 = 256$ b) $2^8 = 256$ c) $2^8 = 256$

12. $6 \cdot 5 \cdot 4 = 120$

13. $8 \cdot 6 \cdot 4 \cdot 2 = 384$

14. Der Ausgang einer Stufe beeinflußt die Anzahl der Möglichkeiten bei späteren Stufen. Z.B., in die 1. Spalte kann man eine Dame auf 8 Arten stellen. Für die 2. Spalte gibt es 6 bzw. 5 Möglichkeiten, je nachdem die 1. Dame in einer Ecke steht oder nicht.

15. $10 \cdot 9 \cdot 8 \cdot 7 \cdot 6 = 30\,240$

16. $9 \cdot 7 \cdot 5 \cdot 3 \cdot 1 = 945$

17. $1\,000\,000\,000 = 2^9 \cdot 5^9$. Ein Teiler hat die Form $2^x 5^y$, wobei $0 \leqq x \leqq 9$, $0 \leqq y \leqq 9$. Daher gibt es $10 \cdot 10 = 100$ Teiler.

18. $6 \cdot 5 \cdot 4 \cdot 3 = 360$

19. $16 \cdot 16 = 256$

20. a) Durch eine Frage kann die Hälfte der Felder ausgeschieden werden. Also braucht man 6 Fragen.
b) Es sind insgesamt $2\,048 = 2^{11}$ Zahlen. Daher braucht man 11 Fragen.
c) Es ist leicht einzusehen, daß man mindestens $11 + 4 = 15$ Fragen braucht. Mein Partner kann auf 16 Arten lügen. Er kann irgendeine der 15 Fragen falsch beantworten oder alle richtig beantworten. Die Antworten auf die 4 Zusatzfragen können ebenfalls auf $2^4 = 16$ Arten ausgehen. Andererseits kommt man mit 15 Fragen aus. Der Leser überlege sich selbst eine passende Fragestrategie.

21. $\binom{5}{2} \cdot \binom{3}{2} = 30$

22. $\binom{7}{3} = 35$

23. $\binom{9}{3} = 84$

24. $\binom{6}{3}\binom{8}{4} = 20 \cdot 70 = 1\,400$

25. a) $\binom{8}{5} = 56$ b) $\binom{8}{5} + \binom{8}{6} + \binom{8}{7} + \binom{8}{8} = 56 + 28 + 8 + 1 = 93$

26. a) $\dfrac{\binom{8}{4}}{\binom{16}{4}} = \dfrac{1}{26}$ b) $\dfrac{1}{26}$

27. $\binom{8}{4} \cdot \binom{8}{4} = 70 \cdot 70 = 4\,900$

28. a) $2^{16} = 65\,536$ b) $\binom{16}{8} = 12\,870$ c) $\binom{16}{2}\binom{14}{4} = 120 \cdot 1\,001 = 120\,120$
d) $16! = 20\,922\,789\,888\,000$

29. $\binom{x+y+z}{x}\binom{y+z}{y} = \dfrac{(x+y+z)!}{x!\,y!\,z!}$

30. a) $\binom{n}{2}$ b) $\binom{n}{3}$

31. Irgend 4 Ecken bestimmen genau einen Schnittpunkt. Daher gibt es $\binom{n}{4}$ Diagonalenschnittpunkte.

32. $\binom{22}{11} : 2 = 352\,716$

33. a) $6! = 720$ b) $3!3! = 36$ c) $2^3 \cdot 3! = 48$

34. $\left[\binom{9}{7} + \binom{9}{8} + \binom{9}{9}\right] \dfrac{1}{2^9} = \dfrac{46}{512} = \dfrac{23}{256} = 0{,}08984375$

35. $\dfrac{\binom{6}{2} \cdot \binom{4}{2}}{3^6} = \dfrac{10}{81}$

36. $\binom{11}{1}\binom{10}{2}\binom{8}{4} = 11 \cdot 45 \cdot 70 = 34\,650$, $\binom{8}{1}\binom{7}{1}\binom{6}{3} = 1\,120$, $\binom{5}{1}\binom{4}{2} = 30$,
$\binom{4}{2} = 6$, $\binom{9}{1}\binom{8}{1}\binom{7}{2}\binom{5}{2} = 15\,110$, $\binom{6}{1}\binom{5}{2} = 60$.

37. $\binom{32}{2}\binom{30}{10}\binom{20}{10}$

41. $1 - \dfrac{\binom{7}{4}}{\binom{10}{4}} = 1 - \dfrac{1}{6} = \dfrac{5}{6}$

42. $\binom{3+12-1}{12} = \binom{14}{2} = 91$

43. a) $\binom{9}{3}\binom{6}{3} = 84 \cdot 20 = 1\,680$

b) Es gibt die folgenden sieben Typen von Verteilungen 333, 234, 243, 324, 342, 423, 432. Die Anzahl der Verteilungen ist $\binom{9}{3} \cdot \binom{6}{3} + 6 \cdot \binom{9}{2}\binom{7}{3} = 9\,240$.

c)

Verteilungsart	Möglichkeiten
ohne Einschränkung	3^9
2 Boote leer	3
nur Boot 1 leer	$2^9 - 2$
nur Boot 2 leer	$2^9 - 2$
nur Boot 3 leer	$2^9 - 2$

Erlaubte Verteilungen $3^9 - 3\,(2^9 - 2) - 3 = 18\,150$

44. a) $\binom{12}{2} = 66$ b) $\binom{9}{2} = 36$ c) $\binom{6}{2} = 15$

45. Zerlege die Menge $\{1, 2, \ldots, 30\}$ in 3 Teilmengen der Form $3n$, $3n+1$, $3n+2$. $\binom{10}{3} + \binom{10}{3} + \binom{10}{3} + 10^3 = 1\,360$.

46. $\binom{62}{2} = 1\,891$

47. $P(A) = \frac{1}{216}$, $P(B) = \frac{1}{36}$, $P(C) = \frac{5}{9}$

48. Es sei $\bar{A}$ das Ereignis, daß keine Nachbarn vorkommen. Wir denken uns die Zahlen 1 bis 49 als eine Reihe von Kugeln. Die 43 nicht gezogenen Kugeln weiß, die 6 gezogenen Kugeln schwarz. Keine zwei schwarzen Kugeln dürfen benachbart sein. Daher gibt es für sie 44 Plätze. Man kann von diesen 44 Plätzen 6 Plätze auf $\binom{44}{6}$ Arten auswählen. Daher gibt es mindestens zwei Nachbarn mit der Wahrscheinlichkeit

$$P(A) = 1 - P(\bar{A}) = 1 - \frac{\binom{44}{6}}{\binom{49}{6}} = 0{,}495.$$

Rund in der Hälfte aller Ziehungen werden Nachbarn vorkommen.

49. Nummern mit lauter gleichen Ziffern haben die kleinste Wahrscheinlichkeit. Z.B. die Nummer 1111111 hat die Wahrscheinlichkeit

$$p = \frac{7}{63} \cdot \frac{6}{62} \cdot \frac{5}{61} \cdot \frac{4}{60} \cdot \frac{3}{59} \cdot \frac{2}{58} \cdot \frac{1}{57}$$

Nummern mit lauter verschiedenen Ziffern haben die größte Wahrscheinlichkeit. Z.B. die Nummer 1234567 hat die Wahrscheinlichkeit

$$P = \frac{7}{63} \cdot \frac{7}{62} \cdot \frac{7}{61} \cdot \frac{7}{60} \cdot \frac{7}{59} \cdot \frac{7}{58} \cdot \frac{7}{57}.$$

Also ist $\frac{P}{p} = \frac{7^7}{7!} \approx 163$.

4. Einige interessante Beispiele

2. $\left(\frac{7}{15}\right)^{10} = 0{,}00049 < \frac{1}{2000}$ (genauer 0,000489855)

3. Bei n Schnüren ist die Wahrscheinlichkeit für einen Ring

$\frac{n-1}{n} \cdot \frac{n-2}{n-1} \cdot \ldots \cdot \frac{1}{2} = \frac{1}{n}$, also $\frac{1}{6}$ bei 6 Schnüren.

4. Aufgabe 4 mit n Schnüren stimmt mit der Aufgabe 1 für $2n$ Schnüre überein. Die Wahrscheinlichkeit für einen Ring ist

$$\frac{(2n-2)(2n-4)\dots 4\cdot 2}{(2n-1)(2n-3)\dots 5\cdot 3}.$$

5. $P_{78} \approx \frac{1}{2}\sqrt{\frac{\pi}{78}} = 0{,}100345439$, $P_{79} \approx \frac{1}{2}\sqrt{\frac{\pi}{79}} = 0{,}099708319$

Bei 156 und 158 Schnüren ist die Wahrscheinlichkeit für einen Ring nahezu $\frac{1}{10}$.

6. $1 - \frac{\binom{4}{3}}{\binom{9}{3}} = \frac{20}{21}$

7. a) $1 - (\frac{2}{3})^5 = \frac{211}{243}$ b) $1 - \frac{6\cdot 5\cdot 4\cdot 3\cdot 2}{6\cdot 6\cdot 6\cdot 6\cdot 6} = 1 - \frac{5}{54} = \frac{49}{54} = 0{,}90741$

8. $1 - (\frac{1}{2})^n \geqq 0{,}99$; $(\frac{1}{2})^n \leqq \frac{1}{100}$; $n \geqq 7$.

9. $1 - (1-a)(1-b)(1-c)(1-d)$

10. a) $1 - 0{,}9^{10} = 0{,}65132$ b) $1 - 0{,}9^n > \frac{1}{2}$, $n \geqq 7$

11. a) $f(12) = 0{,}4968$; $f(20) = 0{,}8696$ b) $f(37) = 0{,}4906$

13. $f(n) = (\frac{n-1}{n})^n = (1 - \frac{1}{n})^n$

n	1	2	3	4	10	100	1000
$f(n)$	0	0,25	0,30	0,316	0,349	0,366	0,3678

Es ist $\lim_{n\to\infty} f(n) = e^{-1} = 0{,}36788$.

14. $1 - 0{,}99^n \geqq 0{,}95 \Rightarrow 0{,}99^n \leqq 0{,}05 \Rightarrow n \geqq \frac{\lg 0{,}05}{\lg 0{,}99}$

$n \geqq 298{,}07$ d.h. $n = 299$

15. Im nebenstehenden Baum bedeutet $\bar{y}$ und y infiziert bzw. nicht infiziert usw.

$P(y \text{ erkrankt}) = \frac{1}{2} + \frac{1}{20} + \frac{1}{50} + \frac{1}{40} = 0{,}595$

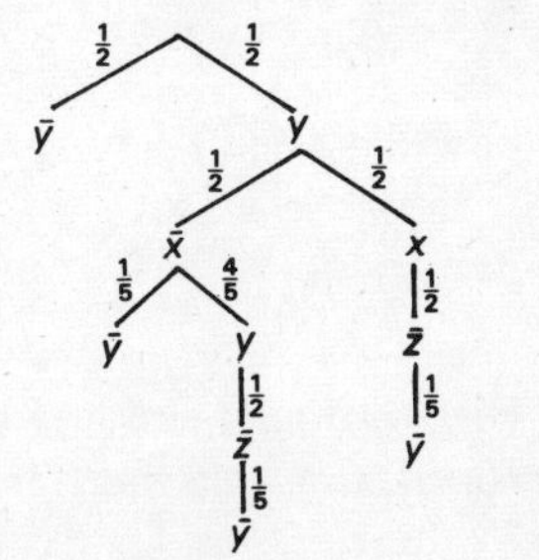

Fig. 14.11

16. a) Wenn Kain 1, 2 oder 3 (4, 5 oder 6) wirft, dann sagt Abel, daß er ein höheres (geringeres) Ergebnis erzielen wird. Dem nebenstehenden Baum entnimmt man

$P(\text{Abel gewinnt}) = 2\cdot(\frac{1}{6}\cdot\frac{5}{6} + \frac{1}{6}\cdot\frac{4}{6} + \frac{1}{6}\cdot\frac{3}{6}) = \frac{2}{3}$

b) $P(\text{Abel gewinnt})$

$= 2\cdot(\frac{1}{n}\cdot\frac{n-1}{n} + \frac{1}{n}\cdot\frac{n-2}{n} + \dots + \frac{1}{n}\cdot\frac{\frac{n}{2}}{n})$

$= \frac{2}{n^2}((n-1) + (n-2) + \dots + \frac{n}{2}) = \frac{3}{4} - \frac{1}{2n}$

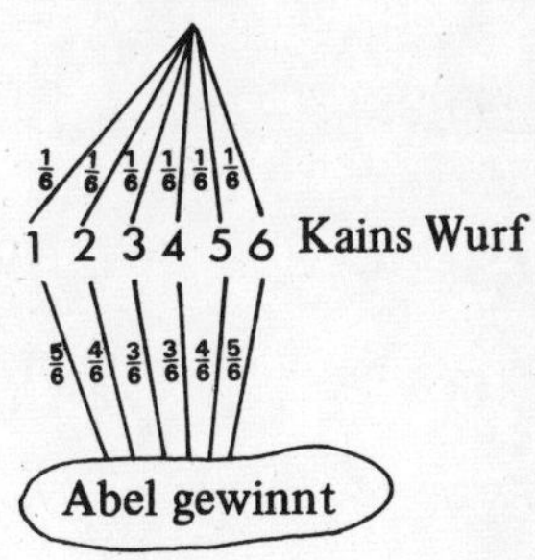

Fig. 14.12

c) $P(\text{Abel gewinnt}) = 2\left(\frac{1}{n} \cdot \frac{n-1}{n} + \frac{1}{n} \cdot \frac{n-2}{n} + \ldots + \frac{1}{n} \cdot \frac{\frac{n+1}{2}}{n}\right) + \frac{1}{n} \cdot \frac{\frac{n-1}{2}}{n}$

$$= \frac{3}{4} - \frac{1}{2n} - \frac{1}{4n^2}$$

d) Für $n \to \infty$ ergibt sich $\frac{3}{4}$ für Abels Gewinnwahrscheinlichkeit.

17. Der Baum in Fig. 14.13 zeigt alle Pfade von der Länge $\leqq 4$, die über A führen. Die Pfade über B haben dieselbe Wahrscheinlichkeit. Also:

$P(\text{Abel gewinnt})$

$= 2 \cdot \left(\frac{1}{32} + \frac{1}{64} + \frac{1}{64} + \frac{1}{128} + \frac{1}{32} + \frac{1}{8}\right)$

$= \frac{29}{64}$

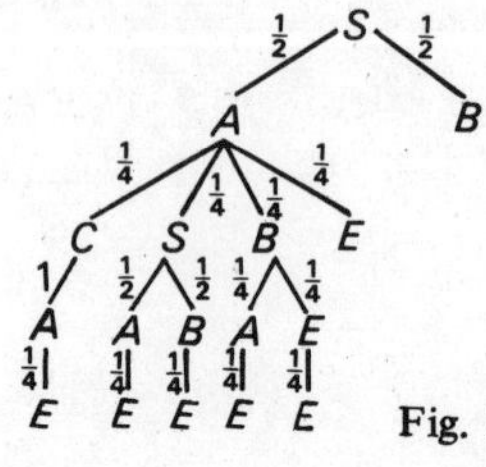

Fig. 14.13

5. Statistische Anwendungen

1. $\alpha = \frac{2}{2^{10}}\left[\binom{20}{4} + \binom{20}{3} + \binom{20}{2} + \binom{20}{1} + \binom{20}{0}\right] = \frac{12\,392}{2^{20}} = \frac{12\,392}{1\,048\,576} = 0{,}012$

$1 - \alpha = 0{,}988$

2. a) $\alpha = \frac{1}{2^{12}} \cdot 2 \cdot \left[\binom{12}{3} + \binom{12}{2} + \binom{12}{1} + \binom{12}{0}\right] = \frac{220 + 66 + 12 + 1}{2^{11}} = \frac{299}{2^{11}} = 0{,}146$

b) $\alpha = \frac{2}{2^{12}}\left[\binom{12}{2} + \binom{12}{1} + \binom{12}{0}\right] = \frac{79}{2^{11}} = 0{,}03857$

c) $\alpha = \frac{2}{2^9}\left[\binom{9}{1} + \binom{9}{0}\right] = \frac{10}{2^8} = \frac{10}{256} = 0{,}03906$

d) $\alpha = \frac{2}{2^{10}}\left[\binom{10}{1} + \binom{10}{0}\right] = \frac{11}{512} = 0{,}02148$

3. Hier wird man einseitig testen.
H_0: Ratten sind indifferent
H_1: Ratten sind lichtscheu

a) $\alpha = \frac{1}{2^{16}}\left[\binom{16}{4} + \ldots + \binom{16}{0}\right] = \frac{2\,517}{2^{16}} \approx \frac{1}{26}$ $\quad\left(\alpha = \frac{697}{2^{16}} = 0{,}0106\right)$

b) $\alpha = \frac{1}{2^{18}}\left[\binom{18}{5} + \ldots + \binom{18}{0}\right] = \frac{12\,616}{262\,144} = 0{,}04813$ $\quad\left(\alpha = \frac{4\,048}{2^{18}} = 0{,}01544\right)$

4. a) $\alpha = \frac{1}{2^{10}}\left[\binom{10}{3} + \binom{10}{2} + \binom{10}{1} + \binom{10}{0}\right] = \frac{176}{1\,024} = 0{,}171875$

b) $\alpha = \frac{1}{2^{14}}\left[\binom{14}{3} + \binom{14}{2} + \binom{14}{1} + \binom{14}{0}\right] = \frac{364 + 91 + 14 + 1}{16\,384} = \frac{470}{16\,384}$

$= 0{,}028686523$

5. Hier wird man einseitig testen:

$$\alpha = \frac{1}{2^{13}}\left[\binom{13}{3}+\binom{13}{2}+\binom{13}{1}+\binom{13}{0}\right] = \frac{286+78+13+1}{8\,192} = \frac{378}{8\,192} = 0{,}04614$$

Das Ergebnis ist signifikant auf dem 5%-Niveau.

6. Vater und Sohn testen verschiedene Hypothesen.

7. a) 8 Fische können von 6 Fischern auf $|\Omega| = 6^8$ Arten gefangen werden. Peter kann 4 oder mehr Fische auf

$|A| = \binom{8}{4}\cdot 5^4 + \binom{8}{5}5^3 + \binom{8}{6}5^2 + \binom{8}{7}5 + \binom{8}{8} = 51\,491$ Arten fangen.

$P(A) = \frac{51\,491}{1\,679\,616} = 0{,}3066$

b) Irgendein Fischer fängt mindestens 4 Fische mit der Wahrscheinlichkeit $G \cdot P(A) = 0{,}184$.

8. a) $\frac{1}{2}$ b) $\frac{1}{16}$ c) $\frac{1}{70}$ d) $\frac{1}{256}$ e) $\frac{1}{238}$ f) $\frac{1}{20}$

h) $\frac{17}{70} > 24\,\%$ $\left(\frac{13}{126} > 10\,\%,\ \frac{37}{924} < 5\,\%\right)$

9. a) $\frac{p_1}{p_2} = \frac{\frac{1}{2}\left(\frac{1}{3}\right)^4}{\frac{1}{2}\left(\frac{2}{3}\right)^4} = \frac{1}{16}$ b) $\frac{p_1}{p_2} = \frac{1}{32}$ c) $\frac{1}{2^{10}}$

10. a) $\frac{p_1}{p_2} = \frac{\frac{4}{5}\cdot\left(\frac{2}{3}\right)}{\frac{1}{5}\cdot\left(\frac{1}{3}\right)} = \frac{8}{1}$ b) $\frac{\frac{4}{5}\left(\frac{2}{3}\right)^2}{\frac{1}{5}\left(\frac{1}{3}\right)^2} = \frac{16}{1}$

c) $\frac{64}{1}$ d) $\frac{\frac{4}{5}\left(\frac{1}{3}\right)\left(\frac{2}{3}\right)}{\frac{1}{5}\left(\frac{2}{3}\right)\left(\frac{1}{3}\right)} = \frac{4}{1}$ e) $\frac{\frac{4}{5}\cdot(2)^4}{\frac{1}{5}} = \frac{64}{1}$

11. a) $\frac{1}{1}$ b) $\frac{2}{1}$ c) $\frac{1}{4}$ d) $\frac{2}{1}$ e) $\frac{8}{1}$

6. Zufallsziffern

3. $6 \cdot 5! = 6! = 720$

4. 5 040, 4 320, 270, 360, 10

5. a) $1 - \left(\frac{9}{10}\right)^2 = 0{,}19$ b) 0,07 c) $\left(\frac{2}{5}\right)^2 = 0{,}16$ d) 0,48 e) 0,45

f) $1 - \left(\frac{4}{5}\right)^2 = \frac{9}{25} = 0{,}36$

6. Es gibt 1000 mögliche Dreierblöcke. Wir zählen die Maxima unter diesen Blöcken. Wir sortieren die Maxima nach der mittleren Ziffer.

Art	Anzahl
□ 1 □	$1 \cdot 1$
□ 2 □	$2 \cdot 2$
□ 3 □	$3 \cdot 3$
⋮	
□ 9 □	$9 \cdot 9$

Tabelle 14.1

Es gibt nach Tabelle 14.1
$1^2 + 2^2 + \ldots + 9^2 = 280$ Maxima.
Damit ist die Wahrscheinlichkeit für ein Maximum 0,280.

7. $1 - (\frac{9}{10})^x \geqq \frac{9}{10}$, $\quad (\frac{9}{10})^x \leqq \frac{1}{10}$, $\quad x \geqq 21{,}8$, $\quad x = 22$.

8. Aus 10 Ziffern kann man $\binom{10}{5} = 252$ 5-Stichproben ohne Zurücklegen auswählen, und jede solche Stichprobe ergibt einen streng monoton steigenden (fallenden) Fünferblock. Nach 3.2.4. kann man aus 10 Ziffern $\binom{10+5-1}{5} = \binom{14}{5} = 2\,002$ 5-Stichproben mit Zurücklegen auswählen,und jede solche Stichprobe ergibt einen monoton steigenden (fallenden) Fünferblock.

a) $\frac{252}{100\,000} = 0{,}00252$ $\qquad$ b) $2 \cdot 0{,}00252 = 0{,}00504$

c) $\frac{2\,002}{100\,000} = 0{,}02002$ $\qquad$ d) $\frac{2 \cdot 2\,002 - 10}{100\,000} = 0{,}03994$

In d) ist zu beachten, daß die 10 Ziffernblöcke *aaaaa* steigen und fallen.

9. b) $16(1 - \frac{1}{16})^{16} = 5{,}697186087$

12. b) $(\frac{7}{9})^9 = 0{,}104159713$. Damit ist die mittlere Anzahl der Einsamen:

$10 \cdot (\frac{7}{9})^9 = 1{,}04159713$

c) $[1 - (\frac{7}{9})^9]^{10} = 0{,}896^{10} = 0{,}332893942$

15. Im 2. Band wird gezeigt, daß Abel mit Wahrscheinlichkeit $\frac{3}{5}$ gewinnt. Die mittlere Spieldauer beträgt 6,8 Würfe.

7. *Zufallsvariablen*

2.

ω	ES	GIBT	KEIN	SPIELSYSTEM
$W(\omega)$	2	4	4	11
$V(\omega)$	1	1	2	4
$X(\omega)$	1	0	1	1
$Y(\omega)$	0	1	1	1
$X(\omega)\,Y(\omega)$	0	0	1	1

w	$q_1(w)$
2	$\frac{1}{4}$
4	$\frac{1}{2}$
11	$\frac{1}{4}$

v	$q_2(v)$
1	$\frac{1}{2}$
2	$\frac{1}{4}$
4	$\frac{1}{4}$

x	$q_3(x)$
0	$\frac{1}{4}$
1	$\frac{3}{4}$

y	$q_4(y)$
0	$\frac{1}{4}$
1	$\frac{3}{4}$

$x \cdot y$	$q_5(xy)$
0	$\frac{1}{2}$
1	$\frac{1}{2}$

$E(W) = 5\frac{1}{4}$ $E(V) = 2$ $E(X) = \frac{3}{4}$ $E(Y) = \frac{3}{4}$ $E(XY) = \frac{1}{2}$

3.

ω	JEDE	GERADE	ZAHL	AB	VIER	IST	DIE	SUMME	ZWEIER	PRIMZAHLEN
$W(\omega)$	4	6	4	2	4	3	3	5	6	10
$V(\omega)$	2	3	1	1	2	1	2	2	3	3
$X(\omega)$	1	1	0	0	1	0	1	1	1	1
$Y(\omega)$	0	0	0	0	1	1	1	0	1	1
$X(\omega)\,Y(\omega)$	0	0	0	0	1	0	1	0	1	1

w	$q_1(w)$
2	$\frac{1}{10}$
3	$\frac{2}{10}$
4	$\frac{3}{10}$
5	$\frac{1}{10}$
6	$\frac{2}{10}$
10	$\frac{1}{10}$

v	$q_2(v)$
1	$\frac{3}{10}$
2	$\frac{4}{10}$
3	$\frac{3}{10}$

x	$q_3(x)$
0	$\frac{3}{10}$
1	$\frac{7}{10}$

y	$q_4(y)$
0	$\frac{5}{10}$
1	$\frac{5}{10}$

xy	$q_5(xy)$
0	$\frac{6}{10}$
1	$\frac{4}{10}$

$E(W) = 4{,}7$ $E(V) = 2$ $E(X) = \frac{7}{10}$ $E(Y) = \frac{5}{10}$ $E(XY) = \frac{4}{10}$

4. a)

z	$q_1(z)$
0	$\frac{1}{16}$
1	$\frac{3}{16}$
2	$\frac{5}{16}$
3	$\frac{7}{16}$

s	$q_2(s)$
0	$\frac{1}{16}$
1	$\frac{2}{16}$
2	$\frac{3}{16}$
3	$\frac{4}{16}$
4	$\frac{3}{16}$
5	$\frac{2}{16}$
6	$\frac{1}{16}$

$E(Z) = 2\frac{1}{8}$ $\quad E(S) = 3$

b)

z	$q_1(z)$
1	$\frac{1}{6}$
2	$\frac{1}{3}$
3	$\frac{1}{2}$

s	$q_2(s)$
1	$\frac{1}{6}$
2	$\frac{1}{6}$
3	$\frac{1}{3}$
4	$\frac{1}{6}$
5	$\frac{1}{6}$

$E(Z) = 2\frac{1}{3}$ $\quad E(S) = 3$

5.

ω	$p(\omega)$	$X(\omega)$
00	$\frac{1}{4}$	2
11	$\frac{1}{4}$	2
011	$\frac{1}{8}$	3
100	$\frac{1}{8}$	3
101	$\frac{1}{8}$	3
010	$\frac{1}{8}$	3

x	$q(x)$
2	$\frac{1}{2}$
3	$\frac{1}{2}$

$E(X) = 2{,}5$

6.

x	1	5	10	125
$q(x)$	$\frac{1}{2}$	$\frac{1}{4}$	$\frac{1}{5}$	$\frac{1}{20}$

, $E(X) = 10$

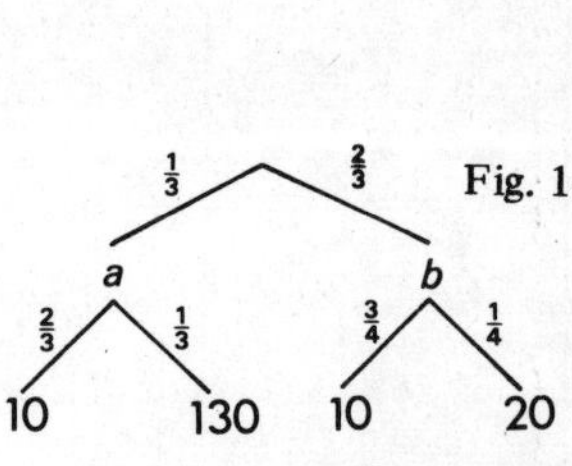

Fig. 14.14

7.

x	10	20	130
$q(x)$	$\frac{13}{18}$	$\frac{1}{6}$	$\frac{1}{9}$

$E(X) = 25$ (Fig. 14.14)

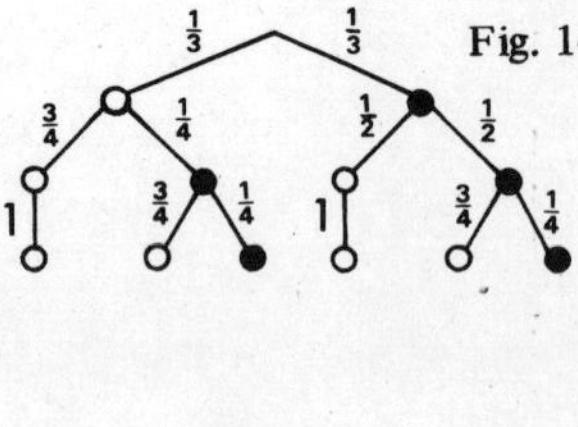

Fig. 14.15

8. $E(X) = \frac{2}{3} \cdot \frac{1}{4} \cdot \frac{1}{4} \cdot 120 + \frac{1}{3} \cdot \frac{1}{2} \cdot \frac{1}{4} \cdot 120$
$= 5 + 5 = 10$ (Fig. 14.15)

9. Von den $6^3 = 216$ möglichen Ausfällen verlieren $5^3 = 125$ Ausfälle 1 Dollar, $3 \cdot 5^2 = 75$ Ausfälle gewinnen 1 Dollar, $3 \cdot 5 = 15$ Ausfälle gewinnen 2 Dollar und 1 Ausfall gewinnt 3 Dollar. Also ist:
$E(X) = -1 \cdot \frac{125}{216} + 1 \cdot \frac{75}{216} + 2 \cdot \frac{15}{216} + 3 \cdot \frac{1}{216} = -\frac{17}{216} = -0{,}0787$

10.

ω	$p(\omega)$	$X(\omega)$
00	$\frac{1}{4}$	1
01	$\frac{1}{4}$	9
10	$\frac{1}{4}$	9
11	$\frac{1}{4}$	729

$E(X) = 187$

11. $E(X) = \frac{1}{2} \cdot 2 + \frac{1}{2^2} \cdot 2^2 + \ldots + \frac{1}{2^{n-1}} \cdot 2^{n-1} + \frac{1}{2^{n-1}} \cdot 2^{n-1} = n$

12. $E(X)$ wird unendlich.

13. a) 1,75 Fragen b) 1,5 Fragen

14. Fragt Abel: „Ist es 4, 3, 2?“, so braucht er im Mittel $\frac{3}{4} \cdot 1 + \frac{1}{8} \cdot 2 + \frac{1}{12} \cdot 3 + \frac{1}{24} \cdot 3 = 1{,}375$ Fragen.

15.

Nummer x	1	2	3	4	5	6
Wahrsch. $q(x)$	$\frac{1}{21}$	$\frac{2}{21}$	$\frac{3}{21}$	$\frac{4}{21}$	$\frac{5}{21}$	$\frac{6}{21}$

Der Baum in Fig. 14.16 zeigt die optimale Fragestellung. Im Mittel braucht man
$\frac{11}{21} \cdot 2 + \frac{10}{21} \cdot 3 = 2\,\frac{10}{21}$ Fragen.

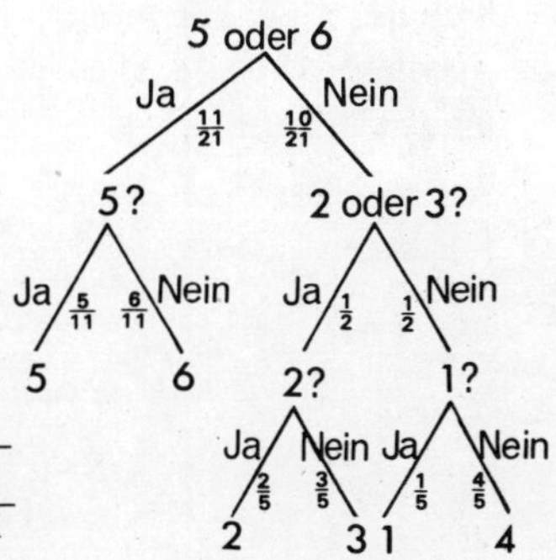

Fig. 14.16

17. Es gibt keine gewinnbringende Strategie.

18. $\frac{1}{3} \cdot 1 + \frac{1}{3}(-1) = 0$

Das Spiel ist fair (Fig. 14.17).

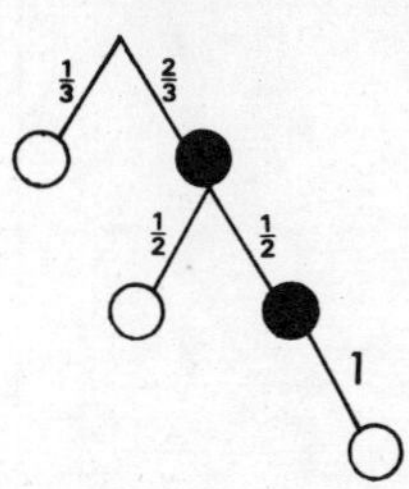

Fig. 14.17

19. a) Zieht man 1, 2 bzw. 3 Kugeln, so beträgt der erwartete Gewinn

$\frac{1}{5}(2+3+4)=1{,}8, \quad \frac{1}{10}(6+8+12)=2{,}6$

$\frac{1}{10}\cdot 24=2{,}4$

b) $\frac{1}{6}(6+4+5)=2{,}5, \quad \frac{1}{15}(20+24+30)=\frac{74}{15}\approx 5$

$\frac{1}{20}\cdot 120=6$

c) In der Fig. 7.25 muß man 4 oder mehr Kugeln ziehen. Denn für 1, 2, 3 Kugeln ist der erwartete Gewinn negativ.
In der Fig. 7.26 muß man 3 Kugeln ziehen. Zieht man weniger Kugeln, so ist der erwartete Gewinn negativ; zieht man mehr, so ist er 0.
In der Fig. 7.27 liefert nur das Ziehen von 2 Kugeln einen positiven Erwartungwert.

20.

n	1	2	3	4	5	6
$f(n)$	1	1	1	$\frac{29}{32}$	$\frac{49}{64}$	$\frac{317}{512}$

21. a) Es sei $X_i=1$ falls die Ente Nr. i überlebt, andernfalls sei $X_i=0$. Dann ist

$X=X_1+X_2+\ldots+X_6, \quad E(X_i)=(\frac{5}{6})^6, \quad E(X)=6\cdot(\frac{5}{6})^6=2{,}01$

b) Jeder Jäger bestimme sein Ziel mit dem Würfel. Dann gibt es $6^6=46\,656$ mögliche Ausfälle. Diese Ausfälle klassifizieren wir nach der Anzahl X der fehlenden Ziffern.

Anzahl der fehlenden Ziffern	Typ	Anzahl
5	*aaaaaa*	6
4	*aaaaab*	180
	aaaabb	450
	aaabbb	300
	Summe	930
3	*aaaabc*	1 800
	aaabbc	7 200
	aabbcc	1 800
	Summe	10 800
2	*abcddd*	7 200
	abccdd	16 200
	Summe	23 400
1	*abcdee*	10 800
0	*abcdef*	720

Verteilung

x	$q(x)$
0	$\frac{5!}{6^5}=0{,}0154$
1	$\frac{10\,800}{46\,656}=\frac{25}{108}=0{,}2315$
2	$\frac{23\,400}{46\,656}=\frac{325}{648}=0{,}5015$
3	$\frac{10\,800}{46\,656}=\frac{25}{108}=0{,}2315$
4	$\frac{930}{46\,656}=\frac{155}{7\,776}=0{,}0199$
5	$\frac{1}{6^5}=0{,}0001$

22. a) 4 Teile b) 88 Teile

23. Fig. 14.18 zeigt das Zuverlässigkeitsdiagramm des Flugzeugs.

$$\frac{1}{200} \cdot [1-(\frac{9}{10})^2] = \frac{19}{20\,000} \approx 0{,}001$$

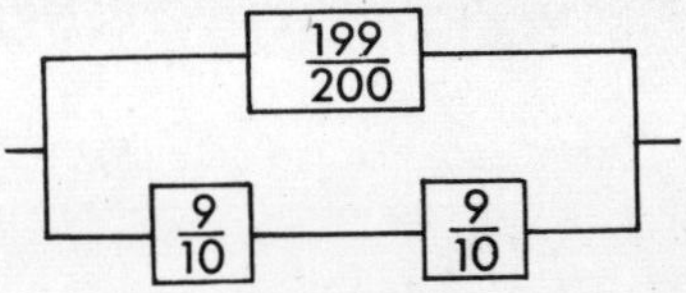

Fig. 14.18

24. a) Es müssen 3 oder 4 Motore ausfallen. Mit $q = 1 - p$ ist die Wahrscheinlichkeit dafür $q^4 + 4q^3p = 0{,}0037$

b) Zur Wahrscheinlichkeit von a) kommt noch ein Glied, daß genau 2 Motore an der gleichen Seite ausfallen. Damit ist die gesuchte Wahrscheinlichkeit $q^4 + 4q^3p + 2q^2p^2 = 0{,}0199$.

c) Zur Wahrscheinlichkeit von b) kommt noch ein Glied dazu, daß genau 2 unsymmetrische Motore arbeiten. Es ergibt sich $q^4 + 4q^3p + 4q^2p^2 = 0{,}0361$.

Fig. 14.19 zeigt die zugehörigen Zuverlässigkeitsdiagramme.

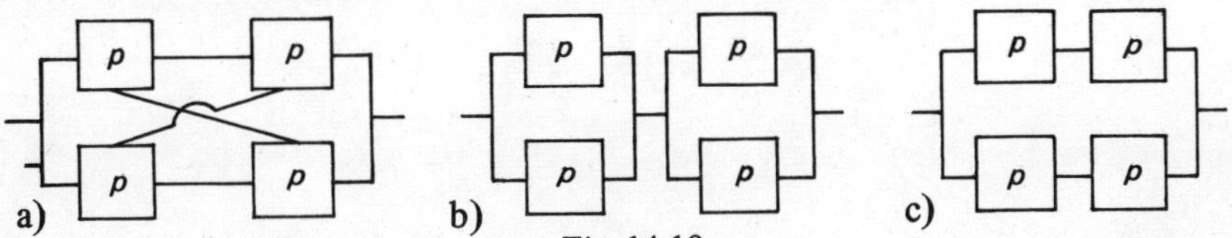

Fig. 14.19

25. a) $p^4 = 0{,}81^4 = 0{,}430$ b) $\sqrt{p} = 0{,}9$

26. $Z(p) = 2p^2 = 2p^2 - p^4, \qquad Z(p) - p = p(1-p)(p^2 + p - 1).$

Sei $p \neq 0$ und $p \neq 1$. Dann ist

a) $Z(p) = p$ für $p = \frac{\sqrt{5}-1}{2} = 0{,}618$

b) $Z(p) < p$ für $p < \frac{\sqrt{5}-1}{2}$

c) $Z(p) > p$ für $p > \frac{\sqrt{5}-1}{2}$

27. Fig. 7.44: $I = I_1(I_2 + I_3 - I_2I_3)$ unter Verwendung von (2)

$P = p_1(p_2 + p_3 - p_2p_3)$

Fig. 7.45: $I = 1 - (1 - I_1)(1 - I_2I_3) = I_1 + I_2I_3 - I_1I_2I_3$

$P = p_1 + p_2p_3 - p_1p_2p_3$

Fig. 7.46: $I = I_1I_4(I_2 + I_3 - I_2I_3)$

$P = p_1p_4(p_2 + p_3 - p_2p_3)$

Fig. 7.47: $I = I_4 + I_1(1 - I_4)(I_2 + I_3 - I_2I_3)$

$P = p_4 - p_1(1 - p_4)(p_2 + p_3 - p_2p_3)$

Fig. 7.48: $I = 1 - (1 - I_1I_2)(1 - I_3I_4)(1 - I_1I_5I_4)(1 - I_3I_5I_2)$

(Mindestens ein Pfad von links nach rechts muß intakt sein.)

28. $E(X)=\frac{7}{2}, \quad E(X^2)=\frac{91}{6}, \quad V(X)=\frac{35}{12}$.

29.

ω	1	01	001	000
$p(\omega)$	$\frac{1}{2}$	$\frac{1}{4}$	$\frac{1}{8}$	$\frac{1}{8}$
$x(\omega)$	1	2	3	3

x	1	2	3
$q(x)$	$\frac{1}{2}$	$\frac{1}{4}$	$\frac{1}{4}$

$E(X)=1{,}75$

30. $E(X)=\frac{n+1}{2}, \; E(X^2)=\frac{(n+1)(2n+1)}{6}, \; V(X)=E(X^2)-[E(X)]^2=\frac{n^2-1}{12},$

$\sigma=\sqrt{\frac{n^2-1}{12}}$.

31. $E(X)=6; \; E(Y)=2{,}6; \; V(X)=4{,}4; \; V(Y)=0{,}24; \; \sigma(X)=\sqrt{4{,}4}\,;$
$\sigma(Y)=\sqrt{0{,}24}$

32. Verteilung von X:

x	0	1	2	3	4
$q(x)$	$\frac{3}{8}$	$\frac{1}{3}$	$\frac{1}{4}$	0	$\frac{1}{24}$

$$E(X)=1\cdot\frac{1}{3}+2\cdot\frac{1}{4}+4\cdot\frac{1}{24}=\frac{1}{3}+\frac{1}{2}+\frac{1}{6}=1$$

$$V(X)=\frac{3}{8}\cdot 1^2+\frac{1}{4}\cdot 1^2+\frac{1}{24}\cdot 3^2=\frac{3}{8}+\frac{1}{4}+\frac{3}{8}=1$$

$$\sigma=1$$

33. Verteilung von X_i:

x	0	1
$q_i(x)$	$\frac{i}{i+1}$	$\frac{1}{i+1}$

$$E(X_i)=\frac{1}{1+i} \qquad V(X_i)=\frac{i}{(1+i)^2}$$

$$S_n=\sum_{i=1}^{n} X_i$$

$$V(S_n)=\sum_{i=1}^{n}\frac{1}{1+i}$$

$$V(S_n)=\sum_{i=1}^{n}\frac{i}{(1+i)^2}$$

34. a) $E(X)=\sum_{x=0}^{8} xp(x)=1{,}40$

b) Verteilung von Y:

y	1	2	3	4	5	6	7	8
$q(y)$	$\frac{20}{140}$	$\frac{28}{140}$	$\frac{30}{140}$	$\frac{20}{140}$	$\frac{15}{140}$	$\frac{12}{140}$	$\frac{7}{140}$	$\frac{8}{140}$

$$E(Y)=\sum_{y=1}^{8} yq(y)=\frac{506}{140}=3\frac{43}{70}=3{,}61$$

35. Erwartungswert der Gesamtkosten:

$$E(n) = 8n + \frac{2^{13}}{2^n} = 8[n + 2^{10-n}]$$

$E(n)$ ist am kleinsten, wenn $f(n) = n + 2^{10-n}$ am kleinsten ist.

n	1	2	3	4	5	6	7	8	9	10	11
$f(n)$	513	258	131	68	37	22	15	12	11	11	11,5

Für $n = 9$ und $n = 10$ sind die Gesamtkosten am kleinsten, nämlich 88 DM.

8. Binomialverteilung

1. $\frac{1}{2^9}\left[\binom{9}{6} + \binom{9}{7} + \binom{9}{8} + \binom{9}{9}\right] = \frac{130}{512} = \frac{65}{256} \approx \frac{1}{4}$

2. $\binom{6}{4}\left(\frac{2}{3}\right)^4\left(\frac{1}{3}\right)^2 = \frac{80}{243} \approx \frac{1}{3}$

3. $\binom{n}{x}\left(\frac{w}{w+s}\right)^x\left(\frac{s}{w+s}\right)^{n-x}$

4. $1 - \left(\frac{5}{6}\right)^5 - \binom{5}{1}\left(\frac{5}{6}\right)^4\left(\frac{1}{6}\right) = 1 - 2\left(\frac{5}{6}\right)^5 = 0{,}196244856$

5. a) $\frac{1}{2^5}\left[\binom{5}{3} + \binom{5}{4} + \binom{5}{5}\right] = \frac{1}{2}$ b) $\frac{1}{2^7}\left[\binom{7}{4} + \binom{7}{5} + \binom{7}{6} + \binom{7}{7}\right] = \frac{1}{2}$

   c) $\frac{1}{2^8}\left[\binom{8}{5} + \binom{8}{6} + \binom{8}{7} + \binom{8}{8}\right] = \frac{93}{256} = 0{,}36328$

   d) Die Mädchen sind in der Mehrzahl mit der Wahrscheinlichkeit

   $p_1 = \frac{1}{2^{2a+1}}\left[\binom{2a+1}{a+1} + \binom{2a+1}{a+2} + \ldots + \binom{2a+1}{2a+1}\right].$

   Sie sind in der Minderzahl mit der Wahrscheinlichkeit

   $p_2 = \frac{1}{2^{2a+1}}\left[\binom{2a+1}{a} + \binom{2a+1}{a-1} + \ldots + \binom{2a+1}{0}\right].$

Wegen $\binom{n}{s} = \binom{n}{n-s}$ ist $p_1 = p_2 = \frac{1}{2}$.

6. a) $\frac{1}{2^4}\left[\binom{4}{1} + \binom{4}{3}\right] = \frac{1}{2}$ b) $\frac{1}{2^5}\left[\binom{5}{1} + \binom{5}{3} + \binom{5}{5}\right] = \frac{1}{2}$

   c) $\frac{1}{2^6}\left[\binom{6}{1} + \binom{6}{3} + \binom{6}{5}\right] = \frac{1}{2}$

   Vermutung: Die Wahrscheinlichkeit für eine ungerade Anzahl von Erfolgen ist $\frac{1}{2}$. Dies folgt aus dem 3. Beispiel auf S. 104, wenn man dort $p = q = \frac{1}{2}$ setzt. Ein direkter Beweis ergibt sich nach Fig. 14.20. Es sei p_n die Wahrscheinlichkeit für eine ungerade Anzahl von Erfolgen nach n Würfen. Dem Baum der Fig. 14.20 entnimmt man:

$p_n = p_{n-1} \cdot \frac{1}{2} + (1 - p_{n-1}) \cdot \frac{1}{2}$

$p_n = \frac{1}{2}$

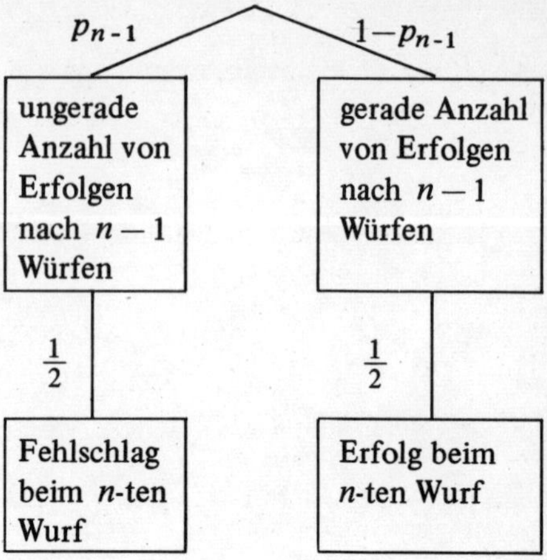

Fig. 14.20

7. $1 - \frac{1}{2^{10}}[\binom{10}{0} + \binom{10}{1} + \binom{10}{2}] = 1 - \frac{56}{1\,024} = 1 - \frac{7}{128} = \frac{121}{128} = 0{,}94531$

8. a) $\binom{4}{3}\frac{1}{2^4} = \frac{1}{4}, \quad \binom{8}{5}\frac{1}{2^8} = \frac{7}{32}, \quad \frac{1}{4} > \frac{7}{32}$

b) $[\binom{4}{3} + \binom{4}{4}]\,\frac{1}{2^4} = \frac{5}{16}, \quad [\binom{8}{5} + \binom{8}{6} + \binom{8}{7} + \binom{8}{8}]\,\frac{1}{2^8} = \frac{93}{256} = 0{,}36328,$

$\frac{5}{16} < \frac{93}{256}.$

9. $\binom{6}{3}(\frac{1}{6})^3(\frac{5}{6})^3 = \frac{625}{11\,664} = 0{,}053583676$

10. Wir deuten die Ausfälle als Pfade von der Länge 6 (Figur 14.21). Von den 64 möglichen Pfaden verlaufen $1 + 5 + 9 + 5 = 20$ Pfade niemals unterhalb der 1. Winkelhalbierenden. Daher ist die gesuchte Wahrscheinlichkeit $\frac{20}{64} = \frac{5}{16}$.

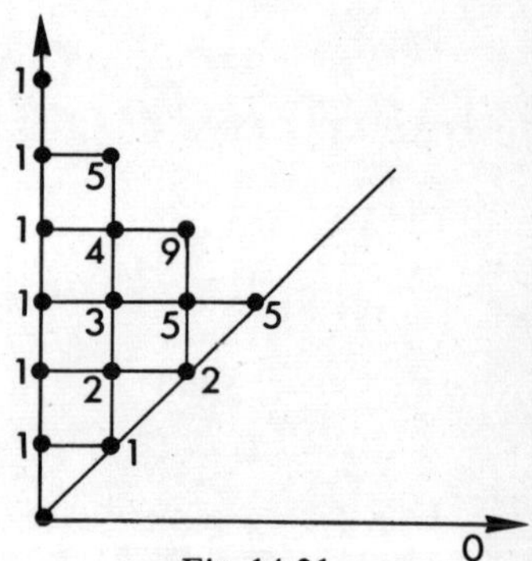

Fig. 14.21

11. $b(x; n, p) = \binom{n}{x} p^x (1-p)^{n-x}$

$b(n-x; n, 1-p) = \binom{n}{n-x}(1-p)^{n-x}[1-(1-p)]^{n-(n-x)} = b(x)$

12. Gewinnwahrscheinlichkeit: $[\binom{20}{9} + \binom{20}{10} + \binom{20}{11}]\,\frac{1}{2^{20}} = \frac{520\,676}{1\,048\,576} = 0{,}496555328$

13. $\binom{12}{6}\frac{1}{2^{12}} = \frac{924}{2^{12}} = \frac{231}{1\,024} = 0{,}225585938$

14. Gewinnwahrscheinlichkeit: $f(p) = kp(1-p)^{k-1}$

$f'(p) = k(1-p)^{k-2}(1-kp)$

$f'(p) = 0$ ergibt $p = 1$ und $p = \frac{1}{k}$.

Bei $p = \frac{1}{k}$ liegt ein Maximum von $f(p)$, da $f'(p) > 0$ für $p < \frac{1}{k}$ und $f'(p) < 0$ für $p > \frac{1}{k}$.

Maximale Gewinnwahrscheinlichkeit: $f(\frac{1}{k}) = (1 - \frac{1}{k})^{k-1} \approx e^{-1} = 0.3679$ für große k.

15. $L(p) = (1-p)^{10} + 10(1-p)^9 p = (1-p)^9(1+9p)$

p	0	0,1	0,2	0,3	0,4	0,5
$L(p)$	1	0,7361	0,3758	0,1493	0,04636	0,01074

16. Bei zufälligem Raten ist die Trefferwahrscheinlichkeit $\frac{1}{3}$ je Drehung.

$$P(X \geqq 6) = \sum_{x=6}^{10} \binom{10}{x} \left(\frac{1}{3}\right)^x \left(\frac{2}{3}\right)^{10-x} = \frac{4\,521}{59\,049} = 0{,}076563532$$

$$P(X \geqq 7) = \sum_{x=7}^{10} \binom{10}{x} \left(\frac{1}{3}\right)^x \left(\frac{2}{3}\right)^{10-x} = \frac{1\,161}{59\,049} = 0{,}019661637$$

17. Es sei X die Anzahl der Sechsen.

a) $P(X \geqq 2) = 1 - \frac{8}{5}\left(\frac{5}{6}\right)^3 = 0{,}0741$

b) $P(X \geqq 3) = 1 - \frac{12}{5}\left(\frac{5}{6}\right)^5 = 0{,}0355$

Bei b) kann man H_0 auf dem 5%-Niveau verwerfen.

18. a) $P(X < 11) = 1 - p(X \geqq 11) = 0{,}9713$

b) $P(X < 11) = 1 - p(X \geqq 11) = 0{,}3018$

19. a) $L(p) = \binom{10}{8} p^8 (1-p)^2 + \binom{10}{9} p^9 (1-p) + \binom{10}{10} p^{10} = (45 - 80p + 36p^2)p^8$

b) $L(\frac{1}{2}) = \frac{7}{128} = 0{,}0546875$

$L(0{,}85) = 0{,}8202$

20. a) Das Teilchen muß 7 Sprünge nach rechts und 4 nach links machen. Die Wahrscheinlichkeit dafür ist $\binom{11}{4} p^7 q^4$.

b) In 11 Schritten kann man nicht nach -4 gelangen, also ist die Wahrscheinlichkeit gleich 0.

c) Es sei X_k der k-te Sprung. Dann ist $S = X_1 + X_2 + \ldots + X_n$, wobei die Zufallsvariablen X_k unabhängig sind und die folgende Verteilung haben:

Werte	-1	$+1$
Wahrsch.	q	p

$E(X_k) = -q \cdot 1 + p \cdot 1 = p - q$

Daher ist $S = X_1 + X_2 + \ldots + X_n$.

$E(S) = \Sigma E(X_k) = nE(X_1) = n(p-q)$

21. $E(S^2) = E(X_1 + \ldots + X_n)^2 = \Sigma E(X_i^2) + 2\Sigma E(X_i X_k)$

Nun ist $X_i^2 = 1$ und

$$E(X_i X_j) = p \cdot q \cdot (1)(-1) + q \cdot p(-1) \cdot (1) + p \cdot p(1)(1) + q \cdot q(-1)(-1)$$
$$= -pq - pq + p^2 + q^2 = (p-q)^2.$$

Falls $p = q$, so $E(X_i X_j) = 0$ und $E(S^2) = n$.

22. Aus

$$ab = \frac{1}{3},$$
$$a(1-b) + b(1-a) = \frac{1}{3},$$
$$(1-a)(1-b) = \frac{1}{3},$$

folgt (1) $\quad ab = \frac{1}{3}$,

(2) $\quad a + b - 2ab = \frac{1}{3}$,

(3) $\quad 1 - a - b + ab = \frac{1}{3}$,

Setzt man (1) in (2) und (3) ein, so ergibt sich

(4) $\quad a + b = 1.$

Aber (1) und (4) sind nicht gleichzeitig erfüllbar in Zahlen aus $[0, 1]$.
In der Tat, aus (1) und (4) folgt:

$$3a^2 - 3a + 1 = 0$$

und diese quadratische Gleichung hat keine reelle Lösungen.

24. a) $50 \cdot \frac{4}{17} - \frac{13}{17} \leqq Z \leqq 50 \cdot \frac{4}{17} + \frac{4}{17}$

$\frac{187}{17} \leqq Z \leqq \frac{204}{17}$

$11 \leqq Z \leqq 12$

Also sind 11 und 12 Erfolge am wahrscheinlichsten.

b) $42 - 0{,}7 \leqq Z \leqq 42 + 0{,}7$

$41{,}3 \leqq Z \leqq 42{,}7$

$Z = 42$

c) $40 - 0{,}2 \leqq Z \leqq 40 + 0{,}8$

$39{,}8 \leqq Z \leqq 40{,}8$

$Z = 40$

25. a) $\frac{9}{6} - \frac{5}{6} \leqq Z \leqq \frac{9}{6} + \frac{1}{6}$

$Z = 1$

b) $\frac{11}{6} - \frac{5}{6} \leqq Z \leqq \frac{11}{6} + \frac{1}{6}$

$1 \leqq Z \leqq 2$

$Z = 1$ oder $Z = 2$

26. b) $b(n) = \frac{(2n)!}{(n!)^2 \cdot 2^{2n}} \approx \frac{(2n)^{2n} e^{-2n} \sqrt{2\pi \cdot 2n}}{n^{2n} e^{-2n} 2\pi n \cdot 2^{2n}} = \frac{1}{\sqrt{\pi \cdot n}}$

c) $b(5) = \binom{10}{5} \frac{1}{2^{10}} = \frac{252}{1\,024} = 0{,}2461$

$\frac{1}{\sqrt{5\pi}} = 0{,}2523$

$b(10) = \binom{20}{10} \frac{1}{2^{20}} = \frac{184\,756}{1\,048\,576} = 0{,}1762$

$\frac{1}{\sqrt{10\pi}} = 0{,}1784$

d) Näherungsweise: $b(50) \approx \frac{1}{\sqrt{50\pi}} = 0{,}07979$,

genau: $\binom{100}{50} \frac{1}{2^{100}} = 0{,}07959$.

27. Abel passiert die Kreuzung $B(x, n-x)$ mit der Wahrscheinlichkeit $\binom{n}{x} \frac{1}{2^n}$. Kain passiert diese Kreuzung mit derselben Wahrscheinlichkeit. Die Wahrscheinlichkeit, daß sie sich in B begegnen, ist $\binom{n}{x}^2 \frac{1}{2^{2n}}$.
Die Wahrscheinlichkeit, daß sie sich begegnen, ist
$\sum_{x=0}^{n} \binom{n}{x}^2 \frac{1}{2^{2n}} = \binom{2n}{n} \frac{1}{2^{2n}} \approx \frac{1}{\sqrt{\pi n}}$

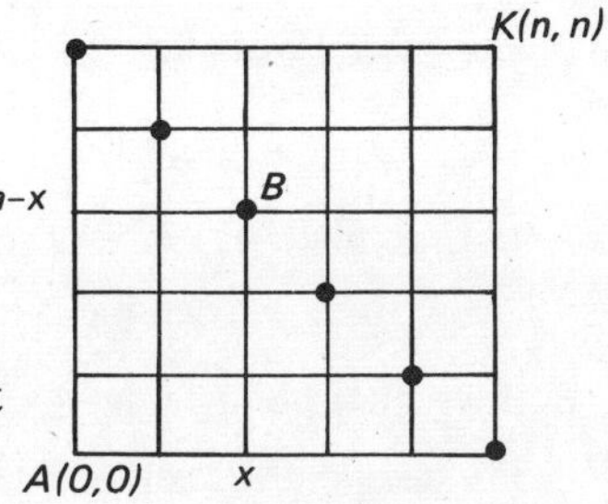

Fig. 14.22

Vergleiche mit der Aufgabe 38 in **3**.

9. Die Polynomialverteilung und der χ^2-Test

1. Typ	1	2	3	4
beobachtete Tätigkeit	120	40	55	25
erwartete Häufigkeit	135	45	45	15

$\chi^2 = \frac{225}{135} + \frac{25}{45} + \frac{100}{45} + \frac{100}{15} = 11\frac{1}{9}$

Tabelle V, S. 159 zeigt, daß bei $f = 3$ Freiheitsgraden $\chi^2 \geqq 11{,}345$ nur mit Wahrscheinlichkeit 0,01 vorkommt. Die Abweichung ist nicht (aber fast) signifikant auf dem 1%-Niveau.

3. $\chi^2 = \frac{49}{10} + \frac{9}{10} + \frac{4}{10} + \frac{1}{10} + \frac{4}{10} + \frac{1}{10} = 6{,}8$
Der Würfel ist in Ordnung.
Für $f = 5$ ist $P(\chi^2 \geqq 9{,}24) = 0{,}10$
Bei zwei Klassen „1“ und „nicht-1“ ergibt sich $\chi^2 = \frac{49}{10} + \frac{49}{50} = 5{,}88$ mit $f = 1$.
Tabelle V zeigt $P(\chi^2 \geqq 5{,}88) < 0{,}025$. Also ist das Ergebnis signifikant auf dem 2,5%-Niveau.

4. $\chi^2 = \dfrac{22^2+10^2+8^2+20^2+10^2+8^2+10^2+14^2+8^2}{100} = 15{,}72$

Die erwartete Abweichung ist 9. Nach Tabelle V ist das Ergebnis nicht signifikant auf dem 5%-Niveau.

5.

beobachtete Häufigkeit	10	24	20	30
erwartete Häufigkeit	21	21	21	21

$\chi^2 = \frac{11^2}{21} + \frac{3^2}{21} + \frac{1^2}{21} + \frac{9^2}{21} = \frac{212}{21} = 10\frac{2}{21}$

$P(\chi^2 \geqq 10{,}2) < 0{,}025$ bei $f = 3$

Hier wird man H_0 verwerfen.

6.

Ziffer	0	1	2	3	4	5	6	7	8	9
beobachtete Häufigkeit	0	0	2	6	3	2	4	8	3	2
erwartete Häufigkeit	3	3	3	3	3	3	3	3	3	3

$\chi^2 = \dfrac{9+9+1+9+0+1+1+25+0+1}{3} = \dfrac{56}{3} = 18\frac{2}{3}$

Bei $f = 9$ ist $P(\chi^2 \geqq 18{,}67) < 0{,}05$

Die Ziffern werden nicht mit gleicher Wahrscheinlichkeit gewählt.

8. Bei einem L-Würfel ist $V(\chi^2) = 10(1 - \frac{1}{n})$.

Für dezimale Zufallsziffern ist $V(\chi^2) = 18(1 - \frac{1}{n})$.

9. $\chi^2 = \dfrac{32^2+26^2+21^2+26^2+14^2+46^2+21^2+30^2+52^2+14^2}{1\,000} = 9{,}37$

$E(\chi^2) = 9$, daher kommt jede Ziffer mit der Wahrscheinlichkeit $\frac{1}{10}$ vor.

10. Wir verwenden die Formel der Aufgabe 2.

$\chi^2 = \frac{1}{n} \Sigma \frac{X_i^2}{p_i} - n$

$n = \Sigma X_i = 2\,650$

$\Sigma X_i^2 = 300\,986$

$\chi^2 = 75{,}91, \quad f = 23$

Das Ergebnis ist hochsignifikant. Die Geburten sind nicht gleichverteilt auf die 24 Stunden des Tages.

11. $\chi^2 = \dfrac{60\,(300-100)^2}{40 \cdot 40 \cdot 20 \cdot 20} = \dfrac{60 \cdot 40\,000}{40 \cdot 40 \cdot 20 \cdot 20} = 3{,}75$

Bei $f = 1$ ist $p(\chi^2 \geqq 3{,}84) = 0{,}05$. Das Ergebnis ist „verdächtig", aber nicht signifikant auf dem 5%-Niveau.

12. $\chi^2 = \dfrac{100\,(1\,000 - 300)^2}{60 \cdot 55 \cdot 40 \cdot 45} = \dfrac{100 \cdot 700^2}{60 \cdot 55 \cdot 40 \cdot 45} = 8{,}25$

Ja!

13. a) $\chi^2 = \frac{4^2+1^2+2^2}{4} = \frac{21}{4} = 5{,}25$ bei $f=2$

Nein!

b) $\chi^2 = \frac{4^2+1^2+3^2}{5} = \frac{26}{5} = 5{,}2$ bei $f=2$

Nein!

14. a) $\chi^2 = \frac{30\,(88-28)^2}{12\cdot 18\cdot 15\cdot 15} = \frac{30\cdot 60\cdot 60}{12\cdot 18\cdot 15\cdot 15} = 2\frac{2}{9}$

Nein!

b) $\chi^2 = \frac{40\,(120)^2}{14\cdot 26\cdot 20\cdot 20} = \frac{360}{91} = 3{,}956$

Ja!

10. Die Poisson-Verteilung

1. $\frac{p(x)}{p(x-1)} = \frac{\lambda}{x}$. Es sei z die wahrscheinlichste Anzahl von Erfolgen.

Dann ist $\frac{p(z)}{p(z-1)} \geqq 1$ und $\frac{p(z+1)}{p(z)} \leqq 1$, d.h. $\frac{\lambda}{z} \geqq 1$ und $\frac{\lambda}{z+1} \leqq 1$

oder $\lambda - 1 \leqq z \leqq \lambda$

Ist λ nicht ganzzahlig, so ist z die einzige ganze Zahl im Intervall $(\lambda-1, \lambda)$.
Ist λ ganzzahlig, so gibt es zwei gleiche Maxima bei $z = \lambda - 1$ und $z = \lambda$.

2. $\lambda = np = 500 \cdot 0{,}001 = 0{,}5$. Es sei X die Anzahl der unbrauchbaren Stücke.
Dann ist:

$P(X \geqq 2) = 1 - P(X < 2) = 1 - e^{-0{,}5} - 0{,}5\,e^{-0{,}5} = 1 - 1{,}5\,e^{-0{,}5} = 0{,}0902$

3. X-Anzahl der Brände.

$P(X > 4) = 1 - P(X \leqq 4) = 1 - e^{-2} - 2e^{-2} - \frac{2^2}{2!}e^{-2} - \frac{2^3}{3!}e^{-2} - \frac{2^4}{4!}e^{-2}$

$= 1 - 7e^{-2} = 0{,}0526530$

4. $p = \frac{1}{500}$, $n = 50$, $np = \frac{1}{10}$, Y-Anzahl der Druckfehler auf einer Seite.

a) $P(Y > 1) = 1 - P(Y \leqq 1) = 1 - e^{-0{,}1} - 0{,}1 \cdot e^{-0{,}1} = 1 - 1{,}1\,e^{-0{,}1}$

$= 0{,}004678840$

b) $E(X) = 500 \cdot (1 - 1{,}1\,e^{-0{,}1}) = 2{,}34$

5. Exakte Lösung:

$1 - 0{,}99^n \geqq \frac{1}{2}$, $\quad 0{,}99^n \leqq 0{,}5$, $\quad n \geqq \frac{\lg 2}{-\lg 0{,}99} = 68{,}97$

$n = 69$

Näherungslösung: $\lambda = np = \frac{n}{100}$

$P(X \geqq 1) = 1 - e^{-\frac{n}{100}} \geqq \frac{1}{2}$, $\quad e^{-\frac{n}{100}} \leqq \frac{1}{2}$, $\quad -\frac{n}{100} \leqq -\ln 2$

$n \geqq 100 \ln 2 = 69{,}315$, $\quad n = 70$

6. Wahrscheinlichkeit von mehr als 4 Selbstmorden an einem Tag:

$$1 - e^{-1} - e^{-1} - \frac{e^{-1}}{2!} - \frac{e^{-1}}{3!} - \frac{e^{-1}}{4!} - \frac{e^{-1}}{5!} = 1 - \frac{163}{60} e^{-1} = 0{,}0005942$$

$$E(X) = 365 \cdot \left(1 - \frac{163}{60} e^{-1}\right) = 0{,}2169$$

7. $P(X \geqq 5) = 1 - 7e^{-2} = 0{,}052653$

8. Exakte Lösung:
Es sei X die Anzahl der nicht erscheinenden Fluggäste.

$$P(X \geqq 2) = 1 - P(X \leqq 1) = 1 - 0{,}96^{75} - 75 \cdot 0{,}96^{74} \cdot 0{,}04 = 1 - 3{,}96 \cdot 0{,}96^{74} = 0{,}8069$$

Nach Poisson: $n = 75, \quad p = 0{,}04, \quad \lambda = np = 3$

$$P(X \geqq 2) = 1 - P(X \leqq 1) = 1 - e^{-3} - 3e^{-3} = 1 - 4e^{-3} = 0{,}80085$$

11. Die Normalverteilung

1. a) $|S_n - np| \leqq z\,\sigma$ hat die Wahrscheinlichkeit $2\Phi(z) - 1$.
Also $2\Phi(z) - 1 = \frac{1}{2}$ oder $\Phi(z) = 0{,}7500$
Der Tabelle III, S. 157, entnimmt man durch Interpolation: $z = 0{,}6745$
Daher ist mit Wahrscheinlichkeit $\frac{1}{2}$: $|S_n - np| \leqq 0{,}6745\sqrt{npq}$
b) Aus a) folgt mit $p = q = \frac{1}{2}$:
$|S_n - \frac{n}{2}| \leqq 0{,}337\sqrt{n}$
c) Aus a) folgt mit $p = \frac{1}{6}$, $q = \frac{5}{6}$:
$|S_n - \frac{n}{6}| \leqq 0{,}251\sqrt{n}$

2. Der Tabelle IV, Spalte 5 entnimmt man:
a) $2 - 2\Phi(3{,}5) = 0{,}000465$
b) $2 - 2\Phi(4) = 0{,}0000633$

3. Der Tabelle VI entnimmt man:
$2 - 2\Phi(z) = 0{,}02$ für $z = 2{,}326$

4.

n	$\lvert S_n - \frac{n}{2}\rvert$	$\sigma = \frac{\sqrt{n}}{2}$	$z = \frac{\lvert S_n - \frac{n}{2}\rvert}{\sigma}$
10	3	$\frac{\sqrt{10}}{2}$	1,897
300	15	$5\sqrt{3}$	1,732
600	24	$5\sqrt{6}$	1,9596
2 000	13	$10\sqrt{5}$	0,5814

Die 2σ-Grenze wird nirgends überschritten. Eine Abweichung 1,96 kommt nur einmal in 20 Fällen vor. Andererseits haben wir 29 Fälle.

5. Mit Wahrscheinlichkeit $2\Phi(z)-1$ ist $|S_n - np| \leqq z\sqrt{npq}$, $|\frac{S_n}{n} - p| \leqq z\sqrt{\frac{pq}{n}}$,

$z\sqrt{\frac{pq}{n}} \leqq 0{,}02, \quad n \geqq 2\,500\,pqz^2.$

Mit $pq \leqq \frac{1}{4}$ ergibt sich $n \geqq 625\,z^2$.

a) $2\Phi(z)-1 = 0{,}8, \quad 2\Phi(z) = 1{,}8, \quad \Phi(z) = 0{,}9, \quad z = 1{,}286$
$n \geqq 1\,034$

b) $2\Phi(z)-1 = 0{,}9, \quad \Phi(z) = 0{,}95, \quad z = 1{,}645$
$n \geqq 1\,691$

c) $2\Phi(z)-1 = 0{,}99, \quad \Phi(z) = 0{,}995, \quad z = 2{,}576$
$n \geqq 4\,147$

6. a) $z\sqrt{\frac{pq}{n}} \leqq 0{,}01$
$n \geqq 10\,000\,pqz^2$
$pq \leqq \frac{1}{4}, \quad z^2 = 2^2 = 4$ (genauer $z^2 = 1{,}96^2$)
$n \geqq 10\,000$

b) $n \geqq 625\,pqz^2 \geqq 625 \cdot \frac{1}{4} \cdot 4 = 625$

7. a) $2\sqrt{\frac{pq}{n}} \leqq \frac{1}{100}$
$n \geqq 40\,000\,pq \geqq 10\,000$

b) Mit $p = \frac{1}{10}, \quad q = \frac{9}{10}$ ist
$n \geqq 40\,000 \cdot \frac{9}{100} = 3\,600.$

8. $\sqrt{\frac{pq}{n}} \leqq 0{,}05, \quad n \geqq 400\,pq \geqq 100$

9. $z = 0{,}6\sqrt{10} = 1{,}8974$. Es ist $z < 1{,}96$. Daher ist das Ergebnis nicht signifikant auf dem 5%-Niveau.

10. $z = 0{,}4\sqrt{30} = 2{,}191$. Das Ergebnis ist signifikant auf dem 5%-Niveau.

11. $n = 200, \quad p = 0{,}1, \quad q = 0{,}9, \quad z = 1{,}5\sqrt{2} = 2{,}1213$

a) $1 - \Phi(2{,}1213) = 1 - 0{,}9841 = 0{,}0159$

b) $2 - 2\Phi(2{,}1213) = 0{,}0318$

12. a) $n = 95, \quad p = 0{,}514, \quad np = 48{,}83, \quad \sigma = 4{,}8715, \quad z = 2{,}293$
Die Wahrscheinlichkeit für eine so große oder noch größere Abweichung ist nur $2 - 2\Phi(2{,}293) = 0{,}0218$. Andererseits gibt es sehr viele Städte von dieser Größenordnung, so daß diese „Sensation" laufend vorkommt.

b) Schätzung der jährlichen Geburten: $95 \cdot 12 = 1\,140$
Schätzung der Einwohnerzahl: $\frac{1\,140}{17} \cdot 1000 = 67\,588$

13. $\hat{p} = 0{,}6, \quad \hat{q} = 0{,}4, \quad z = 2, \quad n = 1\,000$

$0{,}6 - 0{,}031 \leqq p \leqq 0{,}6 + 0{,}031$

$0{,}569 \leqq p \leqq 0{,}631$

14. $\hat{p} = 0{,}1, \quad \hat{q} = 0{,}9, \quad z = 2, \quad n = 100$

$0{,}1 - 0{,}06 \leqq p \leqq 0{,}1 + 0{,}06$

$0{,}04 \leqq p \leqq 0{,}16$

15. $\hat{p} = \frac{144}{400} = 0{,}36, \quad \hat{q} = 0{,}64, \quad n = 400$

a) $z = 2$ $\quad 0{,}36 - 0{,}048 \leqq p \leqq 0{,}36 + 0{,}048$

$0{,}312 \leqq p \leqq 0{,}408$

b) $z = 2{,}576$ $\quad 0{,}36 - 0{,}062 \leqq p \leqq 0{,}36 + 0{,}062$

$0{,}298 \leqq p \leqq 0{,}422$

16. $\frac{4}{5} n + \frac{4}{5} \sqrt{n} \leqq 300$

$n + \sqrt{n} \leqq 375$

$n \leqq 356$

17. Bestellt man n Schrauben, so werden mit (mindestens) 99%iger Sicherheit

$0{,}9 n - 2{,}356 \sqrt{0{,}09 n}$

oder mehr Schrauben ankommen.

a) $0{,}9 n - 2{,}356 \cdot 0{,}3 \sqrt{n} \geqq 400$

$0{,}9 n - 0{,}7068 \sqrt{n} \geqq 400$

$n \geqq 400{,}6$, daher $n = 401$

b) $0{,}9 n - 0{,}7068 \sqrt{n} \geqq 1\,000$

$n \geqq 1\,138$

Die Gleichungen für n löst man am besten durch Probieren.

18. $\chi^2 = 4{,}04$

$P(\sqrt{\chi^2} \geqq \sqrt{4{,}04}) = 2 - 2\Phi(\sqrt{4{,}04}) = 0{,}0444 < 5\%$

Ja!

19. $\chi^2 = 5$

$\alpha = P(\sqrt{\chi^2} \geqq 5) = 2 - 2\Phi(\sqrt{5}) = 2 - 2\Phi(2{,}236) = 0{,}0254$

20. $n = 10\,000, \quad np = 5\,000$, 1% von 5 000 sind 50.

$z = \frac{50}{\sqrt{npq}} = 1$. Die Wahrscheinlichkeit ist 0,317.

21. Mit Wahrscheinlichkeit 0,95 ist

$z \leqq 1{,}96, \quad \frac{|25 - k|}{\frac{5}{\sqrt{2}}} \leqq 1{,}96, \quad |25 - k| \leqq 6{,}93.$

$k = 7$: Intervall [18,32]

22. $|800 - k| \leqq 2{,}576 \cdot \sqrt{1600 \cdot \frac{1}{2} \cdot \frac{1}{2}}$

$|800 - k| \leqq 51{,}52$

$k = 52$

Intervall [748,852]

23. Weil n klein ist, wollen wir die Stetigkeitskorrektur berücksichtigen.

Mit der Wahrscheinlichkeit $\Phi(z + \frac{1}{2\sigma})$ ist $S_n - np \leqq z \cdot \sigma$.

$S_n - np = -11, \quad \sigma = \sqrt{24}, \quad z + \frac{1}{2\sigma} = \frac{-10{,}5}{\sqrt{24}} = -2{,}1433$

$\Phi(-2{,}1433) = 1 - \Phi(2{,}1433) = 0{,}0161$

24. (Siehe Aufgabe 13)

$0{,}569 \leqq p \leqq 0{,}631$

25. Mit der Wahrscheinlichkeit $\Phi(z)$ ist

$S_n - np \leqq z \cdot \sigma$.

In unserem Beispiel ist $\sigma = \sqrt{250} = 5\sqrt{10}$.

a) $\Phi(z) = 0{,}95, \quad z = 1{,}645, \quad z\sigma = 26{,}01$ (Tabelle VI)

b) $\Phi(z) = 0{,}99, \quad z = 2{,}326, \quad z\sigma = 36{,}777$

c) $\Phi(z) = 0{,}999, \quad z = 3{,}0902, \quad z\sigma = 48{,}86$

Antwort a) 526 Sitzplätze

b) 537 Sitzplätze

c) 549 Sitzplätze

26. S_n-Treffer.

Mit der Wahrscheinlichkeit $1 - \Phi(z)$ ist

$S_n - np \geqq z \cdot \sigma, \quad 1 - \Phi(z) = 0{,}001, \quad z = 3{,}0902$

a) $S_n \geqq np + z\sigma = 40 + z \cdot \sqrt{32} = 40 + 3{,}0902 \cdot \sqrt{32} = 57{,}48$

b) $S_n \geqq 200 + 3{,}0902 \cdot \sqrt{160} = 239{,}09$

a) 58 Treffer b) 239 Treffer

27. $np = 95$. Die Anzahl der Erfolge muß $\geqq 80$ sein. D.h. $S_n - np \geqq -15$.

Aber $S_n - np \geqq z\sigma$ mit der Wahrscheinlichkeit $1 - \Phi(z)$.

Aus $-15 = z \cdot \sigma$ folgt: $z = -\frac{15}{\sqrt{95 \cdot 0{,}05}} = -\frac{30}{\sqrt{19}}$

$z = -6{,}88$

$1 - \Phi(-6{,}88) = \Phi(6{,}88) > \Phi(4{,}892) = 0{,}9999995$

Die Zuverlässigkeit ist nahezu 1. Der Wert kann mit der Tabelle VI (S. 160) nur geschätzt werden.

28. $S_n - np \geqq z\sigma = -5$ mit der Wahrscheinlichkeit $1 - \Phi(z)$.

Also: $z = \frac{-5}{\sigma} = \frac{-5}{3} = -1{,}667$

$1 - \Phi(-1{,}667) = \Phi(1{,}667) = 0{,}9522$

29. $0{,}9n - 1{,}645\sqrt{0{,}09n} \geqq 80$

$0{,}9n - 0{,}4935\sqrt{n} \geqq 80$

$n \geqq 95$

30. 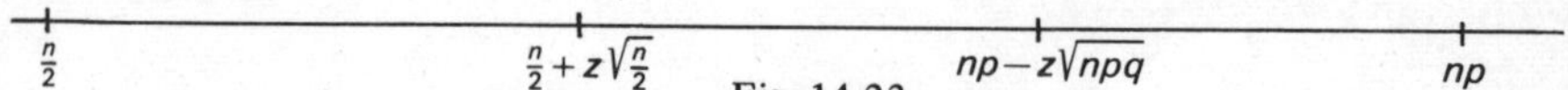

Fig. 14.23

Mit der Wahrscheinlichkeit $\Phi(z)$ liegt der beobachtete Wert S_n rechts von $np - z\sqrt{npq}$. Die Hypothese $p = \frac{1}{2}$ wird verworfen mit der Irrtumswahrscheinlichkeit $\alpha = 1 - \Phi(z)$ falls (siehe Fig. 14.23):

$$np - z\sqrt{npq} \geqq \frac{n}{2} + z\frac{\sqrt{n}}{2}$$

oder $n \geqq \dfrac{z^2(\sqrt{pq} + 0{,}5)^2}{(p - \frac{1}{2})^2} \approx \dfrac{z^2}{(p - \frac{1}{2})^2}$, da $\sqrt{pq} \approx \frac{1}{2}$ ist.

Der Tabelle VI entnimmt man: $1 - \Phi(z_1) = 0{,}05, \quad z_1 = 1{,}645$

$1 - \Phi(z_2) = 0{,}01, \quad z_2 = 2{,}326$

$n_1 \geqq \dfrac{1{,}645^2}{0{,}014^2} \approx 117{,}5^2 \approx 13\,800 \qquad n_2 \geqq \dfrac{2{,}326^2}{0{,}014^2} \approx 27\,600$

31.

Kinderzahl	2 644 757
Geburten	− 2 612 246
Überschuß	32 511
	− 600
Zwillingsgeburten	31 911

32. Anteil der Zwillingsgeburten:

Schweiz 1871 - 1900: $p_s = \dfrac{31\,911}{2\,612\,246} = 0{,}01222$

Tschechoslowakei 1956: $p_t = \dfrac{2\,912}{264\,000} = 0{,}01103$

Für die Schweiz ist $\sigma_s = \sqrt{\dfrac{p_s q_s}{n}} = \sqrt{\dfrac{0{,}0122 \cdot 0{,}9878}{2\,612\,246}} = 0{,}000068$

und für die Tschechoslowakei $\sigma_t = \sqrt{\dfrac{p_t q_t}{n}} = \sqrt{\dfrac{0{,}011 \cdot 0{,}989}{264\,000}} = 0{,}000203$

$0{,}01208 < p_s < 0{,}01236$

$0{,}01062 < p_t < 0{,}01144$

Die 2σ-Intervalle um p_s und p_t überlappen sich nicht. Der Unterschied ist signifikant.

33. Schweiz: 0,0094, Tschechoslowakei: 0,00654

34. USA: $e = 2g - 1 = 0{,}34$, Japan: $e = 2g - 1 = 0{,}62$

12. Bedingte Wahrscheinlichkeiten

1. $P(K \mid \theta) = \frac{P(K \cap \theta)}{P(\theta)} = \frac{1}{3\,385}$

2. a) $P(A) = \frac{1}{2}, \quad P(A \mid B) = 1$ b) $P(A) = \frac{1}{2}, \quad P(A \mid B) = \frac{1}{2}$

c) $P(A) = \frac{3}{4}, \quad P(A \mid B) = \frac{1}{3}$

3.

X	A_2	A_3	A_5	A_6	A_{10}	$A_2 \cap A_3$	$A_3 \cap A_5$	$A_6 \cap A_{10}$
$P(X)$	$\frac{1}{2}$	$\frac{1}{3}$	$\frac{1}{5}$	$\frac{1}{6}$	$\frac{1}{10}$	$\frac{1}{6}$	$\frac{1}{15}$	$\frac{1}{3}$

$P(A_6 \mid A_{10}) = \frac{P(A_6 \cap A_{10})}{P(A_{10})} = \frac{1}{3}, \quad P(A_2 \mid A_5) = \frac{P(A_2 \cap A_5)}{P(A_5)} = \frac{1}{2}, \quad P(A_2 \mid A_6) = 1$

A_p und A_q sind unabhängig, d.h. $P(A_p \cap A_q) = P(A_p)P(A_q)$, wenn p und q teilerfremd sind.

4. Es ist $\Omega \cap A = A$ und $P(\Omega) = 1$. Daher
$P(\Omega \cap A) = P(\Omega)P(A)$ für alle $A \subset \Omega$.

5. Es ist $\phi \cap A = \phi$ und $P(\phi) = 0$. Daher
$P(\phi \cap A) = P(\phi)P(A)$ für alle $A \subset \Omega$.

6. Nach Voraussetzung ist
(1) $P(A \cap B) = P(A)P(B)$.
Dann ist nach Figur 12.10
$P(A \cap \bar{B}) = P(A) - P(A \cap B) = P(A) - P(A)P(B) = P(A)\,[1 - P(B)]$ oder
(2) $P(A \cap \bar{B}) = P(A)P(\bar{B})$.
Aus (1) folgt also (2). Wegen $A \cap B = B \cap A$ folgt aus (1) auch
(3) $P(\bar{A} \cap B) = P(\bar{A})P(B)$.
Wendet man (3) auf (2) an, so ergibt sich
(4) $P(\bar{A} \cap \bar{B}) = P(\bar{A})P(\bar{B})$.

7. Es sei $n = a + b + c + d$. Dann ist $P(A) = \frac{a+b}{n}$, $P(B) = \frac{a+c}{n}$, $P(A \cap B) = \frac{a}{n}$.
$P(A \cap B) = P(A)P(A)$ ergibt
$ad = bc$, d.h. $ad - bc = 0$, oder $\chi^2 = 0$.

8. $P(E \mid A) = \frac{P(E \cap A)}{P(A)} = \frac{0{,}001 \cdot 0{,}99}{0{,}001 \cdot 0{,}99 + 0{,}999 \cdot 0{,}005}$

$P(E \mid A) = \frac{22}{133} = 0{,}1654$ (Fig. 14.24)

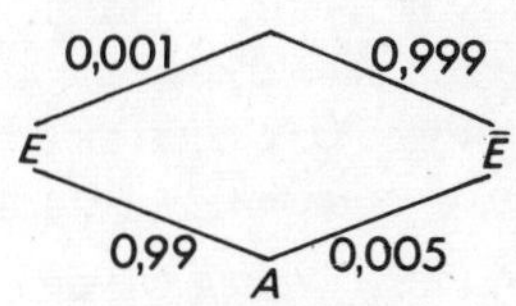

Fig. 14.24

9. $P(M \mid F) = \frac{P(M \cap F)}{P(F)} = \frac{24}{25}$ (Fig. 14.25)

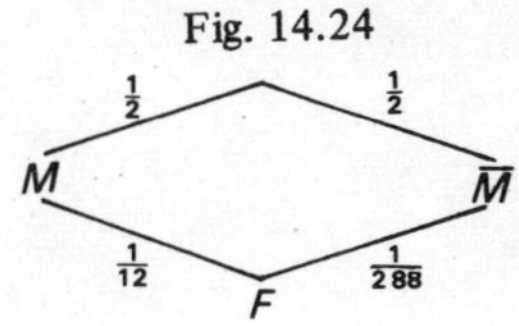

Fig. 14.25

10. a) $P(A) = \sum_{i=1}^{3} P(B_i \cap A) = \sum_{i=1}^{3} P(B_i)P(A \mid B_i)$

$P(A) = \frac{1}{5} \cdot \frac{2}{3} + \frac{1}{5} \cdot \frac{1}{3} + \frac{2}{5} \cdot \frac{2}{3} = \frac{7}{15}$

b) $P(B_3|A) = \frac{P(B_3 \cap A)}{P(A)} = \frac{\frac{2}{5} \cdot \frac{2}{3}}{\frac{7}{15}} = \frac{4}{7}$

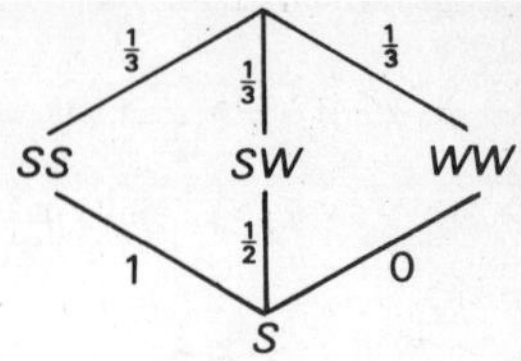

Fig. 14.26

11. $P(SW|S) = \frac{P(SW \cap S)}{P(S)} = \frac{\frac{1}{3} \cdot \frac{1}{2}}{\frac{1}{3} \cdot 1 + \frac{1}{3} \cdot \frac{1}{2}} = \frac{1}{3}$

(siehe Figur 14.26)

12. Es sei Z_{20} das Ereignis, 20mal „Zahl“ zu werfen.
Dann ist
$P(ZW|Z_{20}) = \frac{P(ZW \cap Z_{20})}{P(Z_{20})} = \frac{2^{-20} - 2^{-20}10^{-6}}{2^{-20} - 2^{-20} \cdot 10^{-6} + 10^{-6}}$.
Nun ist $2^{-20} \sim 10^{-6}$.
Also $P(ZW|Z_{20}) \approx \frac{10^{-6} - 10^{-12}}{2 \cdot 10^{-6} - 10^{-12}} \approx \frac{1}{2}$ (Fig. 14.27).

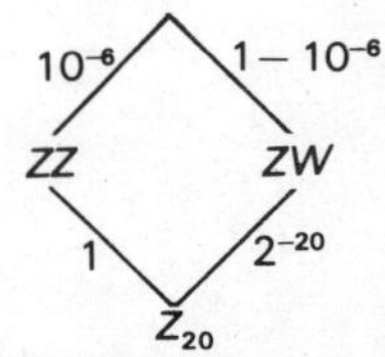

Fig. 14.27

13. Dem Baum in Fig. 14.28 entnehmen wir folgende Wahrscheinlichkeit:

P(Mathäus begnadigt/Wächter sagt: “Markus wird hingerichtet”)

$= \frac{\frac{1}{3} \cdot \frac{1}{2}}{\frac{1}{3} \cdot \frac{1}{2} + \frac{1}{3} \cdot 0 + \frac{1}{3} \cdot 1} = \frac{1}{3}$

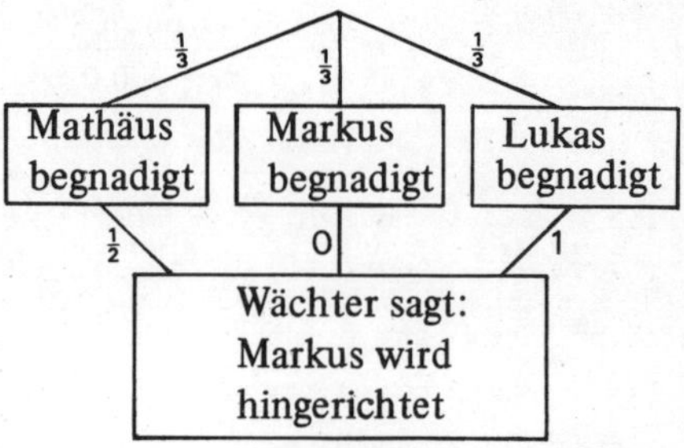

Fig. 14.28

Mathäus irrt also, wenn er glaubt, daß seine Überlebenschancen durch die Antwort des Wächters besser einzuschätzen sind. Dabei wird stillschweigend angenommen, daß der Wächter Markus und Lukas mit gleicher Wahrscheinlichkeit nennt, wenn Mathäus begnadigt wird.

14. a) $\frac{9}{11}$ b) $\frac{9}{13}$ c) $\frac{9}{17}$ d) $\frac{9}{25}$ e) 1

15. Die Aufgabe ist unlösbar, da nicht gesagt wird, durch welchen Zufallsmechanismus die Teilinformation über die Familie erworben wurde. Üblicherweise wird sie so „gelöst“: Mögliche Familienzusammensetzungen: $\{JJ, JM, MJ, MM\}$
Im Fall a) reduziert sich dieser Stichprobenraum auf $\{JJ, JM, MJ\}$ und die Antwort lautet $\frac{1}{3}$.
Im Fall b) haben wir den reduzierten Stichprobenraum $\{JJ, JM\}$ und die Antwort lautet $\frac{1}{2}$.

16. $P(A|T) = \frac{P(A \cap T)}{P(T)} = \frac{\frac{1}{16}}{\frac{1}{16} + \frac{1}{160}} = \frac{10}{11}$ (Fig. 14.29)

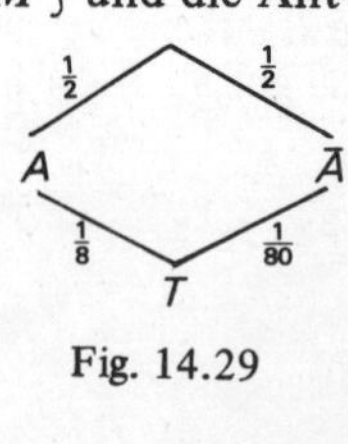

Fig. 14.29

17. a) $P(1|M) = \frac{6}{11}$, $P(2|M) = \frac{3}{11}$

$P(3|M) = \frac{2}{11}$

b) $P(1|\overline{M}) = 0$, $P(2|\overline{M}) = \frac{3}{7}$

$P(3|\overline{M}) = \frac{4}{7}$

(Siehe Figur 14.30)

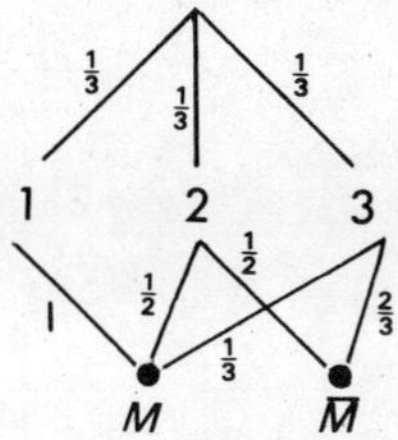

Fig. 14.30

18.

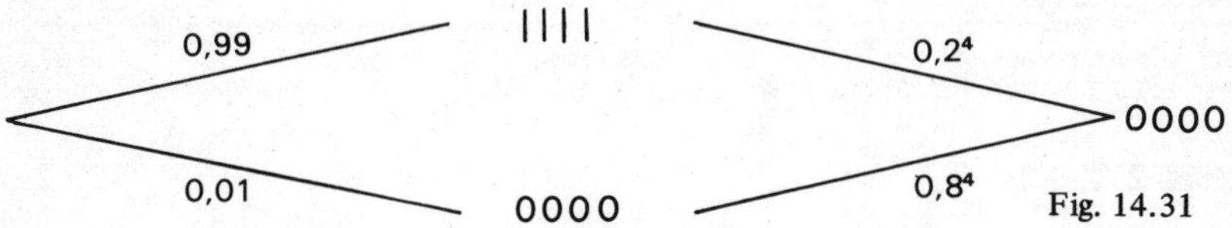

Fig. 14.31

$$P(1111|0000) = \frac{0{,}99 \cdot 0{,}2^4}{0{,}99 \cdot 0{,}2^4 + 0{,}01 \cdot 0{,}8^4} = \frac{99}{355} = 0{,}28$$

13. Die hypergeometrische Verteilung

1. $\dfrac{\binom{6}{2}\binom{4}{3} + \binom{6}{1}\binom{4}{4}}{\binom{10}{5}} = \dfrac{11}{42}$

2. $\dfrac{\binom{5}{2}\binom{5}{3} + \binom{5}{1}\binom{5}{4} + \binom{5}{0}\binom{5}{5}}{\binom{10}{5}} = \dfrac{126}{252} = \dfrac{1}{2}$

In der Stichprobe kommen entweder höchstens zwei Männer oder höchstens zwei Frauen vor, und beide Ereignisse haben dieselbe Wahrscheinlichkeit. Daher kann man das Ergebnis $\frac{1}{2}$ ohne Rechnung angeben.

3. $\dfrac{\binom{95}{5}}{\binom{100}{5}} = 0{,}7697$

4. a) $\dfrac{3 \cdot \binom{6}{4}}{\binom{9}{4}} = \dfrac{5}{14}$ b) $\dfrac{\binom{3}{2}\binom{3}{2}\binom{3}{2}}{\binom{9}{6}} = \dfrac{9}{28}$

5. a) $p_n = \dfrac{\binom{8}{n}\binom{56}{8-n}}{\binom{64}{8}}$ b) $n \cdot p = 8 \cdot \dfrac{8}{64} = 1$

c) $\dfrac{p_{n+1}}{p_n} = \dfrac{\binom{8}{n+1}\binom{56}{8-n-1}}{\binom{64}{8}} \cdot \dfrac{\binom{64}{8}}{\binom{8}{n}\binom{56}{8-n}} = \dfrac{(8-n)^2}{(n+1)(48+n+1)}$

d) $\frac{p_1}{p_0} = \frac{64}{49} = 1{,}3061, \quad \frac{p_2}{p_1} = \frac{49}{100}, \quad \frac{p_3}{p_2} = \frac{4}{17} = 0{,}2353, \quad \frac{p_4}{p_3} = \frac{25}{208} = 0{,}1202$

$\frac{p_5}{p_4} = \frac{16}{265} = 0{,}0604, \quad \frac{p_2}{p_0} = 0{,}64, \quad \frac{p_3}{p_0} = 0{,}1506, \quad \frac{p_4}{p_0} = 0{,}0181$

$\frac{p_5}{p_0} = 0{,}0011, \quad p_0 = 0{,}3209, \quad p_1 = p_0 \cdot 1{,}3061 \approx 0{,}42$

$p_2 = p_0 \cdot 0{,}64 \approx 0{,}20, \quad p_3 = p_0 \cdot 0{,}1506 \approx 0{,}047, \quad p_4 = p_0 \cdot 0{,}0181 \approx 0{,}0056$

$p_5 = p_0 \cdot 0{,}0011 \approx 0{,}0014$

6. Es sei n die unbekannte Anzahl der Druckfehler. Dann gilt

$$p_1 \approx \frac{f_1}{n}, \quad p_2 \approx \frac{f_2}{n}, \quad p_1 p_2 \approx \frac{f_{12}}{n}. \text{ Also } \frac{f_1}{n} \cdot \frac{f_2}{n} \approx \frac{f_{12}}{n} \text{ oder } n \approx \frac{f_1 \cdot f_2}{f_{12}}.$$

14. Anzahl der Fixpunkte einer Permutation

1. $P(S_{10} \geqq 5) = 1 - P(S_{10} \leqq 4) = 1 - \frac{65}{24} e^{-1} = 0{,}00365$

2. $P(S_7 \geqq 3) = 1 - P(S_7 \leqq 2) = 1 - 2{,}5 \cdot e^{-1} = 0{,}0803$
Der genaue Wert ist:
$$P(S_7 \geqq 3) = P(S_7 = 7) + P(S_7 = 6) + P(S_7 = 5) + P(S_7 = 4) + P(S_7 = 3)$$
$$= \frac{1}{7!} + 0 + \frac{1}{2 \cdot 5!} + \frac{1}{3 \cdot 4!} + \frac{3}{8 \cdot 3!} = \frac{407}{5\,040} = 0{,}0807$$

3. $P(S_8 \geqq 4) = 1 - P(S_8 \leqq 3) = 1 - e^{-1}(1 + 1 + \frac{1}{2} + \frac{1}{6}) = 1 - \frac{8}{3} \cdot e^{-1} = 0{,}019$
Der genaue Wert ist:
$$P(S_8 = 8) + P(S_8 = 6) + P(S_8 = 5) + P(S_8 = 4) = \frac{1}{8!} + \frac{1}{2 \cdot 6!} + \frac{1}{3 \cdot 5!} + \frac{1}{8 \cdot 4!}$$
$$= \frac{771}{40\,320} = 0{,}0191$$

4. $\frac{1}{24}$

Register

Literaturverzeichnis

In englischer Sprache gibt es zahlreiche ausgezeichnete Werke, z. B.

1. David Blackwell, Basic Statistics. McGraw-Hill, New York 1969.
2. J. L. Hodges und E. L. Lehmann, Basic Concepts of Probability and Statistics. Holden-Day, San Francisco 1964.
3. F. Mosteller, R. E. K. Rourke und G. B. Thomas, Probability with Statistical Applications, Addison-Wesley, Reading 1961.
4. Gottfried Noether, Introduction to Statistics – A Fresh Approach. Houghton Mifflin, Boston 1971.

Ein mathematisch fortgeschrittener Leser kann eines der großartigsten Bücher des 20. Jahrhunderts lesen:

5. W. Feller, An Introduction to Probability Theory and Its Applications, Volume 1. Wiley, New York 1968.

Es folgen einige deutsche Hochschulbücher, die ohne Kenntnis der Maßtheorie lesbar sind:

6. B. W. Gnedenko, Lehrbuch der Wahrscheinlichkeitsrechnung. Akademie-Verlag, Berlin 1962.
7. D. Morgenstern, Einführung in die Wahrscheinlichkeitsrechnung und mathematische Statistik. Springer, Berlin 1968.
8. A. Rényi, Wahrscheinlichkeitsrechnung. VEB Deutscher Verlag der Wissenschaften, Berlin 1962.

Weitere Literaturangaben findet man am Ende des 2. Bandes.

Klett Studienbücher Mathematik

herausgegeben von
Studiendirektor Helmut Coers, Prof. Arthur Engel,
Prof. Dr. Karl-Peter Grotemeyer, Prof. Dr. Werner Markwald
und Prof. Dr. Günter Pickert

In dieser Reihe sind bisher erschienen:

Einführung in die Differential- und Integralrechnung

von Prof. Dr. G. Pickert
150 Seiten, brosch., 13,90 DM
Klettbuch 98312

Wahrscheinlichkeitsrechnung und Statistik

Band 1
von Prof. Arthur Engel
196 Seiten, brosch., 15,90 DM
Klettbuch 98315

Gruppen und ihre Graphen

von I. Grossmann und W. Magnus
aus dem Amerikanischen von H. Arndt
162 Seiten, brosch., 11,50 DM
Klettbuch 98313

Affine Geometrie der Ebene

von Prof. A. Kirsch und F. Zech
152 Seiten, brosch., 12,80 DM
Klettbuch 98314

Einführung in die formale Logik und Metamathematik

von Prof. Dr. W. Markwald
168 Seiten, brosch., 13,50 DM
Klettbuch 98319

Einführung in die Kombinatorik

Band 1
von Prof. Dr. Max Jeger
220 Seiten, brosch., ca. 18,— DM
Klettbuch 98320

Einführung in die Zahlentheorie

von Prof. Dr. H. Scheid
184 Seiten, brosch., 14,80 DM
Klettbuch 98324

Die hier genannten Preise entsprechen dem Stand vom Frühjahr 1973

Schupp · Geometrie auf der Sekundarstufe 1, Beltz-Verlag 1971